混凝土矩形贮液结构
——隔震与减震

程选生 景 伟 著

U0304393

科学出版社

北京

内 容 简 介

本书是作者与课题组相关人员继《混凝土矩形贮液结构——动力分析理论与数值仿真》后的又一部著作，是我们多年来在混凝土矩形贮液结构的隔震和减震方面研究成果的汇集和总结。

本书共 11 章，分别为绪论、埋置式隔震混凝土矩形贮液结构的地震动响应、滑移隔震混凝土矩形贮液结构的地震动响应、近场地震作用下滑移隔震-限位混凝土矩形贮液结构的减震分析、远场长周期地震作用下滑移隔震混凝土矩形贮液结构的动力响应、大幅晃动下滑移隔震混凝土矩形贮液结构的动力响应、自由液面晃动对滑移隔震混凝土矩形贮液结构动力响应的影响、滑移隔震混凝土矩形贮液结构的碰撞动力响应和缓减碰撞措施研究、基于易损性的滑移隔震混凝土矩形贮液结构减震性能、滑移隔震混凝土矩形贮液结构的振动台试验及混凝土矩形贮液结构的可靠度分析。

本书可作为高等院校土木工程、给水排水工程、水利水电工程等专业师生的参考书，也可供土木工程的相关科研、设计、施工等技术人员在研究和实践中参考。

图书在版编目(CIP)数据

混凝土矩形贮液结构：隔震与减震/程选生，景伟著. —北京：科学出版社，2019.6

ISBN 978-7-03-060017-2

Ⅰ. ①混… Ⅱ. ①程… ②景… Ⅲ. ①混凝土结构-抗震结构-结构动力分析 Ⅳ. ①TU370.1-39

中国版本图书馆 CIP 数据核字（2018）第 285933 号

责任编辑：亢列梅 张瑞涛/责任校对：郭瑞芝
责任印制：张 伟/封面设计：陈 敬

科学出版社 出版
北京东黄城根北街 16 号
邮政编码：100717
http://www.sciencep.com
北京中石油彩色印刷有限责任公司 印刷
科学出版社发行 各地新华书店经销
*
2019 年 6 月第 一 版 开本：720×1000 B5
2019 年 6 月第一次印刷 印张：17 3/4
字数：358 000

定价：120.00 元
（如有印装质量问题，我社负责调换）

作 者 简 介

**程选生** 兰州理工大学教授，工学博士，博士研究生导师，国家一级注册结构工程师。1995 年获郑州工学院工业与民用建筑专业工学学士学位，2001 年获兰州大学固体力学专业工学硕士学位，2007 年获兰州理工大学结构工程专业工学博士学位，2009 年和 2011 年分别进入中国人民解放军后勤工程学院和北京工业大学土木工程博士后流动站从事博士后研究工作，2012 年国家公派赴美国西北大学访学一年。主要研究方向：①隧道结构的地震响应、动力稳定及其施工技术；②特种结构的液-固耦合振动及减隔震性能；③混凝土结构的热力学性能；④结构设计理论和方法。

国际隔震与消能减震控制学会（ASSISi）理事、国际土力学协会委员、中国力学学会计算力学委员会特邀委员、中国地震工程学会岩土防震减灾委员会委员、中国土木工程学会土力学及岩土工程分会青年工作委员会委员、中国土木工程学会防震减灾工程技术推广委员会青年分委会委员。《Ocean Engineering》、《Engineering Geology》、《Structure and Infrastructure Engineering》、《建筑结构学报》等国内外 20 余种期刊审稿人。教育部学位中心通讯评议专家、科技部国家科技库专家、国家自然科学基金项目和中国博士后基金项目通讯评议专家、甘肃省震后房屋建筑应急评估专家、甘肃省装配式建筑专家委员会专家。

主持国家自然科学基金 2 项、教育部博士点基金（博导类）1 项、甘肃省科技支撑计划项目 1 项、甘肃省建设科技攻关项目 3 项；参与国家"973 计划"项目和教育部创新团队发展计划项目各 1 项。发表论文 130 余篇（SCI 检索 30 余篇，EI 检索 46 篇，ISTP 检索 10 篇），出版专著 3 部、教材 9 部，授权发明专利 13 项，获甘肃省科技进步一等奖 1 项、三等奖 3 项，获甘肃省建设科技进步一等奖和二等奖各 1 项，获第 16 届甘肃省高等学校青年教师成才奖。

前　言

随着全球板块运动活跃性的增大，地震发生的频率随之增加，导致贮液结构所受到的地震威胁越来越大。传统混凝土贮液结构的抗震能力往往不足，很容易发生破坏，进而造成液体泄漏，引发环境污染及火灾等次生灾害，更甚者威胁人民的生命安全。隔震技术已经被广泛应用于各类工程结构，以改善这些工程抵御地震灾害的能力，但是隔震技术在贮液结构的研究及应用方面还是非常有限。针对混凝土矩形贮液结构的优势与特殊性，寻找一种能够全面减小系统响应的灾变控制方法就迫在眉睫，而隔震减震技术很可能将成为确保混凝土贮液结构抵御地震灾害的有效方法。

本书共有11章，第1章介绍混凝土贮液结构动力响应与隔震减震的研究方法。第2章研究泡沫混凝土、泡沫混凝土-砂垫层隔震贮液结构地震动响应。第3章简述滑移隔震的原理、分析模型及动力方程，分析贮液结构壁板位移、液面晃动高度、结构有效应力及结构加速度等响应。第4章将滑移隔震和限位措施结合形成了适用于混凝土矩形贮液结构的减震方法，分析近场地震作用下滑移隔震-限位体系对混凝土矩形贮液结构的减震效果，并对比单双向近场地震作用下的动力响应。第5章对比研究普通地震动和远场长周期地震动作用下贮液结构的动力响应，研究滑移隔震对贮液结构在远场长周期地震作用下的减震效果。第6章基于势流理论定义矩形贮液结构液体大幅晃动的下限，采用双向耦合非线性求解理论研究大幅晃动下滑移隔震对系统动力响应的控制效果。第7章运用数值模拟对比研究考虑自由液面晃动情况下系统的动力响应。第8章基于接触单元法运用非线性模型模拟碰撞效应，研究碰撞对隔震贮液结构动力响应的影响，探讨主要参数和地基效应对碰撞动力响应的影响，并开展缓冲碰撞的措施研究。第9章研究滑移-限位隔震混凝土贮液结构的失效判据，研究非隔震贮液结构、纯滑移隔震贮液结构和滑移隔震-限位贮液结构的易损性以及影响滑移隔震混凝土矩形贮液结构减震性能的主要因素。第10章基于振动台试验研究近远场地震作用下滑移隔震对混凝土贮液结构的有效性以及限位装置类型对混凝土贮液结构动力响应的影响。第11章采用蒙特卡罗有限元方法，对埋置式隔震混凝土矩形贮液结构进行可靠度分析。

在撰写本书过程中，得到了吴忠铁博士、博士研究生祁磊、硕士研究生俞东江和陈文俊等的支持，在此对他们表示衷心的感谢；另外，还参考了很多国内外专家和同行学者的论文及专著，对他们同样表示诚挚的感谢。本书出版还得到了国家自然科学基金项目（51368039、51478212）和甘肃省科技支撑计划项目（城市生命线工程中污水处理池的地震监测和危险预警，144GKCA032）的支持，在此一并表示衷心的感谢！

由于作者水平有限，本书难免有不足之处，恳请读者批评指正。

著　者

2019 年于兰州

目　　录

第1章 绪 论

1.1 贮液结构概述

我国处于世界两大地震带之间，是世界上发生地震最多的国家之一，且地震灾害造成的损失比较严重。近些年全球板块运动的活跃性增大，使得全球范围内地震发生的频率增加，再加上贮液结构向大型化、大量化发展的趋势以及所储存液体的多样性，使得地震灾害对贮液结构所带来的威胁越来越大。

在给水排水、污水处理、石油化工、屋顶 TLD 减震等领域都不乏混凝土矩形贮液结构的广泛应用，而传统混凝土贮液结构的抗震能力往往不足，使其在地震作用下容易发生开裂破坏，进而造成液体泄漏，引发环境污染及火灾等次生灾害，最严重的后果是威胁人民的生命安全。提高该类工程在地震等外界作用下的安全性或减小其被破坏概率，对物资储备、灾害预防、抢险救灾及灾后重建等都有重要的意义。但是由于政策、规范、设计及施工等方面的缺陷，贮液结构（包括钢储罐和混凝土贮液结构）在地震作用下发生破坏的案例较多[1,2]。图 1.1～图 1.8列出了一些贮液结构在地震作用下的破坏案例[3-6]。

图 1.1 支撑贮液结构的框架柱破坏

图 1.2 混凝土贮液结构壁板破坏

图 1.3 支撑贮液结构顶盖的柱子破坏

图 1.4 新疆于田县水池池壁震裂

图 1.5　矩形贮液结构整体失效　　　　　图 1.6　圆形贮液结构整体失效

图 1.7　水塔倾覆破坏　　　　　　　　图 1.8　盖板塌落

　　根据灾后统计,混凝土贮液结构的破坏类型主要包括壁板连接部位开裂或伸缩缝处出现垂直裂缝引起的液体泄漏、高位水箱支撑体系的破坏、地基失效或沉降不均匀,液动压力造成壁板附加应力的增加导致裂缝产生、液体泄漏或结构倒塌等[7]。针对混凝土矩形贮液结构的重要性及破坏特征,进行相应的减震研究迫在眉睫。然而,大量关于隔震储液罐以及隔震混凝土贮液结构的研究均表明,橡胶隔震虽然能够显著减小贮液结构本身的动力响应,如基底剪力及壁板应力等,但是其对晃动波高的控制效果并不明显,甚至会增大晃动波高。在贮液结构减震研究方面,不仅需要考虑到结构本身动力响应的减小,还需要兼顾晃动波高是否同样减小,因为对于无盖板贮液结构,液体晃动过高会造成液体泄漏,而对于有盖板贮液结构,顶盖受到液体的冲击力有可能发生破坏[8],此外,晃动波高增大所需要的干弦高度要相应增大,会造成建设成本的增加。

1.2　国内外研究现状综述

1.2.1　贮液结构流-固耦合问题及分析方法研究现状

　　地震等外界作用下贮液结构的壁板和所盛液体会发生相互作用,从而使结构处于更加复杂的受力状态，因此研究贮液结构应该考虑流-固耦合效应。

1933 年，Westergaard[9]发表了一篇重要的学术论文《地震时的大坝水压力》，该论文首次提出流-固耦合振动的概念，为了研究方便，地震作用下并未考虑重力坝的变形，且将地震作用等效为地面的有规律运动，但是该论文所提出的地震作用下坝体上液动压力的分布解至今仍然在工程中被采用。基于 Westergaard 的研究，1934 年，Hoskins 等[10]对刚性贮液结构在地震作用下产生微小振动时的运动和液动压力问题进行了求解，且试验结果与该理论解吻合较好。在此之后，基于 Hoskins 等的成果，对流-固耦合问题的研究在国内外众多学者之间开始逐步深入，并取得了许多理论及工程上的重要研究成果。

随着流-固耦合问题在学术界引起的广泛关注，大量学者开始了流-固耦合计算方法的探索。1957 年，Housner 等[11,12]为了方便工程师设计，将贮液结构假定为刚性，且假定壁板所受的液动压力可划分为两类：与结构同步运动的液体产生的脉动压力和自由液面晃动产生的对流压力，且提出用两质点弹簧-质量模型（图 1.9）来模拟结构运动条件下液体晃动时壁板受到的液动压力，且该近似解能够满足工程分析需要。基于 Housner 等的两质点弹簧-质量模型，1982 年，Balendra 等[13]提出了附加质量法，即利用附加质量代表贮液结构内部的液体。1983 年，Haroun[14]在 Housner 等的两质点弹簧-质量模型的基础上，将储罐中的液体看成不可压缩的，将液体划分为对流质量、脉冲质量和刚性质量，提出了三质点弹簧-质量模型（图 1.10），并且得到考虑贮液结构壁板的弹性后地震响应会增大的结论。1984 年，Haroun[15]针对矩形贮液结构提出了一种详细的分析方法，鉴于矩形贮液结构大多数由钢筋混凝土或预应力混凝土构成，该模型假定壁板为刚性，同时液动压力通过经典的势流理论计算得到。

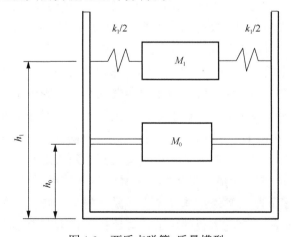

图 1.9　两质点弹簧-质量模型

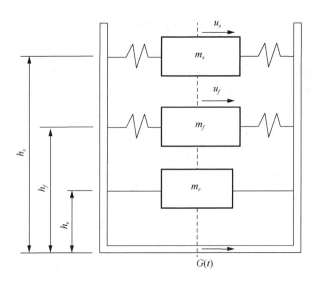

图 1.10　三质点弹簧-质量模型

　　随着计算机科学的发展，在以上简化方法研究的基础上，后续学者在更加精细的层面上又对贮液结构的流-固耦合问题进行了更进一步的研究。居荣初等[16]采用流体运动速度势函数推导了贮液结构弹性壁板及底板的液动压力，在液体微幅晃动的假定下得到了该问题的解析解。Doğangün 等[17,18]运用三维流体有限元法研究了矩形贮液结构的地震响应。Malhotra 等[19]考虑液体晃动和脉冲效应，对于弹性壁板固支贮液结构提出了一种简化的抗震设计程序，通过与反应谱法的对比验证了其合理性，该种简化方法已被 Eurocode 8 所采用。李彦民等[20]考虑流-固耦合，利用有限元方法研究了圆柱形贮液结构的动力响应。刘云贺等[21]采用有限元方法研究了非隔震矩形储液池的地震响应及抗震性能。刘习军等[22]研究了重力波作用对弹性壳矩形贮液结构流-固耦合动力响应的影响。王晖等[23]采用强耦合法对储液容器流-固耦合系统的模态进行了分析，并与现有文献中附加质量法的计算结果进行了对比，得到较小的储液量对容器固有频率影响很小，而较大的储液量会使结构固有频率显著降低，容器刚度越大，则流体对容器频率的影响越小的结论。Livaoglu[24]运用 Housner 简化模型模拟流-固耦合，在频域范围研究了考虑地基效应矩形贮液结构的抗震性能，得到基底剪力随着地基刚度的减小而减小的结论。Shahverdiani 等[25]考虑晃动机制、液体黏性及壁板弹性，基于流-固耦合运用有限元法研究了混凝土贮液结构在谐振激励下的动力响应，得到对于特定的贮液结构存在一个壁板厚度与直径的比值，该比值可作为是否该考虑壁板弹性的界限的结论。Ozdemir 等[26,27]指出，贮液结构相对于传统结构的特殊性表现在液动压力、大幅非线性晃动及土-结构相互作用等方面，为了评估该类结构的抗震能力，数值方法是不可或缺的有效工具，因为其能准确考虑贮液结构在地震作用下的一些非线性问题。Chen 等[28-30]基于广义单自由度理论提出了一种用于混凝土矩形贮液结构地震分析和设计的简化方法（图 1.11），在考虑壁板弹性等因素的前提下，研究了壁板的液动压力，并对影响贮液结构的主要参数进行了分析。程选生等[31-34]分别考虑壁板、底板及顶盖的弹性，基于流-固耦合研究了矩形贮液结构的耦合振动及耦合晃动等问题。Rebouillat 等[35]综述了贮液结构的流-固耦合数值方法，指出目前可用于预测贮液结构晃动问题的方法主要包括有限元法、有限差分法和光滑粒子法等。Mirzabozorg 等[36]利用交错移位法（staggered displacement method）研究了自由液面晃动效应对混凝土矩形贮液结构动力响应的影响，得到液体对流对结构动力响应的影响不可忽略，贮液结构抗震安全分析时应该考虑液面晃动效应的结论。Li 等[37]提出了适用于任意截面贮液结构液体晃动的简化力学模型，并验证了简化模型的合理性。Richter[38]提出了一种完全的欧拉法用于研究流-固耦合问题，该方法采用单向的隐式变分方程求解耦合问题。Hashemi 等[39]考虑流-固耦合和壁板弹性提出了一种分析方法用于评估矩形贮液结构在水平地震作用下的脉冲压力。Nicolici 等[40]基于完全的单向耦合模拟了液体和壁板的相互作用，得到流-固耦合会影响液体的晃动效应，而且考虑壁板弹性后液体的脉冲压力会被放大的结论。Ghazvini 等[41]运用有限元法研究了地震波 6 个相关分量对贮液结构线性动力响应的影响，并运用 Lagrangian-Lagrangian 法模拟了流-固耦合效应，得到在地震 6 个相关分量共同作用下，随着转动分量的频谱组成、各分量能量谱以及结构基本频率的不同，结构的动力响应会增大或减小的结论。Liu 等[42]运用等效流体静力学方法模拟了贮液结构的侧向压力荷载，得到高阶模态对壁板的非线性应力状态有很大的影响的结论。Lay[43]运用板壳有限元和边界元分别模拟结构与流体域，由流体域边界元方程得到等效的有限元流体质量矩阵，将流体等效质量矩阵和板壳结构质量矩阵进行叠加得到总质量矩阵，然后对耦合方程进行求解。Kotrasová 等[44]基于双向流-固耦合技术模拟了结构和液体在接触面的相互作用，运用有限元法研究了无盖混凝土贮液结构的动力响应。Zou 等[45]基于弹簧-质量模型，考虑壁板弹性和流-固耦合效应，提出了一种简化模型用于分析矩形贮液结构在水平激励下的晃动问题，并与 ADINA 计算结果进行对比，从而验证了其合理性，而且该计算模型可以提高计算效率。Belostotskiy 等[46]以拉格朗日方程求解液体线性晃动，以任意拉格朗日-欧拉方程求解液体非线性晃动，运用数值方法模拟了部分充液薄壁储液罐的晃动问题。Gilmanov 等[47]提出了一种数值方法用以模拟弹性薄板在不可压缩流体中发生任意变形时的流-固耦合问题。

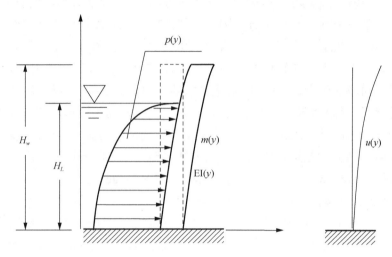

图 1.11　混凝土矩形贮液结构地震分析与设计的广义单自由度体系

目前针对贮液结构流-固耦合问题的研究，主要包括简化方法和数值方法等。简化方法由于将连续的液体简化为弹簧-质量模型，实用性强，有助于工程应用，已在各类规范中得到广泛应用，且后续研究者为了改善其精确度仍然进行着大量的研究工作。数值方法由于采用特殊的单元模拟液体，对于流-固耦合界面进行更加精细的处理，能够更加准确地反映贮液结构的一些特殊性，除了可以对各类简化方法校核外，还能为贮液结构的合理设计提供借鉴。

1.2.2　贮液结构减震研究现状

1. 橡胶隔震

Kelly 等[48,49]发现采取橡胶隔震措施后，贮液结构的晃动响应略微增大，但是总的液动压力得到了有效减小。Malhotra[50,51]提出了一种底板坐落在地基上，运用环形橡胶垫支撑壁板的隔震储液罐的地震响应计算新方法，研究得出橡胶隔震能够有效减小基底倾覆弯矩和壁板压应力，但是晃动位移的变化并不明显。Shrimali 等[52]将连续的液体质量划分为三类集中质量的叠加，运用模态叠加法和反应谱法研究了不同尺寸、不同隔震层刚度和阻尼的贮液结构地震响应，并且证明采用简化方法得到的解和结构动力响应精确解能够很好匹配。Shekari 等[53]以双线性滞回支座单元模拟隔震垫，运用有限元法研究了隔震贮液结构的地震响应。孙建刚等[54-57]考虑储罐的晃动、刚性运动、弹性液固耦联等问题，建立了隔震储罐的简化力学模型，得到了储罐的液动压力、波高、基底剪力和弯矩等动力响应的理论表达式，进行了隔震储罐的阵型分解反应谱法研究，为隔震储罐的设计提供了易于理解的 3 阶段设计方法。Shekari 等[58]指出对于大多数地震，隔震能够有效减小结构动力响应，但是对于长周期地震激励，隔震有可能产生相反的效果，并运用双线性模型模拟隔震垫，采用数值模拟研究了隔震储液罐在长周期地震作用下的动力响应，通过对多个模型的对比，得出在长周期地震作用下隔震高罐和矮罐的地震响应能得到控制，但是长周期地震作用下对于高径比中等的隔震储油罐的设计需要引起特别注意的结论。Saha 等[59]分别基于两质点模型和三质点模型，对比研究了双向地震作用下隔震贮液结构采用不同简化模型时的动力响应，得到两质点模型和三质点模型对应的晃动位移基本相等，但是两质点模型会低估贮液结构的基底剪力、倾覆弯矩及隔震层位移的结论。Vosoughifar 等[60]运用有限元法建立了矩形贮液结构的三维模型，进行了双向地震作用下的非线性时程分析，得到橡胶隔震能够减小贮液结构的基底剪力，但是对于晃动波高的影响并不是很显著的结论。李自力等[61]运用 Bounc-Wen 模拟铅芯橡胶隔震的非线性力学行为，研究了铅芯橡胶隔震支座参数对大型隔震储罐地震响应（如基底剪力、支座位移、晃动波高）的影响规律，得出隔震频率是影响大型隔震储罐减震性能的主要参数的结论，并且对不同场地的最优隔震频率取值范围给出了建议。Yang 等[62]基于反应谱理论，研究了叠层橡胶隔震球形储液罐的地震响应，得到采取隔震措施对结构速度和加速度的控制效果非常明显的结论。Saha 等[63]考虑隔震参数的不确定性以及基底激励的任意性，进行了橡胶隔震贮液结构的随机分析，得到隔震层阻尼的不确定性对峰值响应的分布有很大的影响的结论。杨宏康等[64]以 Floquet 理论计算动力不稳定域，研究了基底隔震对储液罐动力稳定性的影响，得到隔震支座刚度、阻尼和储液率对动力稳定域有很大的影响的结论。Cheng 等[65]考虑流-固耦合，研究了橡胶隔震钢筋混凝土矩形贮液结构在地震作用下的晃动波高、壁板位移及有效应力等响应，得到壁板位移和应力随着地震强度的增大而增大的结论。

2. 其他形式隔震

Jadhav 等[66]将连续的液体质量用晃动、对流和刚性质量模拟，运用 Newmark 逐步积分法求解简化的耦合动力方程，对比研究了橡胶隔震和滑移隔震结构的动力响应，并且研究了高径比、隔震周期等参数对滑移隔震结构动力响应的影响。温丽等[67]对于设置摩擦单摆支座的弹性储罐给出了简化的液体-储罐-隔震体系力学模型，如图 1.12 所示，建立了摩擦摆基底隔震体系的动力控制方程，并利用 Newmark 法对动力方程进行了数值求解。Zhang 等[68]提出了复摆隔震储液罐的简化模型，由于复摆隔震和液体晃动对流周期能被分离，使得晃动波高不受复摆隔震的影响，证明该减震方法可适应于各种充液比的结构。Panchal 等[69]对比研究了变频摆（图 1.13）和摩擦摆隔震结构的动力响应，重点探讨了摩擦系数、频率变化因子及尺寸比等参数对结构地震响应的影响。Shrimali 等[70]对比研究了采用不同隔震形式贮液结构的抗震性能，发现滑移隔震（图 1.14）相比橡胶隔震更有助于减小贮液结构的动力响应。Seleemah 等[71]对比研究了三种隔震储液罐的地震响应，得到大高径比储液罐采取隔震措施后的减震效果比小高径比储液罐更明显，并且摩擦摆隔震优于普通橡胶隔震和高阻尼橡胶隔震的结论。张兆龙等[72]基于附加质量法模拟液体对流和脉冲分量，研究了摩擦摆隔震储液罐的非线性地震响应，得到摩擦摆支座能够有效降低液体脉冲分量对结构的影响，但对液体对流分量的运动却有放大作用的结论。李扬等[73]对大型基础滑移摩擦摆隔震储罐（图 1.15）的非线性地震响应进行了数值仿真，得到 I 类场地不宜建立大型滑移隔震储液罐，而 II 类场地上滑移隔震的减震效果最好的结论。

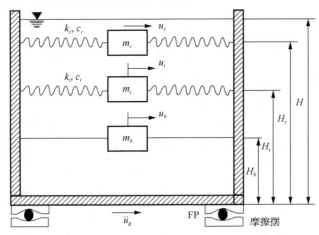

图 1.12　摩擦摆液体-储罐-隔震体系力学模型

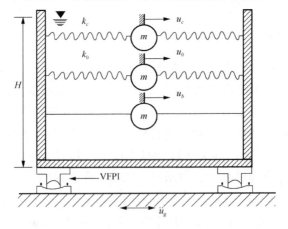

图 1.13　变频摆液体-储罐-隔震体系力学模型

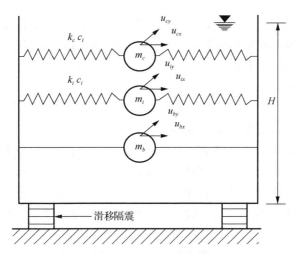

图 1.14 滑移液体-储罐-隔震体系力学模型

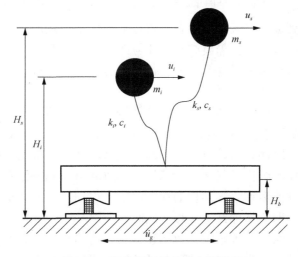

图 1.15 摩擦摆隔震体系力学模型

综上所述,对于贮液结构,目前主要的减震方法之一是采用橡胶隔震,此外,国内外学者在贮液结构的新型减震方面进行了一定的探索,如摩擦滑移隔震、复摆隔震、变频摆隔震和摩擦摆隔震等。

1.2.3 滑移隔震结构研究现状

与传统的橡胶隔震支座相比,滑移支座具有竖向承载力高、摩擦系数小、长期性能稳定、对环境无污染等优点;同时其水平刚度小,特别适合软土场地上的结构隔震。综合以上特点可以看出滑移隔震具有广阔的应用前景[74]。

Mokha 等[75]和 Constantinou 等[76]运用试验研究了聚四氟乙烯在滑移隔震支座

中的应用，并探讨了滑移速度、滑移加速度、支座压力、聚四氟乙烯类型及表面光洁度对滑移支座摩擦特性的影响。张文芳等[77]运用振动台试验研究了太原市玫瑰园小区某九层基础滑移隔震砌体结构的减震效果及隔震的可靠性，得到在高烈度区和卓越周期较长的场地，滑移隔震比橡胶隔震具有更好的优势的结论。卫龙武等[78]和赵世峰等[79]对聚四氟乙烯滑移隔震措施在江南大酒店的应用进行了探讨并进行了减震效果分析。刘伟庆等[80,81]研究了设置滑移隔震支座的宿迁市人防指挥大楼及宿迁市府苑小区综合楼的地震响应，评估了滑移隔震的减震效果。吴刚等[82]通过数值分析研究了板式橡胶支座的摩擦滑移特性，得到采用库仑摩擦模型能较好地反映支座的滑移耗能作用的结论，但其无法反映滑移状态中的静动摩擦转变关系及滑移层的刚度退化问题。王建强等[83]通过动力分析得到滑移隔震结构在双向地震作用下的最大位移明显大于单向地震作用时的最大位移的结论。荣强等[84]通过试验提出了滑移隔震支座的恢复力模型，并指出了已有滑移支座摩擦力模型存在的缺陷。熊仲明等[85]研究了不同工况及整体荷载作用下滑移隔震结构的动力响应，得到选择多条轴线和多点进行加载可以满足滑移隔震结构的试推与复位研究要求，可检验滑移隔震结构设计与施工的合理性的结论。曹万林等[86]进行了滑移隔震砌体结构的振动台试验，得到小震下基础滑移隔震系统不启动，中震下滑移隔震系统启动能够减小上部结构的地震作用，大震下滑移隔震能够有效减轻上部结构的破坏程度的结论。袁康等[87]进行了新型简易滑移隔震村镇建筑的拟静力试验，得到采用滑移隔震的砌体墙片在低周反复加载中始终处于弹性状态，滞回曲线饱满且包络面积大，具有较好的消能减震性能，有助于避免上部结构在地震作用下的破坏的结论。展猛等[88]通过 MATLAB/Simulink 数值仿真研究了不同预留滑移量下摩擦滑移隔震结构的动力响应，得到预留滑移量的增大不会影响结构加速度响应，但会增加结构位移，同时预留滑移量的变化对体系地震输入能量有很大的影响的结论。孙敏等[89]以村镇滑移隔震建筑为研究对象，以总输入能量为响应指标，采用正交试验方法研究了总输入能量对刚度比、第二阶段刚度系数、隔震层屈服位移和上部结构固有周期等的敏感性。

虽然滑移隔震减震效果良好，但是单纯的滑移隔震避免不了较大位移的产生，且在地震结束后残余位移较大，使得限位研究显得很有必要。经过多年研究形成了多种限位-滑移隔震系统，新型系统需要在减震效果与最大滑移位移之间寻求一种关系，使得滑移隔震能够同时实现良好的减震效果和滑移位移不超限的要求。樊剑等[90,91]提出了一种带限位装置的滑移隔震体系，利用 Poincare 映射法研究了滑移隔震结构的动力响应，并绘制了相应的反应谱曲线，表明地震作用下滑移隔震结构的最大层间剪力和最大绝对加速度分布与非隔震结构相比有很大的区别。Madden 等[92]将滑移隔震与自适应液压阻尼器结合形成了自适应隔震系统，并提出了相应的分析模型，通过试验验证了模型的有效性。毛利军等[93]讨论了多层滑移隔震结构单自由度模型、一般双自由度模型和参数优化双自由度模型的精度及适用性。李志军等[94]将模糊控制和滑模控制结合设计了一种滑模控制器，将该控制器加入滑移隔震层形成了混合控制体系，通过数值模拟得到的混合控制方法不仅能有效地减小上部结构的峰值响应，而且能有效控制隔震层的位移，还能使隔震层具有良好的复位能力。张延年等[95]将磁流变阻尼器和滑移隔震组合以便改善其减震效果，得到混合控制体系的动力响应相比于纯滑移隔震结构有不同程度的降低的结论。Ozbulut 等[96]考虑环境温度的变化研究了设置形状记忆合金（SMA）装置的滑移隔震系统的抗震性能，进行了多种温度下结构的非线性动力分析，验证了控制体系在多种外界温度下的有效性。Jalali 等[97]将 SMA 与滑板支座结合，形成了一种智能恢复滑移隔震系统，滑板可支撑上部结构的重量且允许结构产生较大的水平位移，而 SMA 能够给滑移隔震层提供一定的抗侧刚度并使结构具有适当的自复位能力。Lu 等[98]运用振动台试验研究了脉冲地震作用下黏滞阻尼器的附加阻尼对滑移隔震体系的影响，得到脉冲地震有可能使滑移隔震体系的支座位移出现共振现象，而增加黏滞阻尼器能够有效减小隔震体系的共振响应的结论。郭军林等[99]为改善村镇砌体结构的抗震性能提出了改性砂浆-橡胶束滑移隔震技术，通过试验研究得到改性砂浆-橡胶束滑移隔震墙的滞回环饱满，延性好，刚度退化慢，耗能能力强，造价低廉，且橡胶束限位性能好的结论。庄鹏等[100]提出了一种适用于双层球面网壳结构的 SMA 弹簧-摩擦支座，通过数值模拟得到该类减震方法不仅能够减小网壳结构的地震响应，还兼具位移控制与复位能力的结论。邹爽等[101]采用摩擦阻尼器克服滑移隔震木结构在大震下位移过大的缺陷，得到摩擦阻尼器能够使隔震层的位移减小，但是会使结构加速度响应增大的结论。Chakraborty 等[102]采用非线性弹簧作为滑板隔震体系的复位装置，得到该控制体系能够使支座的位移达到最小化，同时能够使支座的残余位移接近零的结论。

1.2.4　结构地震响应的分析方法研究现状

20 世纪初以来，在研究人员对工程实践的总结以及对结构地震分析方法探索的过程中，结构地震研究方法总体上经历了静力分析法、静力弹塑性分析法、反应谱法、动力时程法、能量评估法等几个主要阶段。目前进行结构地震响应评估采用的主要方法为动力时程法以及进一步发展而得到的增量动力分析（incremental dynamic analysis，IDA）方法等。

Freeman 等[103]为了评估已有建筑的地震风险建立了一种统一方法，即 Pushover 分析方法。在诸多研究人员的共同努力下，Pushover 方法现已发展为一种在结构设计和评估方面被广泛采用且较成熟的抗震分析方法，该方法已在我国建筑抗震设计规范中得到了应用。Vamvatsikos 等[104]运用 IDA 方法评估了影响结构抗震性能敏感性和不确定性的主要因素。Huang 等[105]通过对比传统结构和隔震结构的动力响应，量化了采取隔震措施后安全性的提高程度，并且提出了不可接受的抗震性能概念。Bayraktar 等[106]运用时程分析法研究了重力坝储水长度对结构抗震性能的影响，得到储水长度对结构抗震性能有很大的影响，且地震波的选取也是影响重力坝抗震性能评估的重要因素，近场地震作用下坝身应力大于远场地震作用的情况。Hirde 等[107]研究了场地和地基条件等对高位水箱抗震性能的影响。Shakib 等[108]研究了不同液位高度和不同地震作用下高位水箱的抗震性能，得到低频率地震记录能够激起液体的晃动响应的结论。杨宏康等[109]提出了一种动力推覆方法用于评估储液罐在弹塑性阶段的抗震性能。张社荣等[110]对于混凝土采用弥散裂缝模型，通过逐渐增大地震动峰值加速度的时域分析方法研究了重力拱坝的渐进失稳破坏过程，提出可从收敛准则、地震位移响应突变准则、塑性区贯通准则、坝体开裂破坏模式等方面全面评价重力拱坝的极限抗震能力。Bradley[111]对比了基于强度的地震需求和地震风险需求在评估结构抗震性能方面的差异，得到地震风险需求在评估结构抗震性能时是更合理的选择的结论。Mahin 等[112]提出了一种用于结构抗震性能评估的拟动力试验方法，该方法通过在结构施加拟静力得到某一动力激励下的位移响应。Saha 等[113]运用易损性分析对比了底部固支和隔震储液罐的抗震性能，得到隔震能够增加储液罐的抗震能力，不同隔震体系对储液罐抗震性能的提高有区别的结论。Zhao 等[114]运用任意拉格朗日法模拟流-固耦合，评估了储水池在地震作用下的抗震性能，得到储水深度、水位和结构高度比及水与结构质量的比值对储水池的抗震性能有很大的影响的结论。尹犟等[115]鉴于近场地震竖向效应对结构水平方向位移会产生影响，因此对传统的 Pushover 方法进行了改进，通过对比得到改进的 Pushover 方法在评估近场地震下规则结构的最大顶点位移和层间位移等动力响应时更合理的结论。赵作周等[116]简述了中美两国抗震设计规范中有关地震波选择的相关条文，并进行了相应的弹塑性时程分析，对比了两国规范选取地震波引起抗震性能评估的差异。李静等[117]提出了评价大坝抗震安全性的新指标，运用 IDA 方法对非线性数值分析模型进行了抗震性能评价，得到所提出的坝体破坏体积比和坝面破坏面积比这两个指标可以反映不同强度地震作用下拱坝的破坏变化趋势及抗震能力的结论。Jeon 等[118]为了控制地震加速度向上部结构传递引起结构的破坏，提出了锥形摩擦单摆支承系统，运用简化方程和数值模拟评估了该减震方法对结构抗震性能的影响。林世镔等[119]借助Pushover 方法得到能力谱并对结构的抗震能力进行了研究，建立了能力谱与抗震能力指数的关系，对结构在不同地震作用下的相对抗震能力进行了定量评估。于晓辉等[120]通过计算地震易损性中位值与多遇地震、设防地震和罕遇地震强度的比值，提出了抗震性能裕度的概念。王曙光等[121]对昆明新国际机场航站楼进行了振动台试验研究,通过对抗震性能分析得到隔震结构的减震效果能达到 50%的结论。

为了克服 IDA 方法效率低的缺陷，伊朗学者 Estekanchi 等于 2004 年结合 Pushover 法和时程分析法，提出了一种全新的动力分析方法——动力 Pushover 方法，也称为耐震法[122]。在耐震法提出之后，Estekanchi 等将其应用范围进行了扩展，包括线性与非线性结构、钢结构与混凝土结构、水工结构、结构倒塌分析、抗震评估及优化设计等方面[123-129]，充分展示了该方法的优越性。Hariri-Ardebili 等[130]结合开裂模型和耐震法评估了大体积混凝土坝在强震作用下的可能破坏情况，并与传统的非线性时程分析方法计算结果进行了对比，结果表明两种方法在评估结构响应方面表现出一定的相容性，但是耐震法能够减小总的分析成本。杨乐等[131]基于中国抗震反应谱合成了耐震时程曲线，采用 IDA 方法和耐震法评估了钢框架的抗震性能，得到耐震法能较好地预测结构的非线性动力响应及破坏过程的结论。白久林等[132]运用耐震法和时程分析法对比研究了钢筋混凝土框架结构的响应特征，得到耐震法能有效预测结构的抗震能力且计算效率高的结论。

综上所述，Pushover 法能够高效地预测结构在不同强度等级地震作用下的抗震能力，但分析过程中未考虑地震随机性及结构动力特性等因素。IDA 方法通过对结构进行大量的时程分析可得到地震强度指标与结构破坏指标之间的关系，进而实现对结构抗震能力的全面评估。耐震法的重要特征在于时程函数幅值随着持续时间的增加而增大，因此耐震法可以通过一次时程分析得到结构在不同强度地震作用下的性能，从而提高计算效率，但耐震法的主要缺陷在于耐震时程曲线合成复杂且合成效率低，不易于工程人员掌握。总体来看，目前用于结构地震响应研究的主要方法是动力时程法（包括 IDA 方法）。

1.3　本书主要内容

第 1 章叙述混凝土矩形贮液结构概况，并对贮液结构流-固耦合问题及分析方法、贮液结构减震、滑移隔震结构、结构地震响应的分析方法进行综述。第 2 章讲述埋置式混凝土贮液结构的边界条件，并通过数值案例进一步对不同埋置工况下的混凝土矩形贮液结构进行地震动响应分析，分析泡沫混凝土的地震动衰减特性、埋置式混凝土矩形贮液结构的设计原理及隔震混凝土矩形贮液结构的液-固耦合理论，通过泡沫混凝土、泡沫混凝土-砂垫层隔震贮液结构地震动响应分析，进一步研究隔震混凝土贮液结构的地震动响应。第 3 章简述滑移隔震体系的原理、分析模型，以及混凝土矩形贮液结构的动力方程，通过数值模型分析贮液结构壁板位移、液面晃动高度、结构有效应力及结构加速度等。第 4 章将滑移隔震和限位措施结合形成适用于混凝土矩形贮液结构的减震方法，基于弹簧-质量模型建立相应的简化力学模型，并运用数值计算模型对简化模型的合理性进行验证。从贮液结构安全使用和限位装置变形能力出发，定义滑移隔震贮液结构位移限值。分析限位装置参数对滞回耗能和动力响应的影响，分析近场地震作用下滑移隔震-限位体系对混凝土矩形贮液结构的减震效果，并对比水平单双向近场地震作用下系统的动力响应，对于滑移隔震以及限位措施在混凝土矩形贮液结构的应用给出了建议。第 5 章汇总远场长周期地震动识别方法，给出借助已有地震动记录合成远场长周期地震动的流程。选取一定数量的实际普通地震动记录、实际远场长周期地震动记录以及两条人工合成远场长周期地震记录，对比研究普通地震动和远场长周期地震动作用下贮液结构的动力响应，研究滑移隔震对混凝土矩形贮液结构在远场长周期地震作用下的减震效果，探讨远场长周期地震作用下滑移隔震贮液结构动力响应的特征，研究远场长周期地震作用下滑移隔震混凝土矩形贮液结构的位移控制措施。第 6 章基于势流理论定义矩形贮液结构液体大幅晃动的下限，对于大幅晃动采用双向耦合非线性求解理论，分别建立滑移隔震-限位混凝土矩形贮液结构和液体计算模型，并在滑移隔震层底部以位移加载的形式模拟地震作用，对比双向耦合理论和 ADINA 非线性势流理论的计算结果，研究大幅晃动下滑移隔震对系统动力响应的控制效果，探讨地震维数、储液高度、地震幅值以及激励频率对大幅晃动下系统动力响应的影响。第 7 章考虑自由液面的晃动效应由叠加原理推导滑移隔震矩形贮液结构的速度势函数，由速度势函数得到液动压力、晃动波高、基底剪力及基底弯矩的简化表达式，在动坐标系中得到自由液面晃动满足运动和动力边界条件，基于计算流体动力学（CFD）求解液体域，在结构动力控制方程中引入压力作用反映液体的影响，通过在液面施加竖向位移约束模拟不考虑自由液面晃动的情况，运用数值模拟对比研究考虑自由液面晃动与否情况下系统的动力响应。第 8 章滑移减震的缺陷在于位移超越结构与限位墙的预留间隔会导致碰撞的发生，基于接触单元法运用非线性模型模拟碰撞效应，运用集总参数模型模拟地基，分别建立考虑地基效应与否情况下的滑移隔震混凝土矩形贮液结构碰撞问题简化计算模型，研究碰撞对贮液结构动力响应的影响，探讨主要参数和地基效应对碰撞动力响应的影响，最后开展缓冲碰撞的措施研究。第 9 章考虑流-固耦合 FSI、材料非线性、液体晃动非线性及接触非线性等滑移隔震-限位混凝土矩形贮液结构在一些地震作用下的重要特征，建立三维非线性数值计算模型；给出滑移-限位隔震混凝土贮液结构的失效判据，基于 IDA 方法和易损性分析方法提出适用于滑移隔震混凝土贮液结构减震性能研究的流程；研究近场脉冲、近场无脉冲和远场地震作用下非隔震贮液结构、纯滑移隔震贮液结构和滑移隔震-限位贮液结构的易损性以及影响滑移隔震混凝土矩形贮液结构减震性能的主要因素。第 10 章进行滑移隔震混凝土矩形贮液结构的试验模型设计，选取近场和远场地震，设计多种试验工况，对分别采用钢棒和弹簧限位装置的滑移隔震混凝土矩形贮液结构进行振动台试验，并与铅芯橡胶隔震的情况进行对比，研究近远场地震作用下滑移隔震对混凝土贮液结构的有效性以及限位装置类型对混凝土贮液结构动力响应的影响。第 11 章采用蒙特卡罗有限元方法，对地上式贮液结构和埋置式隔震贮液结构进行可靠度分析研究，分别分析不同地震动烈度作用下结构的壁板厚度、液体深度与应力的关系；并分析不同地震动烈度作用下结构应力累计分布函数曲线与结构的失效概率。

参 考 文 献

[1] 胡明祎. 贮液结构地震反应数值分析及应用方法研究[D]. 哈尔滨: 中国地震局工程力学研究所, 2012.

[2] 程选生, 杜永峰. 混凝土矩形贮液结构——动力分析理论与数值仿真[M]. 北京: 科学出版社, 2017.

[3] 新疆地震信息网. 新疆于田-策勒 7.3 级地震灾害损失及地震烈度分析 [EB/OL]. [2012-10-28]. http://www.eq-xj.gov.cn/manage/html/ ff808181126bebda01126bec4dd00001/_content/09_02/09/1234166909353.html.

[4] JAISWAL O R, RAI D C, JAIN S K. Review of seismic codes on liquid-containing tanks[J]. Earthquake Spectra, 2007, 23(1): 239-260.

[5] RAI D C. Seismic retrofitting of R/C shaft support of elevated tanks[J]. Earthquake Spectra, 2002, 18(4): 745-760.

[6] 高霖, 郭恩栋, 王祥建, 等. 供水系统水池震害分析[J]. 自然灾害学报, 2012, 21(5): 120-126.

[7] GHAEMMAGHAMI A. Dynamic time-history response of concrete rectangular liquid storage tanks[D]. Tehran: Sharif University, 2002.

[8] MINOWA C, OGAWA N, HARADA I. Sloshing roof impact tests of a rectangular tank[J]. American Society of Mechanical Engineers, Pressure Vessels and Piping Division (Publication), 1994, 272: 13-21.

[9] WESTERGAARD H M. Water pressures on dams during earthquakes[J]. Transactions of the American Society of Civil Engineers, 1933, 98(2): 418-433.

[10] HOSKINS L M, JACOBSEN L S. Water pressure in a tank caused by a simulated earthquake[J]. Bulletin of the Seismological Society of America, 1934, 24(1): 1-32.

[11] HOUSNER G W. Dynamic pressure on accelerated fluid container[J]. Bulletin of the Seismological Society of America, 1957, 47 (1): 15-35.

[12] HOUSNER G W. The dynamic behavior of water tanks[J]. Bulletin of the Seismological Society of America, 1963, 53(2): 381-387.

[13] BALENDRA T, ANG K K, PARAMASIVAM P, et al. Seismic design of flexible cylindrical liquid storage tanks[J]. Earthquake Engineering & Structure Dynamics, 1982, 10(3): 477-496.

[14] HAROUN M A. Vibration studies and tests of liquid storage tanks[J]. Earthquake Engineering & Structural Dynamics, 1983, 11: 179-206.

[15] HAROUN M A. Stress analysis of rectangular walls under seismically induced hydrodynamic loads[J]. Bulletin of the Seismological Society of America, 1984, 74(3): 1031-1041.

[16] 居荣初, 曾心传. 弹性结构与液体的耦联振动理论[M]. 北京: 地震出版社, 1983.

[17] DOĞANGÜN A, DURMUŞ A, AYVAZ Y. Static and dynamic analysis of rectangular tanks by using the lagrangian fluid finite element[J]. Computers & Structures, 1996, 59(3): 547-552.

[18] DOĞANGÜN A, LIVAOĞLU R. Hydrodynamic pressures acting on the walls of rectangular fluid containers[J]. Structural Engineering & Mechanics, 2014, 17(2): 203-214.

[19] MALHOTRA P K, WENK T, WIELAND M. Simple procedure for seismic analysis of liquid-storage tanks[J]. Structural Engineering International, 2000, 10(3): 197-201.

[20] 李彦民, 徐刚, 任文敏, 等. 储液容器流固耦合动力响应分析计算[J]. 工程力学, 2002, 19(4): 29-31.

[21] 刘云贺, 王克成, 陈厚群. 储液池的抗震问题探讨[J]. 地震工程与工程振动, 2005, 25(1): 149-154.

[22] 刘习军, 张素侠, 刘国英, 等. 矩形弹性壳液耦合系统中的重力波分析[J]. 力学学报, 2006, 38(1): 106-111.

[23] 王晖, 陈刚, 张伟, 等. 储液容器三维流-固耦合模态分析[J]. 特种结构, 2007, 24(2): 52-54.

[24] LIVAOGLU R. Investigation of seismic behavior of fluid-rectangular tank-soil/foundation systems in frequency domain[J]. Soil Dynamics and Earthquake Engineering, 2008, 28(2): 132-146.

[25] SHAHVERDIANI K, RAHAI A R, KHOSHNOUDIAN F. Fluid-structure interaction in concrete cylindrical tanks under harmonic excitations[J]. International Journal of Civil Engineering, 2008, 6(2): 132-141.

[26] OZDEMIR Z, MOATAMEDI M, FAHJAN Y M, et al. ALE and fluid structure interaction for sloshing analysis[J]. International Journal of Multiphysics, 2009, 3(3): 307-336.

[27] OZDEMIR Z, SOULI M, FAHJAN Y M. Application of nonlinear fluid-structure interaction methods to seismic analysis of anchored and unanchored tanks[J]. Engineering Structures, 2010, 32(2): 409-423.

[28] CHEN J Z, KIANOUSH M R. Generalized SDOF system for seismic analysis of concrete rectangular liquid storage tanks[J]. Engineering Structures, 2009, 31(2): 2426-2435.

[29] CHEN J Z, KIANOUSH M R. Generalized SDOF system for dynamic analysis of concrete rectangular liquid storage tanks: effect of tank parameters on response[J]. Canadian Journal of Civil Engineering, 2010, 37(2): 262-272.

[30] CHEN J Z, KIANOUSH M R. Design procedure for dynamic response of concrete rectangular liquid storage tanks using generalized SDOF system[J]. Canadian Journal of Civil Engineering, 2015, 42(11): 1-10.

[31] 程选生, 杜永峰. 弹性壁板下钢筋混凝土矩形贮液结构的液动压力[J]. 工程力学, 2009, (6): 82-88.

[32] 程选生, 杜永峰. 弹性地基上矩形贮液结构的液-固耦合振动特性[J]. 工程力学, 2011, 28(2): 186-192.

[33] 程选生, 杜永峰, 李慧. 钢筋混凝土矩形贮液结构的液-固耦合晃动-弹性底板[J]. 应用力学学报, 2008, 25(4): 622-626.

[34] 程选生. 钢筋混凝土矩形贮液结构的液-固耦合振动[J]. 煤炭学报, 2009, 34(3): 340-344.

[35] REBOUILLAT S, LIKSONOV D. Fluid-structure interaction in partially filled liquid containers: A comparative review of numerical approaches[J]. Computers & Fluids, 2010, 39(5): 739-746.

[36] MIRZABOZORG H, HARIRIARDEBILI M A, NATEGHI R A. Free surface sloshing effect on dynamic response of rectangular storage tanks[J]. American Journal of Fluid Dynamics, 2012, 2(4): 23-30.

[37] LI Y C, DI Q S, GONG Y Q. Equivalent mechanical models of sloshing fluid in arbitrary-section aqueducts[J]. Earthquake Engineering & Structural Dynamics, 2012, 41(6): 1069-1087.

[38] RICHTER T. A Fully Eulerian formulation for fluid—structure-interaction problems[J]. Journal of Computational Physics, 2013, 233(2): 227-240.

[39] HASHEMI S, SAADATPOUR M M, KIANOUSH M R. Dynamic analysis of flexible rectangular fluid containers subjected to horizontal ground motion[J]. Earthquake Engineering & Structural Dynamics, 2013, 42(11): 1637-1656.

[40] NICOLICI S, BILEGAN R M. Fluid structure interaction modeling of liquid sloshing phenomena in flexible tanks[J]. Nuclear Engineering & Design, 2013, 258(2): 51-56.

[41] GHAZVINI T, TAVAKOLI H R, NEYA B N, et al. Seismic response of aboveground steel storage tanks: comparative study of analyses by six and three correlated earthquake components[J]. Latin American Journal of Solids & Structures, 2013, 10(6): 1155-1176.

[42] LIU W K, LAM D. Nonlinear analysis of liquid-filled tank[J]. Journal of Engineering Mechanics, 2014, 109(6): 1344-1357.

[43] LAY K S. Seismic coupled modeling of axisymmetric tanks containing liquid[J]. American Society of Civil Engineers, 2014, 119(9): 1747-1761.

[44] KOTRASOVÁ K, GRAJCIAR I, KORMANÍKOVÁ E. Dynamic time-history response of cylindrical tank considering fluid-structure interaction due to earthquake[J]. Applied Mechanics & Materials, 2014, 617: 66-69.

[45] ZOU C F, WANG D Y. A simplified mechanical model with fluid-structure interaction for rectangular tank sloshing under horizontal excitation[J]. Advances in Mechanical Engineering, 2015, 7(5): 1-16.

[46] BELOSTOTSKIY A M, AKIMOV P A, AFANASYEVA I N, et al. Numerical simulation of oil tank behavior under seismic excitation, Fluid—structure interaction problem solution[J]. Procedia Engineering, 2015, 111: 115-120.

[47] GILMANOV A, LE T B, SOTIROPOULOS F. A numerical approach for simulating fluid structure interaction of flexible thin shells undergoing arbitrarily large deformations in complex domains[J]. Journal of Computational Physics, 2015, 300: 814-843.

[48] KELLY J M. A seismic base isolation: a review and bibliography[J]. Soil Dynamics and Earthquake Engineering, 1986, 5: 202-216.

[49] CHALHOUB M S, KELLY J M. Shake table test of cylindrical water tanks in base-isolated structures[J]. Journal of Engineering Mechanics, 1990, 116(7): 1451-1472.

[50] MALHOTRA P K. Method for seismic base isolation of liquid storage tanks[J]. Journal of Structural Engineering, 1997, 123(1): 113-116.

[51] MALHOTRA P K. New methods for seismic isolation of liquid-storage tanks[J]. Earthquake Engineering & Structural Dynamics, 1997, 26: 839-847.

[52] SHRIMALI M K, JANGID R S. Seismic analysis of base-isolated liquid storage tanks[J]. Journal of Sound & Vibration, 2004, 275(6): 59-75.

[53] SHEKARI M R, KHAJI N, AHMADI M T. On the seismic behavior of cylindrical base-isolated liquid storage tanks excited by long-period ground motions[J]. Soil Dynamics and Earthquake Engineering, 2010, 30(10): 968-980.

[54] 孙建刚, 王向楠, 赵长军. 立式储罐基底隔震的基本理论[J]. 哈尔滨工业大学学报, 2010, 42(4): 639-643.

[55] 孙建刚, 郝进锋, 王振. 储罐基底隔震振型分解反应谱计算分析研究[J]. 哈尔滨工业大学学报, 2005, 37(5): 649-651.

[56] 孙建刚, 郑建华, 崔利富, 等. LNG 储罐基础隔震反应谱设计[J]. 哈尔滨工业大学学报, 2013, 45(4): 105-109.

[57] 孙建刚, 崔利富, 王振, 等. 立式储罐叠层橡胶隔震 3 阶段设计[J]. 哈尔滨工业大学学报, 2011, 43(6): 118-121.

[58] SHEKARI M R, KHAJI N, AHMADI M T. A coupled BE-FE study for evaluation of seismically isolated cylindrical liquid storage tanks considering fluid-structure interaction[J]. Journal of Fluids & Structures, 2009, 25(3): 567-585.

[59] SAHA S K, MATSAGAR V A, JAIN A K. Comparison of base-isolated liquid storage tank models under bi-directional earthquakes[J]. Natural Science, 2013, 5(8A1): 27-37.

[60] VOSOUGHIFAR H, NADERI M. Numerical analysis of the base-isolated rectangular storage tanks under bi-directional seismic excitation[J]. British Journal of Mathematics & Computer Science, 2014, 4: 3054-3067.

[61] 李自力, 李扬, 李洪波. 大型 LRB 隔震储罐地震反应参数研究[J]. 四川大学学报(工程科学版), 2010, 42(5): 134-141.

[62] YANG Z R, SHOU B N, SUN L, et al. Earthquake response analysis of spherical tanks with seismic isolation[J]. Procedia Engineering, 2011, 14(11): 1879-1886.

[63] SAHA S K, SEPAHVAND K, MATSAGAR V A, et al. Stochastic analysis of base-isolated liquid storage tanks with uncertain isolator parameters under random excitation[J]. Engineering Structures, 2013, 57(4): 465-474.

[64] 杨宏康, 高博青. 基底隔震储液罐的参数动力稳定性分析及隔震效果评价[J]. 振动与冲击, 2014, 33(18): 94-101.

[65] CHENG X S, CAO L L, ZHU H Y. Liquid-solid interaction seismic response of an isolated overground rectangular reinforced-concrete liquid-storage structure[J]. Journal of Asian Architecture & Building Engineering, 2015, 14(1): 175-180.

[66] JADHAV M B, JANGID R S. Response of base-isolated liquid storage tanks[J]. Shock & Vibration, 2004, 11(1): 33-45.

[67] 温丽, 王曙光, 杜东升, 等. 大型储液罐摩擦摆基底隔震控制分析[J]. 世界地震工程, 2009, 25(4): 161-166.

[68] ZHANG R F, WENG D G, REN X S. Seismic analysis of a LNG storage tank isolated by a multiple friction pendulum system[J]. Earthquake Engineering & Engineering Vibration, 2011, 10(2): 253-262.

[69] PANCHAL V R, JANGID R S. Seismic response of liquid storage steel tanks with variable frequency pendulum isolator[J]. KSCE Journal of Civil Engineering, 2011, 15(6): 1041-1055.

[70] SHRIMALI M K, JANGID R S. A comparative study of performance of various isolation systems for liquid storage tanks[J]. International Journal of Structural Stability & Dynamics, 2011, 2(4): 573-591.

[71] SELEEMAH A A, SHARKAWY M E I. Seismic response of base isolated liquid storage ground tanks[J]. Ain Shams Engineering Journal, 2011, 2(1): 33-42.

[72] 张兆龙, 高博青, 杨宏康. 基于附加质量法的大型固定顶储液罐基底隔震分析[J]. 振动与冲击, 2012, 31(23): 32-38.

[73] 李扬, 李自力. 大型滑移基础隔震储罐地震反应影响因素研究[J]. 世界地震工程, 2012, 28(4): 69-74.

[74] 丁孙玮. 弹性滑板支座在组合基础隔震中的应用[J]. 工程抗震与加固改造, 2014, 36(6): 62-65.

[75] MOKHA A, CONSTANTINOU M, REINHORN A. Teflon bearings in base isolation Ⅰ: Testing[J]. Journal of Structural Engineering, 1990, 116(2): 438-454.

[76] CONSTANTINOU M, MOKHA A, REINHORN A. Teflon bearings in Base Isolation Ⅱ: Modeling[J]. Journal of Structural Engineering, 1990, 116(2): 455-474.

[77] 张文芳, 程文襄, 李爱群, 等. 九层房屋基础滑移隔震的试验、分析及应用研究[J]. 建筑结构学报, 2000, 21(3): 60-68.

[78] 卫龙武, 吴二军, 李爱群, 等. 江南大酒店整体平移工程的关键技术[J]. 建筑结构, 2001, 31(12): 6-8.

[79] 赵世峰, 李爱群, 卫龙武, 等. 江南大酒店平移工程基础滑移隔震设计与地震反应分析[J]. 建筑结构, 2001, 31(12): 9-10.

[80] 刘伟庆, 王曙光, 林勇. 宿迁市人防指挥大楼隔震设计方法研究[J]. 建筑结构学报, 2005, 26(2): 81-86.

[81] 刘伟庆, 王曙光, 葛卫, 等. 宿迁市府苑小区综合楼隔震分析[J]. 建筑结构, 2003, 33(8): 38-40.

[82] 吴刚, 王克海, 李冲, 等. 板式橡胶支座摩擦滑移特性参数分析[J]. 土木工程学报, 2014, 47(s1): 108-112.

[83] 王建强, 姚谦峰, 李大望. 基础滑移隔震结构双向地震反应分析[J]. 振动与冲击, 2005, 24(4): 84-88.

[84] 荣强, 盛严, 程文瀼. 滑移隔震支座的试验研究及力学模型[J]. 工程力学, 2010, 27(12): 40-45.

[85] 熊仲明, 张超, 高俊江. 基础滑移隔震框架结构试推与复位方案的分析研究[J]. 振动与冲击, 2014, 33(12): 181-187.

[86] 曹万林, 张思, 周中一, 等. 基础滑移隔震土坯组合砌体结构振动台试验[J]. 自然灾害学报, 2015, 24(6): 131-138.

[87] 袁康, 郭军林, 李英民. 村镇建筑新型简易滑移隔震体系拟静力试验研究[J]. 工业建筑, 2015, 45(11): 30-34.

[88] 展猛, 王社良, 刘军生. 不同预留滑移量下摩擦滑移隔震框架地震反应[J]. 哈尔滨工业大学学报, 2016, 48(6): 105-110.

[89] 孙敏, 童丽萍, 祝彦知. 村镇滑移隔震建筑输入能量的参数敏感性分析[J]. 工程力学, 2016, 33(5): 200-210.

[90] 樊剑, 唐家祥. 滑移隔震结构的动力特性及地震反应[J]. 土木工程学报, 2000, 33(4): 11-16.

[91] 樊剑, 唐家祥. 带限位装置的摩擦隔震结构动力特性及地震反应分析[J]. 建筑结构学报, 2001, 22(1): 20-25.

[92] MADDEN G J, SYMANS M D, WONGPRASERT N. Experimental verification of seismic response of building frame with adaptive sliding base-isolation system[J]. Journal of Structural Engineering, 2002, 128(8): 1037-1045.

[93] 毛利军, 李爱群. 多层滑移隔震建筑结构的简化模型及其分析精度[J]. 建筑结构学报, 2005, 26(2): 117-123.

[94] 李志军, 邓子辰. 带限位装置的基础滑移隔震结构的模糊滑模控制研究[J]. 振动与冲击, 2008, 27(9): 111-115.

[95] 张延年, 李宏男. MRD 与滑移隔震混合控制结构及其优化设计[J]. 计算力学学报, 2008, 25(6): 758-763.

[96] OZBULUT O E, HURLEBAUS S. Evaluation of the performance of a sliding-type base isolation system with a Ni-Ti shape memory alloy device considering temperature effects[J]. Engineering Structures, 2010, 32(1): 238-249.

[97] JALALI A, CARDONE D, NARJABADIFAM P. Smart restorable sliding base isolation system[J]. Bulletin of Earthquake Engineering, 2011, 9(2): 657-673.

[98] LU L Y, LIN C C, LIN G L. Experimental evaluation of supplemental viscous damping for a sliding isolation system under pulse-like base excitations[J]. Journal of Sound & Vibration, 2013, 332(8): 1982-1999.

[99] 郭军林, 袁康, 李英民. 改性砂浆-橡胶束滑移隔震墙试验研究[J]. 建筑结构学报, 2015, 36(s2): 230-236.

[100] 庄鹏, 薛素铎, 韩淼. SMA 弹簧-摩擦支座在双层球面网壳结构中的隔震控制分析[J]. 工业建筑, 2015, 45(1): 43-49.

[101] 邹爽, 五十子幸树, 井上范夫, 等. 控制隔震层发生过大位移的连接摩擦阻尼器的参数优化设计[J]. 振动工程学报, 2016, 29(2): 201-206.

[102] CHAKRABORTY S, ROY K, CHAUDHURI R S. Design of re-centering spring for flat sliding base isolation system: Theory and a numerical study[J]. Engineering Structures, 2016, 126: 66-77.

[103] FREEMAN S A, NICOLETTI J P, TYRDL J V. Evaluation of existing buildings for seismic risk-A, case study of puget sound naval shipyard[C]. Proceedings of the 1st U.S. National Conference on Earthquake Engineering, 1975: 113-122.

[104] VAMVATSIKOS D, FRAGIADAKIS M. Incremental dynamic analysis for estimating seismic performance sensitivity and uncertainty[J]. Earthquake Engineering & Structural Dynamics, 2010, 39(2): 141-163.

[105] HUANG Y N, WHITTAKER A S, LUCO N. Seismic performance assessment of base-isolated safety-related nuclear structures[J]. Earthquake Engineering & Structural Dynamics, 2010, 39(13): 1421-1442.

[106] BAYRAKTAR A, TÜRKER T, AKKÖSE M, et al. The effect of reservoir length on seismic performance of gravity dams to near- and far- fault ground motions[J]. Natural Hazards, 2010, 52(2): 257-275.

[107] HIRDE S, ASMITA B, MANOJ H. Seismic performance of elevated water tanks[J]. International Journal of Advanced Engineering Research and Studies, 2011, 1(1): 78-87.

[108] SHAKIB H, OMIDINASAB F. Effect of earthquake characteristics on seismic performance of RC elevated water tanks considering fluid level within the vessels[J]. Arabian Journal for science and Engineering, 2011, 36(2): 227-243.

[109] 杨宏康, 高博青. 基于动力推覆方法的储液罐抗震分析[J]. 工程力学, 2013, 30(11): 153-159.

[110] 张社荣, 王高辉, 王超. 混凝土重力拱坝极限抗震能力评价方法初探[J]. 四川大学学报(工程科学版), 2012, 44(1): 7-12.

[111] BRADLEY B A. A comparison of intensity-based demand distributions and the seismic demand hazard for seismic performance assessment[J]. Earthquake Engineering & Structural Dynamics, 2013, 42(15): 2235-2253.

[112] MAHIN S A, SHING P S B. Pseudodynamic method for seismic performance testing[J]. Journal of Structural Engineering, 2014, 111: 1482-1503.

[113] SAHA S K, MATSAGAR V, JAIN A K. Assessing seismic base isolation systems for liquid storage tanks using fragility analysis[C]. New Delhi: Springer India, 2014.

[114] ZHAO C F, CHEN J Y, XU Q. FSI effects and seismic performance evaluation of water storage tank of AP1000 subjected to earthquake loading[J]. Nuclear Engineering and Design, 2014, 280: 372-388.

[115] 尹犟, 周先雁, 易伟建, 等. 考虑近场地震竖向效应的改进 Pushover 分析方法[J]. 振动与冲击, 2015, 34(20): 143-149.

[116] 赵作周, 胡妤, 钱稼茹. 中美规范关于地震波的选择与框架-核心筒结构弹塑性时程分析[J]. 建筑结构学报, 2015, 36(2): 10-18.

[117] 李静, 陈健云, 徐强. 高拱坝抗震性能评价指标研究[J]. 水利学报, 2015, 46(1): 118-124.

[118] JEON B G, CHANG S J, KIM S W, et al. Base isolation performance of a cone-type friction pendulum bearing system[J]. Structural Engineering & Mechanics, 2015, 53(2): 227-248.

[119] 林世镔, 谢礼立. 基于能力谱的建筑物抗震能力研究——以汶川地震两栋钢筋混凝土框架结构抗震能力分析为例[J]. 土木工程学报, 2012, 45(5): 31-40.

[120] 于晓辉, 吕大刚. 基于易损性的钢筋混凝土框架结构抗震性能裕度评估[J]. 建筑结构学报, 2016, 37(9):53-60.

[121] 王曙光, 陆伟东, 刘伟庆, 等. 昆明新国际机场航站楼基础隔震设计及抗震性能分析[J]. 振动与冲击, 2011, 30(11): 260-265.

[122] ESTEKANCHI H E, VAFAI A, SADEGHAZAR M. Endurance time method for seismic analysis and design of structures[J]. Scientia Iranica, 2004, 11(4): 361-370.

[123] ESTEKANCHI H E, VALAMANESH V, VAFAI A. Application of endurance time method in linear seismic analysis[J]. Engineering Structures, 2007, 29(10): 2551-2562.

[124] RIAHI H T, ESTEKANCHI H E, BOROUJENI S S. Application of endurance time method in nonlinear seismic analysis of steel frames[J]. Procedia Engineering, 2011, 14: 3237-3244.

[125] VALAMANESH V, ESTEKANCHI H E. Endurance time method for multi-component analysis of steel elastic moment frames[J]. Scientia Iranica, 2011, 18(2): 139-149.

[126] VALAMANESH V, ESTEKANCHI H E, VAFAI A, et al. Application of the endurance time method in seismic analysis of concrete gravity dams[J]. Scientia Iranica, 2011, 18(3): 326-337.

[127] ESTEKANCHI H E, ALEMBAGHERI M. Seismic analysis of steel liquid storage tanks by Endurance Time method[J]. Thin-Walled Structures, 2012, 50(1): 14-23.

[128] RAHIMI E, ESTEKANCHI H E. Collapse assessment of steel moment frames using endurance time method[J]. Earthquake Engineering & Engineering Vibration, 2015, 14(2): 347-360.

[129] BASIM M C, ESTEKANCHI H E. Application of endurance time method in performance-based optimum design of structures[J]. Structural Safety, 2015, 56: 52-67.

[130] HARIRI-ARDEBILI M A, MIRZABOZORG H. Estimation of probable damages in arch dams subjected to strong ground motions using endurance time acceleration functions[J]. KSCE Journal of Civil Engineering, 2014, 18(2): 574-586.

[131] 杨乐, 白久林, 欧进萍. 钢框架结构地震响应与破坏过程的耐震时程分析[J]. 防灾减灾工程学报, 2014, 34(4): 415-421.

[132] 白久林, 杨乐, 欧进萍. 结构抗震分析的耐震时程方法[J]. 地震工程与工程振动, 2014, 34(1): 8-18.

第2章 埋置式隔震混凝土矩形贮液结构的
地震动响应

随着我国提出的建设资源节约型社会的要求和国家节能降耗政策的相继出台，节能型建筑材料势必成为今后新型材料的发展方向。泡沫混凝土与砂垫层的隔震组合体系是非常符合以上要求的，这也是泡沫混凝土与砂垫层隔震近些年应用逐渐增多的主要原因。

2.1 埋置式隔震混凝土矩形贮液结构的地震动响应特性

2.1.1 埋置式隔震混凝土矩形贮液结构边界条件

黏-弹性边界是在边界处添加弹簧和阻尼装置形成的人工边界[1]，它能同时模拟散射波的辐射特性和地基的弹性恢复能力，具有良好的低频稳定性，并且经验表明其能够满足工程所需的精度，具有较好的稳定性[2]。实际问题中，通常将散射波模拟为柱面波，在极坐标系中柱面波的运动方程为

$$\frac{\partial w}{\partial t} = c^2 \left(\frac{\partial^2 w}{\partial r^2} + \frac{1}{r} \frac{\partial w}{\partial r} \right) \tag{2.1}$$

式中，c 为介质剪切波速，$c = \sqrt{G/d}$，G 为介质的剪切模量，d 为介质的密度；w 为介质平面位移；r 为到坐标中心的距离。

根据剪应力计算公式 $f(r,t) = G \frac{\partial w}{\partial r}$，可得任意半径 r_b 处以矢径 r_b 为外法线的微元面上的应力与此处位移和速度的关系为

$$f(r_b, \ t) = -\frac{G}{2r_b} w(r_b, \ t) - d_c \frac{\partial w(r_b, \ t)}{\partial t} \tag{2.2}$$

由此可以看出，若在半径 r_b 处截断介质，并在相应位置边界上施加黏性阻尼装置以及弹簧 $K_b = G/(2r_b)$，便能够消除散射波在截断位置处的反射，从而实现散射波从有限区域到无限区域的传播。

在三维问题中，由三维一致黏-弹性人工边界理论[3]可知，三维单元边界面的位移形函数为

$$\begin{cases} N_1 = \dfrac{1}{4}\left(1+\dfrac{x}{a}\right)\left(1+\dfrac{y}{b}\right) \\[2mm] N_2 = \dfrac{1}{4}\left(1-\dfrac{x}{a}\right)\left(1+\dfrac{y}{b}\right) \\[2mm] N_3 = \dfrac{1}{4}\left(1-\dfrac{x}{a}\right)\left(1-\dfrac{y}{b}\right) \\[2mm] N_4 = \dfrac{1}{4}\left(1+\dfrac{x}{a}\right)\left(1-\dfrac{y}{b}\right) \end{cases} \tag{2.3}$$

设 u、v、w 分别为单元节点相对于单元面 x 方向、y 方向以及 z 方向的位移，则单元节点的位移向量为

$$\boldsymbol{\delta}_c = \begin{bmatrix} u_1 v_1 w_1 & u_2 v_2 w_2 & u_3 v_3 w_3 & u_4 v_4 w_4 \end{bmatrix} \tag{2.4}$$

那么与式（2.4）对应的单元几何矩阵为

$$\boldsymbol{N} = \begin{bmatrix} N_1(x) & 0 & 0 & N_2(x) & 0 & 0 & N_3(x) & 0 & 0 & N_4(x) & 0 & 0 \\ 0 & N_1(x) & 0 & 0 & N_2(x) & 0 & 0 & N_3(x) & 0 & 0 & N_4(x) & 0 \\ 0 & 0 & N_1(x) & 0 & 0 & N_2(x) & 0 & 0 & N_3(x) & 0 & 0 & N_4(x) \end{bmatrix} \tag{2.5}$$

黏弹性人工边界上的弹性刚度矩阵为

$$\boldsymbol{D} = \begin{bmatrix} K_{\text{BT}} & 0 & 0 \\ 0 & K_{\text{BT}} & 0 \\ 0 & 0 & K_{\text{BN}} \end{bmatrix} \tag{2.6}$$

式中，K_{BT} 和 K_{BN} 分别为弹簧的法向与切向刚度。

又由单元的刚度矩阵计算公式：

$$\boldsymbol{K} = \int \boldsymbol{N}^{\text{T}} \boldsymbol{D} \boldsymbol{N} \mathrm{d}A \tag{2.7}$$

将式（2.5）和式（2.6）代入式（2.7），得到黏弹性人工边界在边界单元形成的单元刚度矩阵为

$$\boldsymbol{K} = \frac{ab}{9} \begin{bmatrix} 4K_{\text{BT}} & 0 & 0 & 2K_{\text{BT}} & 0 & 0 & K_{\text{BT}} & 0 & 0 & 2K_{\text{BT}} & 0 & 0 \\ & 4K_{\text{BT}} & 0 & 0 & 2K_{\text{BT}} & 0 & 0 & K_{\text{BT}} & 0 & 0 & 2K_{\text{BT}} & 0 \\ & & 4K_{\text{BN}} & 0 & 0 & 2K_{\text{BN}} & 0 & 0 & K_{\text{BN}} & 0 & 0 & 2K_{\text{BN}} \\ & & & 4K_{\text{BT}} & 0 & 0 & 2K_{\text{BT}} & 0 & 0 & K_{\text{BT}} & 0 & 0 \\ & & & & 4K_{\text{BT}} & 0 & 0 & 2K_{\text{BT}} & 0 & 0 & K_{\text{BT}} & 0 \\ & & & & & 4K_{\text{BN}} & 0 & 0 & 2K_{\text{BN}} & 0 & 0 & K_{\text{BN}} \\ & & & & & & 4K_{\text{BT}} & 0 & 0 & 2K_{\text{BT}} & 0 & 0 \\ & & & & & & & 4K_{\text{BT}} & 0 & 0 & 2K_{\text{BT}} & 0 \\ & & & & & & & & 4K_{\text{BN}} & 0 & 0 & 2K_{\text{BN}} \\ & & & & & & & & & 4K_{\text{BT}} & 0 & 0 \\ & & & & & & & & & & 4K_{\text{BT}} & 0 \\ & & & & & & & & & & & 4K_{\text{BN}} \end{bmatrix} \tag{2.8}$$

将式（2.8）中的刚度系数 K 用阻尼系数 C 替换便得到黏弹性人工边界的单元阻尼矩阵，将单元刚度矩阵和阻尼矩阵组装到整体刚度矩阵中，便实现了三维一致黏弹性人工边界的施加。

2.1.2 数值算例

1. 分析模型

半埋置式混凝土贮液结构与全埋置式混凝土贮液结构的长、宽、高分别为 10m、6m、4m，其中四周壁板与贮液结构底板厚度均为 0.2m，液体深度为 2m，其容积为 204.3m³。边界条件采用 ADINA 中的弹簧单元构建三维黏弹性人工边界，半埋置式贮液结构埋置深度为 2m，埋置式贮液结构埋置深度为 4m。贮液结构模型剖面图及有限元模型分别如图 2.1 和图 2.2 所示。

混凝土贮液结构选择 3D-Solid 单元中的 8 节点实体单元进行模拟，实体单元的每个节点具有三个平移自由度，可承受面载荷、体载荷等多种载荷。流体选择 3D 势流体单元中的 8 节点实体单元进行模拟分析。对于势流体单元，本书做以下假设：①无黏、无旋和无热传导；②不可压缩或几乎不可压缩；③边界位移极小（包括自由液面、液-固耦合边界）；④实际流体的流动速度很小。

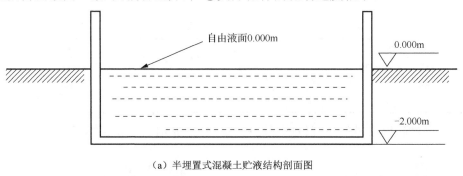

（a）半埋置式混凝土贮液结构剖面图

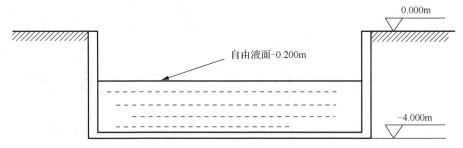

（b）全埋置式混凝土贮液结构剖面图

图 2.1 贮液结构模型剖面图

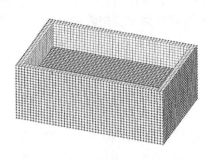
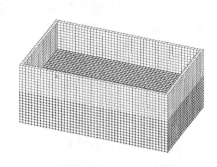

（a）全埋置式混凝土贮液结构　　　　　（b）半埋置式混凝土贮液结构

图 2.2　贮液结构有限元模型

基于势流体单元的流-固耦合计算，在 ADINA 中无须专门指定流-固耦合边界条件，软件能够自动建立流-固耦合边界条件。本书采用的两个最主要的势流体边界条件分别为流-固耦合边界条件和自由液面边界条件。

混凝土贮液结构以及结构内部所储存流体的材料参数如表 2.1 所示，其中混凝土材料采用各向同性的材料本构模型，液体采用基于势流体的材料本构模型，黏弹性边界采用 Spring 单元定义。

表 2.1　材料参数

参数	混凝土	水
弹性/体积模量/Pa	3.00×10^{10}	2.30×10^{9}
密度/（kg/m³）	2500	1000
泊松比	0.167	—

贮液结构网格模型及流体单元网格模型分别如图 2.3 和图 2.4 所示。

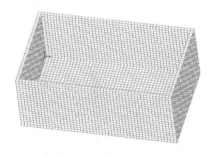
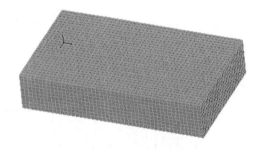

图 2.3　贮液结构网格模型　　　　　图 2.4　流体单元网格模型

2. 不同埋置情况下混凝土矩形贮液结构地震动响应分析

当高强度地震尤其是罕遇地震发生时，混凝土贮液结构极有可能发生破坏，导致结构失去应有的使用功能，甚至引起有害液体泄漏，引发更严重的自然灾害，对生态环境造成难以恢复的破坏。本章对地震荷载作用时的混凝土贮液结构进行动力计算分析，对结构所受的应力、产生的变形、位移以及结构的薄弱位置做出相应的归纳和总结。本章采用 ADINA 软件对半埋置式与全埋置式混凝土矩形贮液结构进行动力时程计算。

本章依据《建筑抗震设计规范》（GB 50011—2010）[4]分别选取地震烈度为 7 度罕遇、8 度罕遇、9 度罕遇的 El-Centrol 波（El-Centrol 波是美国加利福尼亚州发生 M6.7 级地震获得的强震加速度时程记录，在国外作为标准广泛使用）作为地震荷载进行混凝土矩形贮液结构动力时程分析。本章在有限元模型 X 方向施加地震波，持续时间为 10s，地震波加速度时程曲线如图 2.5 所示。

1）半埋置式混凝土矩形贮液结构的有效应力

有效应力是贮液结构地震动响应分析中最重要的动力响应结果，它直接体现了混凝土贮液结构在地震荷载作用下所承受的应力变化情况。通过数值仿真计算得到半埋置式混凝土矩形贮液结构在不同地震烈度下的有效应力云图，如图 2.6 所示。

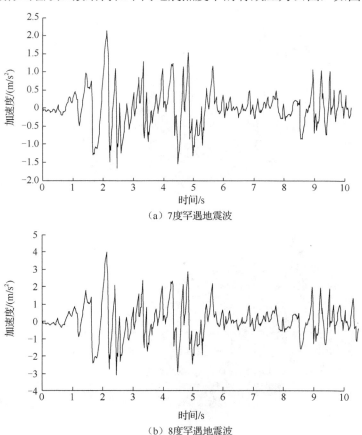

（a）7度罕遇地震波

（b）8度罕遇地震波

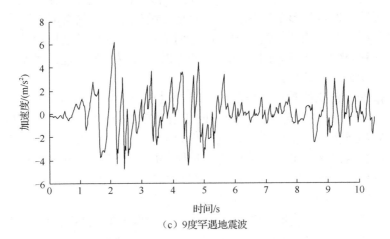

（c）9度罕遇地震波

图 2.5　不同烈度的地震波加速度时程曲线

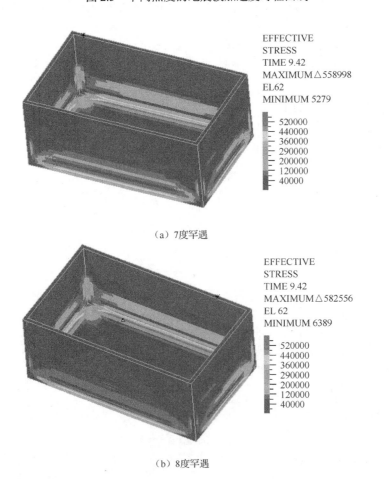

（a）7度罕遇

（b）8度罕遇

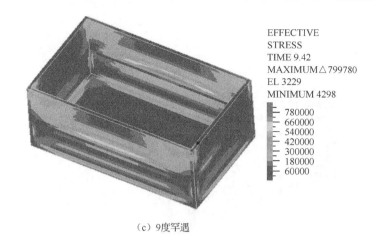

（c）9度罕遇

图 2.6　不同烈度下半埋置式混凝土矩形贮液结构有效应力云图（单位：Pa）

从图 2.6 可以看到，随着地震烈度的增大，半埋置式混凝土矩形贮液结构所承受的应力随之增大，最大应力出现在 9.42s 时刻；7 度罕遇和 8 度罕遇时应力峰值出现在贮液结构壁板与底板相交处，9 度罕遇时应力峰值出现在贮液结构与地面相交处（壁板与地面交汇处）。不同烈度下的有效应力峰值如表 2.2 所示。

表 2.2　不同地震烈度下半埋置式混凝土矩形贮液结构有效应力峰值　　（单位：Pa）

参数	不同地震烈度对应值		
	7 度罕遇	8 度罕遇	9 度罕遇
有效应力峰值	558998	582556	799780

2）半埋置式混凝土矩形贮液结构的壁板位移

壁板位移是贮液结构动力响应分析中重要的组成部分，它反映了混凝土贮液结构在地震荷载作用下壁板的变化情况。通过动力计算，得到半埋置式混凝土贮液结构在不同烈度下的壁板位移云图以及位移曲线分别如图 2.7 和图 2.8 所示。

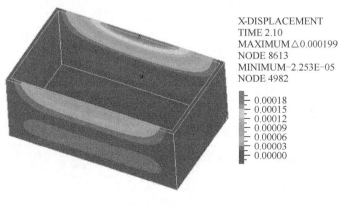

（a）7度罕遇

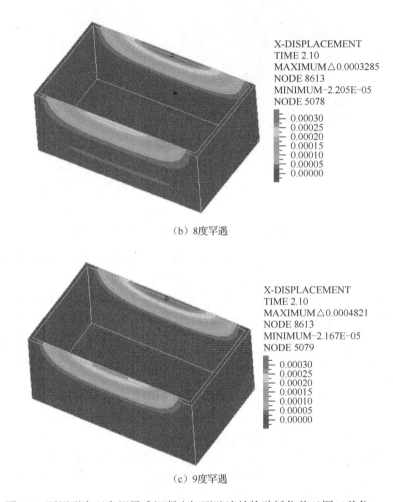

（b）8度罕遇

（c）9度罕遇

图 2.7　不同烈度下半埋置式混凝土矩形贮液结构壁板位移云图（单位：m）

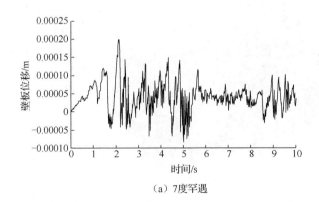

（a）7度罕遇

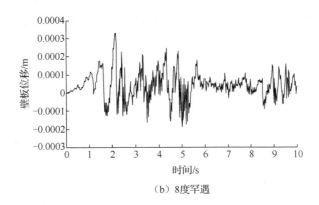

（b）8度罕遇

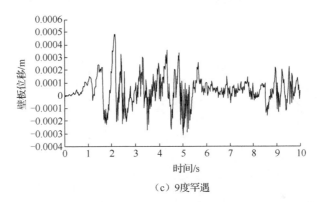

（c）9度罕遇

图 2.8　不同烈度下半埋置混凝土矩形贮液结构壁板位移曲线

　　由图 2.7 和图 2.8 可以看出，当地震烈度增大时，半埋置式混凝土贮液结构的壁板位移随之增大，但增势较为平缓，位移峰值出现在 2.10s 时刻，位移最大处出现在壁板上边缘中部。为了更加详细地了解贮液结构壁板在地震作用过程中的振动情况，绘制出半埋置式混凝土贮液结构。不同烈度下的壁板位移峰值如表 2.3 所示。

表 2.3　不同地震烈度下半埋置式混凝土贮液结构壁板位移峰值　　（单位：mm）

参数	不同地震烈度对应值		
	7 度罕遇	8 度罕遇	9 度罕遇
壁板位移峰值	0.1990	0.3285	0.4821

　　3）半埋置式混凝土矩形贮液结构的液体晃动高度

　　液体晃动高度是贮液结构地震动响应分析过程中最具特点的动力响应结果之一，它体现了贮液结构内部所存储的液体在地震荷载作用和贮液结构壁板约束下的晃动情况，充分体现了流-固耦合的特性。半埋置式混凝土贮液结构内部液体在7度罕遇、8度罕遇、9度罕遇地震作用下的晃动高度峰值如表2.4所示，晃动高度云图如图2.9所示。

表2.4　不同地震烈度下半埋置式混凝土矩形贮液结构内液体晃动高度　（单位：m）

参数	不同地震烈度对应值		
	7度罕遇	8度罕遇	9度罕遇
液体晃动高度	0.2667	0.4973	0.7709

从图2.9中可以看出，随着地震烈度的增大，半埋置式混凝土贮液结构内所存储的液体晃动程度也随之增加，并且增幅较为明显，液体晃动峰值出现在9.28s时刻。这表明地震作用效果越强，存有液体的混凝土贮液结构的流-固耦合效应越明显。

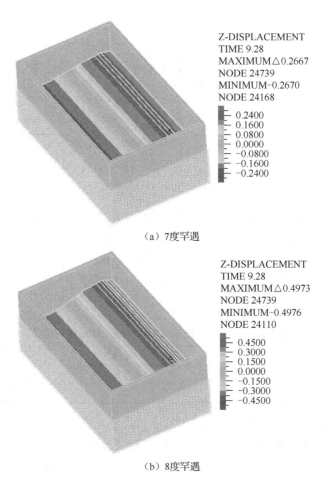

（a）7度罕遇

（b）8度罕遇

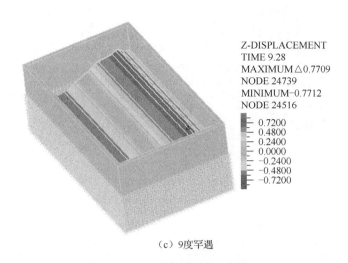

（c）9度罕遇

图 2.9　不同烈度下半埋置混凝土矩形贮液结构内部液体晃动高度云图（单位：m）

4）全埋置式混凝土矩形贮液结构的有效应力

由于结构的埋置深度不同，在相同地震荷载作用下全埋置式混凝土矩形贮液结构所产生的有效应力、壁板位移以及结构内部液体晃动高度等地震动响应特性也会与半埋置式混凝土贮液结构的地震动规律存在差异，从而产生的流-固耦合效应也与半埋置式混凝土矩形贮液结构的流-固耦合效应有所区别，表现出其特有的地震响应特征。

全埋置式混凝土矩形贮液结构在 7 度罕遇、8 度罕遇和 9 度罕遇地震作用下的有效应力云图如图 2.10 所示。

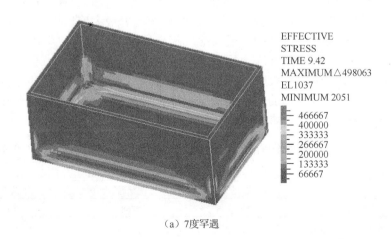

（a）7度罕遇

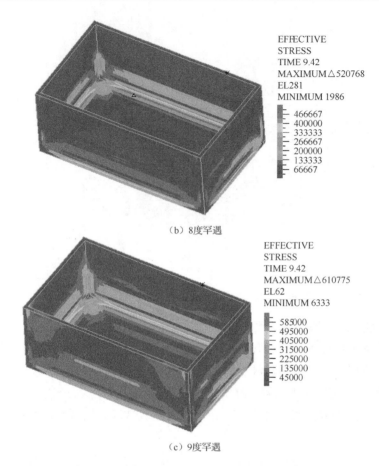

（b）8 度罕遇

（c）9 度罕遇

图 2.10　不同烈度下全埋置式混凝土矩形贮液结构有效应力云图（单位：Pa）

由图 2.10 可以看出，随着地震烈度的增加，全埋置式混凝土贮液结构所产生的应力也逐渐增大。7 度罕遇和 8 度罕遇时有效应力最大值出现在 9.42s 时刻，结构最不利位置出现在贮液结构壁板与池底相交处，同时也可以看出，在相同的地震荷载作用下，全埋置式混凝土矩形贮液结构所产生的有效应力小于半埋置式混凝土贮液结构所产生的有效应力。由此说明，在贮液结构所产生的应力这一方面，全埋置式混凝土贮液结构的性能要优于半埋置式混凝土贮液结构。不同烈度下全埋置式贮液结构有效应力峰值如表 2.5 所示。

表 2.5　不同地震烈度下全埋置式贮液结构有效应力峰值　　（单位：Pa）

参数	不同地震烈度对应值		
	7 度罕遇	8 度罕遇	9 度罕遇
有效应力峰值	498063	520768	610775

5）全埋置式混凝土矩形贮液结构的壁板位移

全埋置式混凝土矩形贮液结构在 7 度罕遇、8 度罕遇和 9 度罕遇地震作用下的壁板位移云图如图 2.11 所示。

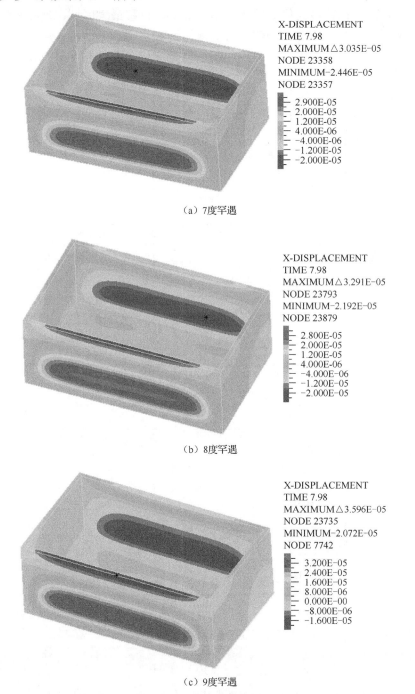

（a）7度罕遇

（b）8度罕遇

（c）9度罕遇

图 2.11　不同烈度下全埋置式混凝土矩形贮液结构的壁板位移云图（单位：m）

由图 2.11 可以看出，全埋置式混凝土矩形贮液结构的壁板位移随着地震烈度的增加而增加，位移最大值出现在 7.98s 时刻，位移最大区域出现在贮液结构壁板中央位置，呈带状分布。7 度罕遇、8 度罕遇和 9 度罕遇地震作用下全埋置式隔震混凝土贮液结构的壁板位移曲线如图 2.12 所示，位移峰值见表 2.6。

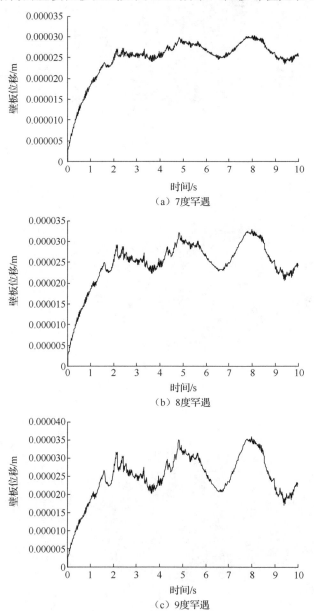

(a) 7度罕遇

(b) 8度罕遇

(c) 9度罕遇

图 2.12　不同烈度下全埋置式混凝土矩形贮液结构壁板位移曲线

表 2.6　不同地震烈度时全埋置式贮液结构壁板位移峰值　　（单位：mm）

参数	不同地震烈度对应值		
	7 度罕遇	8 度罕遇	9 度罕遇
壁板位移峰值	0.03035	0.03291	0.03596

6）全埋置式混凝土矩形贮液结构的液体晃动高度

7 度罕遇、8 度罕遇和 9 度罕遇地震作用下全埋置式混凝土贮液结构内部液体晃动高度云图如图 2.13 所示。从图中可以看出，随着地震烈度的增大，全埋置式混凝土贮液结构中所储存的液体晃动高度也有所增加，在 9.28s 时刻出现晃动峰值。同时也可以看出，在相同地震作用下，全埋置式混凝土贮液结构中所储存液体的晃动峰值与半埋置式混凝土贮液结构中所储存液体的晃动峰值相同，但是产生峰值的节点发生了变化。7 度罕遇、8 度罕遇和 9 度罕遇地震作用下全埋置式混凝土贮液结构内部液体晃动高度曲线如图 2.14 所示。

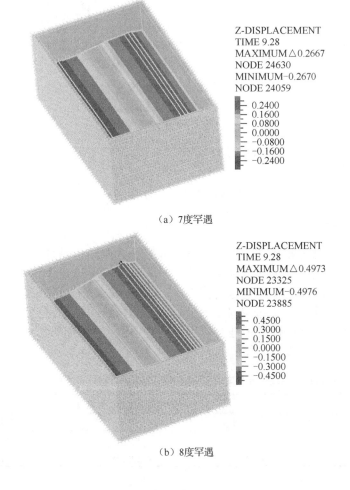

（a）7度罕遇

（b）8度罕遇

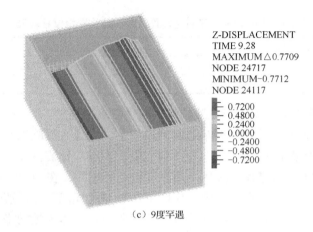

（c）9度罕遇

图 2.13　不同烈度下全埋置式混凝土矩形贮液结构液体晃动高度云图（单位：m）

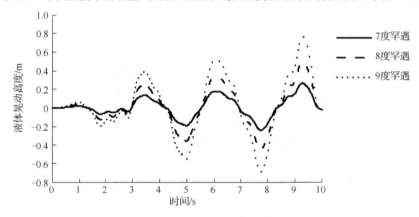

图 2.14　不同烈度下全埋置式矩形贮液结构内部液体晃动高度曲线

3. 结果分析

半埋置式混凝土贮液结构与全埋置式混凝土贮液结构是埋置式混凝土贮液结构的两种不同工况，由于埋置深度的不同，两种工况下混凝土贮液结构的边界条件发生了变化，因此在相同的地震作用下，不同工况的混凝土贮液结构也表现出各自的流-固耦合特点，下面就对两种不同的动力响应结果进行综合分析。首先，应力的不同最为直接地体现了地震作用下两种不同工况的混凝土贮液结构的动力响应的变化，应力峰值对比如表 2.7 所示。

表 2.7　不同埋置深度下混凝土贮液结构的有效应力峰值　（单位：Pa）

类型	不同地震烈度对应值		
	7 度罕遇	8 度罕遇	9 度罕遇
半埋置式	558998	582556	799780
全埋置式	498063	520768	610775

从表 2.7 可以看出，在相同的地震作用下，随着埋置深度的增加，混凝土贮液结构所产生的有效应力反而减小。表明在相同的地震作用下，全埋置式混凝土贮液结构遭到破坏的可能性相对较低，结构具有更高的安全可靠性。

在 7 度罕遇、8 度罕遇和 9 度罕遇地震作用下，半埋置式与全埋置式混凝土贮液结构的壁板位移峰值对比如表 2.8 所示。

表 2.8　不同埋置深度下混凝土贮液结构的壁板位移峰值　（单位：mm）

类型	不同地震烈度对应值		
	7 度罕遇	8 度罕遇	9 度罕遇
半埋置式	0.19900	0.32850	0.48210
全埋置式	0.03035	0.03291	0.03596

从表 2.8 可以看出，在相同的地震作用下，全埋置式混凝土贮液结构所发生的壁板位移较小，发生结构破坏的可能性较低，因此结构的耐久性较好。表明在壁板位移变形方面，全埋置式混凝土贮液结构仍然具有较高的可靠度。从贮液结构内部液体晃动情况来看，半埋置式与全埋置式混凝土贮液结构内部液体晃动高度幅值相同，但出现峰值的具体时间和节点不同。

综上，在相同地震作用下，全埋置式混凝土矩形贮液结构具有更高的可靠度。

2.2　泡沫混凝土中的地震动衰减特性

地震波在泡沫混凝土中的传播衰减过程实质上是地震波在介质中传播时遭遇的能量损失。总体上，地震波的衰减类型分为外部衰减和内部衰减两类。其中，外部衰减主要是地震波在介质中的扩散引起的几何衰减和介质的非均匀性导致的散射衰减；内部衰减主要包括岩石介质内部的晶体摩擦和岩石中流体的流动引起的衰减。

根据 Biot 孔隙弹性理论，应力-位移的张量表达式为[5]

$$\begin{cases} \sigma_{ij} = \mu(u_{i,j} + u_{j,i}) + \delta_{ij}(Au_{k,k} + QU_{k,k}) \\ p = -\dfrac{1}{\phi}(Qu_{k,k} + RU_{k,k}) \end{cases} \qquad (2.9)$$

式中，i、j、k 为指标符号；σ_{ij} 为固相上的应力张量；p 为流体的压力；u、U 分别为介质中固体和流体的位移；δ_{ij} 为 Kronecker 张量；A、μ 均为介质中固体骨架的弹性常数；R 为流体的弹性常数；Q 为固体和流体耦合的弹性常数；ϕ 为介质的孔隙度。

Biot 孔隙弹性理论中的运动方程为

$$\begin{cases} \dfrac{\partial^2}{\partial t^2}(\rho_{11}u_i - \rho_{12}U_i) + b\dfrac{\partial}{\partial t}(u_i - U_i) = \sigma_{ij,j} \\ \dfrac{\partial^2}{\partial t^2}(\rho_{12}u_i + \rho_{22}u_i) - b\dfrac{\partial}{\partial t}(u_i - U_i) = -(\phi p),i \end{cases} \tag{2.10}$$

式中，b 代表流固相互作用的阻力系数；ρ_{11}、ρ_{12}、ρ_{22} 是双相系统中的质量系数，其表达式可见参考文献[5]。

由此，方程（2.9）和方程（2.10）构成了地震波在一般非均匀孔隙介质中波传播的控制方程。

地震波在随机孔隙介质中的衰减程度要比在均匀饱和孔隙中强得多，并且随机孔隙介质的分布越不均匀，地震波在其间传播所产生的衰减程度就越强[6]。因此，利用泡沫混凝土中大量随机分布的空隙对埋置式贮液结构进行隔震能够较好地满足此类结构的隔震需求。

2.3　埋置式隔震混凝土矩形贮液结构设计原理

在泡沫混凝土隔震的基础上，采用莫尔-库仑（Mohr-Coulomb）本构模型建立砂垫层有限元模型，对埋置式泡沫混凝土隔震贮液结构底部进行砂垫层隔震。

库仑在 1773 年提出了以最大剪应力是否超限来判断材料是否到达危险状态的概念，之后这一理论被运用于塑性流动状况，其屈服条件用主应力形式表达为[7]

$$e_1 - e_3 = e_T \tag{2.11}$$

式中，e_1 为第 1 主应力；e_3 为第 3 主应力；e_T 为材料单轴抗拉强度。

在此基础之上，莫尔对最大剪应力理论进行了修正。它认为材料的破坏虽然主要由剪应力造成，但也与滑移面上的正应力关系密切，这是和其他强度理论不同之处所在，其主应力表达式为

$$e_1 - (e_T / e_c)e_3 = e_T \tag{2.12}$$

式（2.12）即为著名的莫尔定理。Mohr-Coulomb 屈服准则与 Mises 屈服准则以及 Tresca 屈服准则的材料屈服应力关系如下[8]：

$$\sigma_{\text{Tresca}} \geqslant \sigma_{\text{Mises}} \geqslant \sigma_{\text{Mohr}} \tag{2.13}$$

由上可知，Mohr-Coulomb 的屈服应力是最小的，因此 Mohr-Coulomb 与其他屈服准则相比最先进入屈服阶段。砂垫层材料属于粒状材料，主要靠砂粒间的摩擦承受荷载，因此 Mohr-Coulomb 屈服准则对这一材料的模拟较为实用。

对于砂垫层隔震，其原理属于摩擦滑移隔震，隔震体系始终在两种不同的运动状态中不断地变换，即基底滑动状态和啮合状态。其滑动状态时的动力方程为

$$M\ddot{x} + C\dot{x} + Kx = -MI\ddot{x}_g + F \tag{2.14}$$

式中，M、C、K 分别为包含滑移层的整体结构的质量、阻尼和刚度矩阵；x、$\dot{x}$、$\ddot{x}$ 分别代表包含滑移层的整体结构各质点的位移、速度和加速度向量；I 为单位矩阵；$\ddot{x}_g$ 为地面加速度；F 为滑移层摩擦力向量。

当隔震层处于啮合状态时，其动力方程为

$$M\ddot{x} + C\dot{x} + Kx = -ME\ddot{x}_g \tag{2.15}$$

砂垫层中的能量包括弹性应变能和动能两部分，若在砂垫层中取一微元体，当地震波传至砂垫层时，纵波给砂垫层施加正应力，横波向砂垫层施加剪应力。此时，微元体的正应变能 E_p 与切应变能 E_s 为

$$E_p = \frac{1}{2}\iiint(\sigma_{xx}\varepsilon_{xx} + \sigma_{yy}\varepsilon_{yy} + \sigma_{zz}\varepsilon_{zz})\mathrm{d}x\mathrm{d}y\mathrm{d}z \tag{2.16}$$

$$E_s = \frac{1}{2}\iiint(\tau_{xy}\gamma_{xy} + \sigma_{yz}\gamma_{yz} + \tau_{xz}\gamma_{xz})\mathrm{d}x\mathrm{d}y\mathrm{d}z \tag{2.17}$$

式中，σ、τ 分别为正应力和剪应力；ε、γ 分别为正应变和剪应变。则总应变能为

$$\begin{aligned}
E_{ps} &= E_p + E_s \\
&= \frac{1}{2}\iiint(\sigma_{xx}\varepsilon_{xx} + \sigma_{yy}\varepsilon_{yy} + \sigma_{zz}\varepsilon_{zz} + \tau_{xy}\gamma_{xy} + \tau_{yz}\gamma_{yz} + \tau_{xz}\gamma_{xz})\mathrm{d}x\mathrm{d}y\mathrm{d}z
\end{aligned} \tag{2.18}$$

若假设此时介质的质点运动位移为 $s(u_x,u_y,u_z,t)$，则微元体动能为

$$E_k = \frac{1}{2}\rho\iiint\left[\left(\frac{\partial u_x}{\partial t}\right)^2 + \left(\frac{\partial u_y}{\partial t}\right)^2 + \left(\frac{\partial u_z}{\partial t}\right)^2\right]\mathrm{d}x\mathrm{d}y\mathrm{d}z \tag{2.19}$$

因此，砂垫层中微元体的总能量为

$$\begin{aligned}
E = \frac{1}{2}\iiint\Bigg\{&\sigma_{xx}\varepsilon_{xx} + \sigma_{yy}\varepsilon_{yy} + \sigma_{zz}\varepsilon_{zz} + \tau_{xy}\gamma_{xy} + \tau_{yz}\gamma_{yz} + \tau_{xz}\gamma_{xz} \\
&+ \rho\left[\left(\frac{\partial u_x}{\partial t}\right)^2 + \left(\frac{\partial u_y}{\partial t}\right)^2 + \left(\frac{\partial u_y}{\partial t}\right)^2\right]\Bigg\}\mathrm{d}x\mathrm{d}y\mathrm{d}z
\end{aligned} \tag{2.20}$$

当地震波传播至砂垫层时，垫层由于受力而发生剪切变形，砂垫层内部颗粒之间的相对滑移使地震能量在摩擦过程中消耗衰减，从而使地震能量向上部结构的传递程度减弱，达到对贮液结构隔震减震的目的。

2.4　隔震混凝土矩形贮液结构的液-固耦合理论

流-固耦合问题按照耦合机理可分为两种情况：第一种情况的特点是流体与固体两种介质部分或全部重叠在一起，用来描述这种现象的方程，特别是本构方程

要通过具体的物理现象才能建立，其耦合效应则要通过相应的微分方程来体现；第二种情况的特点是耦合作用只出现在流体与固体两种介质的交界面上，并且通过耦合面的平衡及协调关系来建立具体的方程。混凝土贮液结构属于第二类问题的范畴。

本章主要采用液-固耦合的有限元法进行流-固耦合系统的求解。流-固耦合振动关系可用图 2.15 来表示。

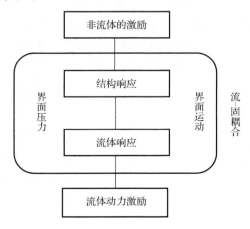

图 2.15　流-固耦合振动关系

有限元法是当前应用最为成熟广泛的求解偏微分方程的数值计算方法。流-固耦合问题中最常采用的有限元格式有两种：一种是固体和流体都是以位移矢量为变量的位移-位移格式；另一种是以结构位移矢量和流体标量为变量的混合型格式。Bathe 综合有限体积法和有限元法的优点，给出了以流动条件插值为基础的（flow condition based interpolation，FCBI）有限元法。该方法的最大优势在于，即使在网格相对粗糙的条件下仍可以得到高雷诺数流动问题的相对稳定且合理的解。

假定流体是不可压缩的理想流体，并且期间只有小挠度情况发生。此时，考虑边界条件，在流-固耦合的交界面上有[9]

$$\iiint_{\Omega} \nabla \boldsymbol{N} \nabla \boldsymbol{N}^{\mathrm{T}} \boldsymbol{p} \mathrm{d}\Omega + \frac{1}{C^2} \iiint_{\Omega} \boldsymbol{N} \boldsymbol{N}^{\mathrm{T}} \ddot{\boldsymbol{p}} \mathrm{d}\Omega + \iint_{S_{\mathrm{I}}} \boldsymbol{N} \rho \ddot{u}_{\mathrm{n}} \mathrm{d}S_{\mathrm{I}} + \iint_{S_{\mathrm{F}}} \frac{1}{g} \boldsymbol{N} \boldsymbol{N}^{\mathrm{T}} A \ddot{\boldsymbol{p}} \mathrm{d}S_{\mathrm{F}}$$

$$+ \frac{1}{C} \iint_{S_{\mathrm{r}}} \boldsymbol{N} \boldsymbol{N}^{\mathrm{T}} \dot{\boldsymbol{p}} \mathrm{d}S_{\mathrm{r}} = 0 \tag{2.21}$$

式中，$\boldsymbol{N} = \begin{bmatrix} N_1(x,y,z) \\ N_2(x,y,z) \\ \vdots \\ N_m(x,y,z) \end{bmatrix}$ 为形状函数矢量；$\boldsymbol{p} = \begin{bmatrix} p_1(t) \\ p_2(t) \\ \vdots \\ p_m(t) \end{bmatrix}$ 为压力矢量；C 为流体的压

缩波速度；g 为重力加速度；ρ 为流体密度；$\ddot{u}_n$ 为流体交界面上法向加速度；S_I、S_F、S_r 分别为流-固交界处、自由表面处和无限远边界处的表面积。

将式（2.21）进行离散化之后便得到流体的运动方程：

$$Hp + A\dot{p} + E\ddot{p} + \rho B\ddot{r} + q_0 = 0 \qquad (2.22)$$

$$\begin{cases} H = \iiint\limits_{\Omega} \nabla N \cdot \nabla N^T d\Omega \\[2mm] A = \dfrac{1}{C} \iint\limits_{S_r} NN^T dS_r \\[2mm] E = \dfrac{1}{C^2} \iiint\limits_{\Omega} NN^T d\Omega + \dfrac{1}{g} \iint\limits_{S_F} NN^T dS_F \\[2mm] B = \left(\iint\limits_{S_I} NN_s^T dS_I \right) \Lambda \end{cases}$$

式中，q_0 为激励矢量。

与此同时，固体在耦合效应中也发挥着重要的作用，用有限元方法可得到固体的运动方程为

$$M_S\ddot{r} + C_S\dot{r} + K_S r + f_p + f_0 = 0 \qquad (2.23)$$

式中，r 为位移矢量；M_S、C_S、K_S 分别为结构的质量矩阵、阻尼矩阵和刚度矩阵；f_p 为流-固耦合界面上流体动力的节点矢量；f_0 为外界激励矢量。

若把各个流体单元的贡献综合起来，则有

$$f_p = -B^T p \qquad (2.24)$$

将式（2.24）代入式（2.23）则得到与流体接触的固体结构的运动方程：

$$M_S\ddot{r} + C_S\dot{r} + K_S r - B^T p + f_0 = 0 \qquad (2.25)$$

式中，p 为压力矢量；B 为系数矩阵，其定义与流体运动方程（2.20）相同。

由此可以看出，流体运动方程（2.22）与结构运动方程（2.25）是耦合的，这便构成了流-固耦合系统的运动方程。

2.5　泡沫混凝土隔震数值算例

2.5.1　分析模型

泡沫混凝土与普通混凝土最显著的区别在于：泡沫混凝土中含有大量气泡而且没有粗集料，因此，泡沫混凝土表现出许多特有的材料性能，二者的各项指标如表 2.9 所示。

表2.9　泡沫混凝土与普通混凝土材料参数

性能指标	泡沫混凝土	普通混凝土
干密度/(kg/m³)	400~1600	2200~2400
抗压强度/MPa	0.5~10	30~38
弯曲强度/MPa	0.1~0.7	3.0~8.0
弹性模量/GPa	0.30~1.20	20~30
干燥收缩	1500~3500	600~900
导热系数/[W/(m·K)]	0.11~0.30	1.0~2.0
抗融冻性/%	90~97	90~97
新拌流动性/mm	>200	>180

　　本节利用泡沫混凝土对贮液结构壁板进行隔震处理，利用 ADINA 软件，建立具有泡沫混凝土隔震层的埋置式贮液结构三维有限元模型，结构剖面图及有限元模型如图 2.16 所示。其中，壁板四周部分为泡沫混凝土隔震层，隔震层厚度为 0.2m，泡沫混凝土的弹性模量为 0.6GPa，密度为 600kg/m³。

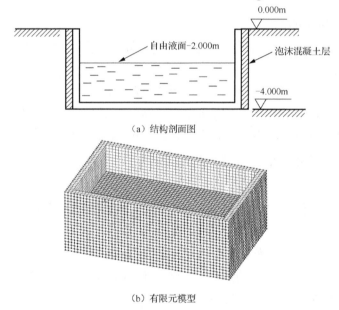

（a）结构剖面图

（b）有限元模型

图 2.16　埋置式泡沫混凝土隔震贮液结构剖面图及有限元模型

2.5.2　泡沫混凝土隔震贮液结构地震动响应分析

　　与其他形式的混凝土贮液结构类似，带有泡沫混凝土隔震层的埋置式混凝土贮液结构在地震作用下也会产生相应的动力响应，只有对这些动力响应结果做出相关的分析和归纳，才能更加深刻地认识到这类结构的地震响应规律。

1. 有效应力

　　带有泡沫混凝土隔震层的埋置式混凝土贮液结构在不同地震烈度作用下的有

效应力云图如图 2.17 所示。

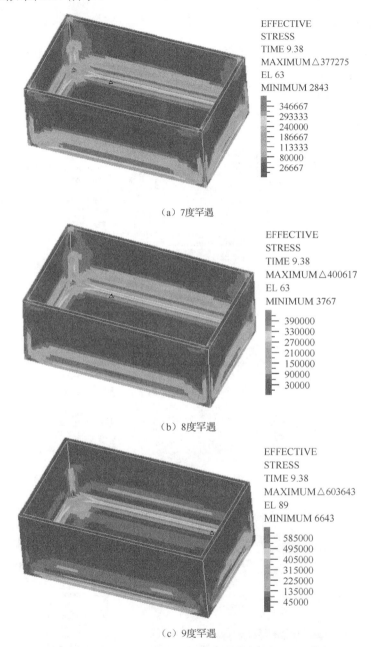

（a）7度罕遇

（b）8度罕遇

（c）9度罕遇

图 2.17　不同烈度下埋置式泡沫混凝土隔震贮液结构有效应力云图（单位：Pa）

从图 2.17 中可以看出，随着地震烈度的增加，埋置式隔震混凝土贮液结构所受到的应力也逐渐增大。应力最大值出现在 9.38s 时刻，结构最不利的位置出现在贮液结构壁板与池底相交处，呈带状分布。

2. 壁板位移

　　由于泡沫混凝土隔震具有多空隙、密度小的特点，埋置式隔震混凝土贮液结构在地震作用下的壁板位移与无隔震混凝土贮液结构的壁板位移有所不同，其壁板位移变化云图如图 2.18 所示。

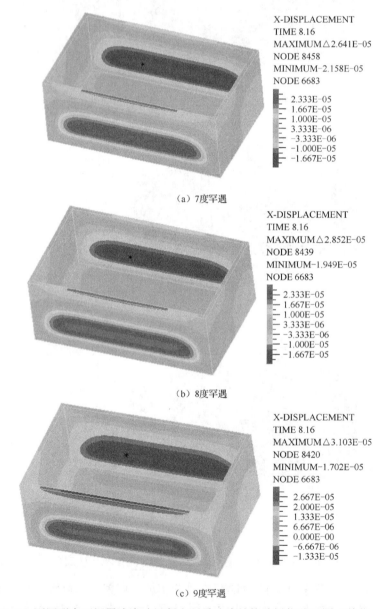

（a）7度罕遇

（b）8度罕遇

（c）9度罕遇

图 2.18　不同烈度下埋置式泡沫混凝土隔震贮液结构壁板位移云图（单位：m）

从图 2.18 可以看出，埋置式隔震混凝土贮液结构 X 方向的壁板位移随着地震烈度的增大而增加，位移最大值出现在 8.16s 时刻，位移最大区域出现在贮液结构壁板中央位置，呈环带状分布。7 度罕遇、8 度罕遇和 9 度罕遇地震作用下埋置式泡沫混凝土隔震贮液结构的壁板位移曲线如图 2.19 所示。

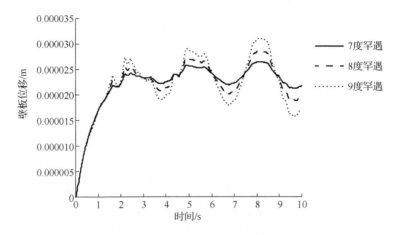

图 2.19　不同烈度下埋置式泡沫混凝土隔震贮液结构壁板位移曲线

3. 液体晃动高度

埋置式泡沫混凝土隔震贮液结构内部液体在 7 度罕遇、8 度罕遇和 9 度罕遇地震作用下的液体晃动高度云图如图 2.20 所示。

从图 2.20 可以看出，埋置式混凝土贮液结构中所储存的液体晃动高度随着地震烈度的增大而相应增加，在 8.78s 时刻出现晃动峰值。不同烈度下埋置式泡沫混凝土隔震矩形贮液结构内部液体晃动高度曲线如图 2.21 所示。

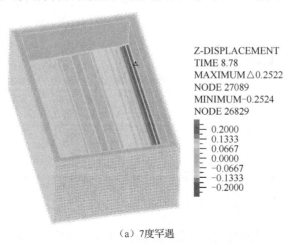

（a）7度罕遇

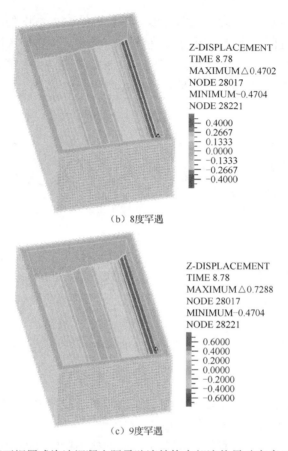

图 2.20　不同烈度下埋置式泡沫混凝土隔震贮液结构内部液体晃动高度云图（单位：m）

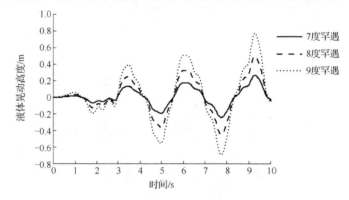

图 2.21　不同烈度下埋置式泡沫混凝土隔震矩形贮液结构内部液体晃动高度曲线

4. 加速度

不同烈度下埋置式泡沫混凝土隔震贮液结构的加速度云图如图 2.22 所示。

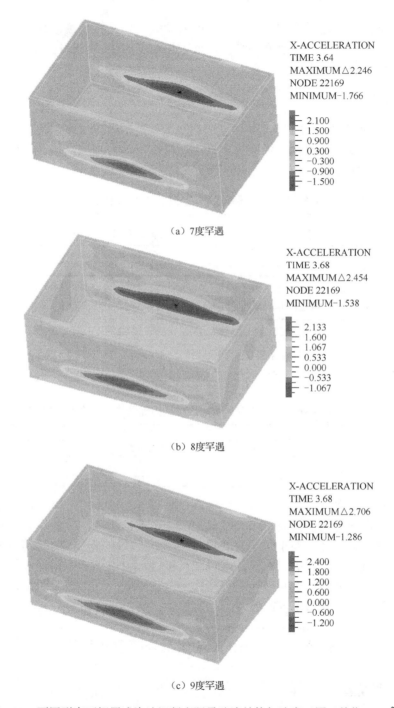

（a）7度罕遇

（b）8度罕遇

（c）9度罕遇

图 2.22　不同烈度下埋置式泡沫混凝土隔震贮液结构加速度云图（单位：m/s²）

从图 2.22 可以看出，随着地震烈度的增大，带有泡沫混凝土隔震层的埋置式混凝土贮液结构在地震作用下的加速度略有增大，但是当地震波加速度峰值越来越大时，贮液结构的加速度增幅缓慢，最大加速度约在 3.64s 时刻。结构薄弱区域位于贮液结构壁板中下方位置。

2.5.3　结果分析

分析 7 度罕遇、8 度罕遇和 9 度罕遇地震作用下埋置式隔震混凝土贮液结构的有效应力、壁板位移及内部液体晃动高度峰值等动力响应结果。结构的具体动力响应结果分析如表 2.10～表 2.12 所示。

表 2.10　隔震与非隔震埋置式混凝土贮液结构有效应力峰值　　（单位：Pa）

类型	不同烈度对应值		
	7 度罕遇	8 度罕遇	9 度罕遇
非隔震	498063	520768	610775
泡沫混凝土隔震	377275	400617	603643

表 2.11　隔震与非隔震埋置式混凝土贮液结构壁板位移峰值　　（单位：mm）

类型	不同烈度对应值		
	7 度罕遇	8 度罕遇	9 度罕遇
非隔震	0.03035	0.03291	0.03596
泡沫混凝土隔震	0.02641	0.02852	0.03103

表 2.12　隔震与非隔震埋置式混凝土贮液结构内部液体晃动高度峰值（单位：m）

类型	不同烈度对应值		
	7 度罕遇	8 度罕遇	9 度罕遇
非隔震	0.2667	0.4973	0.7709
泡沫混凝土隔震	0.2522	0.4702	0.7288

由上述分析可以看出，带有泡沫混凝土隔震层的埋置式贮液结构在受到相同地震作用时所产生的应力要小于埋置式混凝土贮液结构所产生的应力，贮液结构内部液体的晃动高度也要小于埋置式混凝土贮液结构内部液体的晃动高度。表明由于泡沫混凝土隔震层的存在，地震波在传播过程中得到了不同程度的衰减，因此也使混凝土贮液结构遭到破坏的可能性进一步降低，更为重要的是，在降低结构应力的同时，也兼顾了内部液体晃动的控制。

2.6　泡沫混凝土-砂垫层组合隔震数值算例

2.6.1　分析模型

本节利用 ADINA 软件中的 Mohr-Coulomb（莫尔-库仑理论是工程上常用的一种强度理论，其以最大剪应力达到一定限度作为材料达到危险状态的判别条件）

本构关系，建立砂垫层模型，与泡沫混凝土隔震层形成组合隔震体系。其中，底部为砂垫层，厚度为 0.4m，贮液结构壁板四周部分仍为泡沫混凝土隔震层，壁板外围为三维黏弹性边界。将混凝土贮液结构底面与砂垫层表面设置为接触对，砂垫层外围用 0.2m 厚混凝土作为围挡结构。对整个有限元模型进行统一的网格划分，网格密度都为 0.2m，其余模型参数与尺寸与前面相同。组合隔震体系下的埋置式混凝土贮液结构三维有限元模型及结构剖面图如图 2.23 所示。

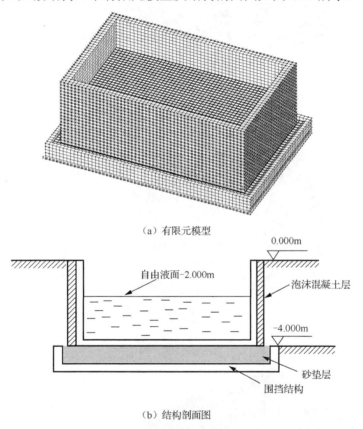

（a）有限元模型

（b）结构剖面图

图 2.23　埋置式组合隔震混凝土贮液结构三维有限元模型及结构剖面图

2.6.2　泡沫混凝土-砂垫层隔震贮液结构地震动响应分析

　　要想获得比单一泡沫混凝土隔震更佳的隔震效果，就需要对埋置式混凝土矩形贮液结构在泡沫混凝土-砂垫层组合隔震体系下的有效应力、壁板位移、液体晃动高度等因素进行具体的计算和分析，这样才能为这类结构提供更加丰富的隔震设计思路。

1. 有效应力

　　埋置式组合隔震混凝土矩形贮液结构在 7 度罕遇、8 度罕遇和 9 度罕遇地震作用下的有效应力云图如图 2.24 所示。

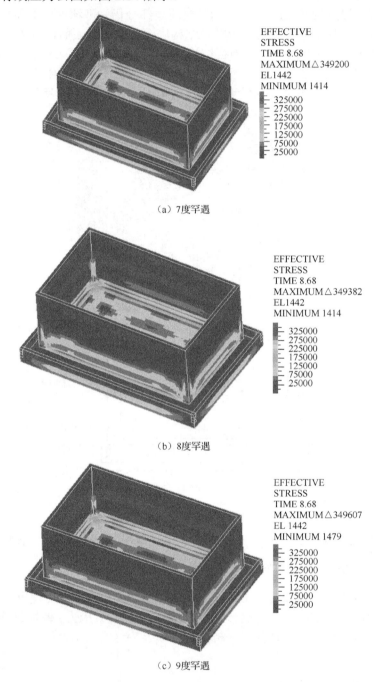

（a）7度罕遇

（b）8度罕遇

（c）9度罕遇

图 2.24　不同烈度下埋置式组合隔震混凝土贮液结构有效应力云图（单位：Pa）

从图 2.24 可以看出，应力最大位置仍然出现在贮液结构壁板与底板交界处附近，应力峰值出现在 8.68s 时刻，但是与单一泡沫混凝土隔震下的埋置式混凝土贮液结构相比，应力峰值有所下降，这表明砂垫层的加设进一步消耗了地震波带来的能量，减少了传递到贮液结构上的地震能量，使贮液结构的安全性能进一步提高。具体的应力峰值如表 2.13 所示。

表 2.13　单一隔震与组合隔震埋置式混凝土贮液结构有效应力峰值（单位：Pa）

类型	不同烈度对应值		
	7 度罕遇	8 度罕遇	9 度罕遇
单一隔震	377275	400617	603643
组合隔震	349200	349382	349607

2. 壁板位移

埋置式组合隔震混凝土贮液结构在 7 度罕遇、8 度罕遇和 9 度罕遇地震作用下的壁板位移云图如图 2.25 所示。

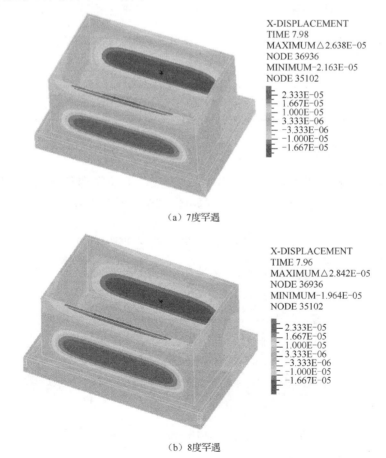

（a）7度罕遇

（b）8度罕遇

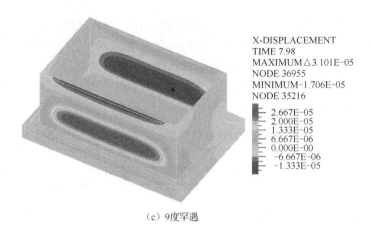

（c）9度罕遇

图 2.25　不同烈度下埋置式组合隔震混凝土贮液结构壁板位移云图（单位：m）

从图 2.25 可以看出，在壁板位移方面，由于贮液结构壁板四周仍然为黏弹性边界，组合隔震体系下的埋置式混凝土贮液结构与单一泡沫混凝土隔震下的埋置式混凝土贮液结构相差无几，只有略微减小。具体壁板位移如表 2.14 所示。

表 2.14　单一隔震与组合隔震埋置式混凝土贮液结构壁板位移峰值（单位：mm）

类型	不同烈度对应值		
	7 度罕遇	8 度罕遇	9 度罕遇
单一隔震	0.02641	0.02852	0.03103
组合隔震	0.02638	0.02842	0.03101

3. 液体晃动高度

埋置式组合隔震混凝土贮液结构在 7 度罕遇、8 度罕遇和 9 度罕遇地震作用下的内部液体晃动高度云图及晃动曲线如图 2.26 和图 2.27 所示。

（a）7度罕遇

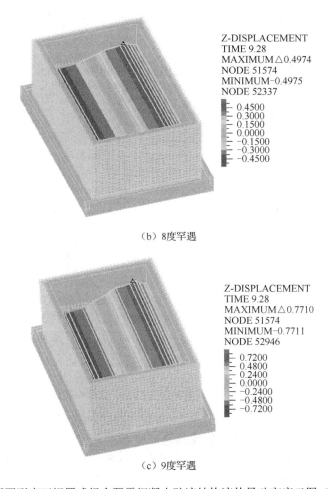

（b）8度罕遇

（c）9度罕遇

图 2.26　不同烈度下埋置式组合隔震混凝土贮液结构液体晃动高度云图（单位：m）

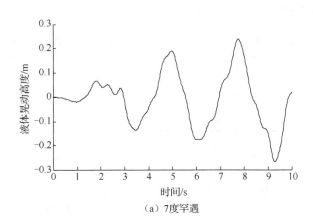

（a）7度罕遇

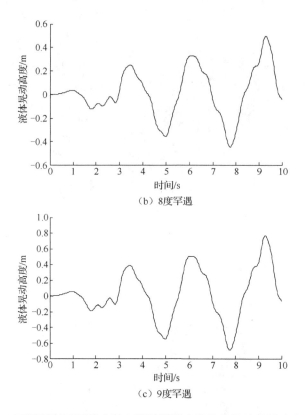

图 2.27　不同烈度下埋置式组合隔震混凝土贮液结构液体晃动高度曲线

从图 2.26 和图 2.27 可以看出，当贮液结构底部加设砂垫层隔震后，隔震层的摩擦滑移会对上部贮液结构的流-固耦合效应产生新的不确定影响因素，纵向来看，贮液结构内部液体晃动高度随着地震烈度的增大而增加，但从横向角度分析发现，由于砂垫层的摩擦滑移作用，在相同地震作用下，组合隔震体系下的埋置式混凝土贮液结构内部液体晃动幅度略高于单一泡沫混凝土隔震下的埋置式混凝土贮液结构。具体峰值如表 2.15 所示。

表 2.15　单一隔震与组合隔震混凝土贮液结构内部液体晃动高度峰值（单位：m）

类型	不同烈度对应值		
	7 度罕遇	8 度罕遇	9 度罕遇
单一隔震	0.2522	0.4702	0.7288
组合隔震	0.2668	0.4974	0.7710

4. 加速度

组合隔震体系下埋置式混凝土贮液结构在 7 度罕遇、8 度罕遇和 9 度罕遇地震作用下的加速度云图及变化曲线如图 2.28 和图 2.29 所示。

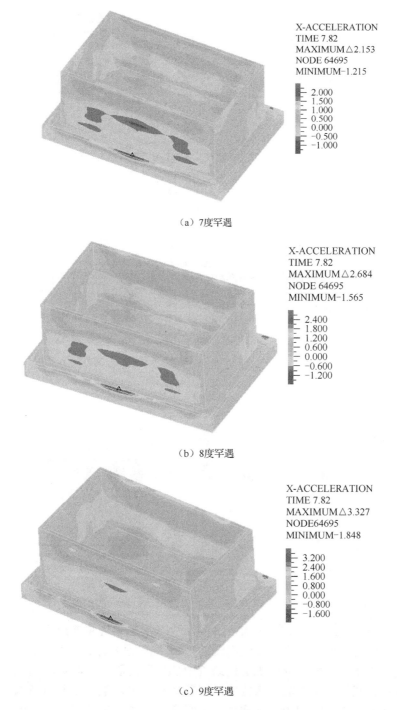

（a）7度罕遇

（b）8度罕遇

（c）9度罕遇

图 2.28　不同烈度下埋置式组合隔震混凝土贮液结构加速度云图（单位：m/s²）

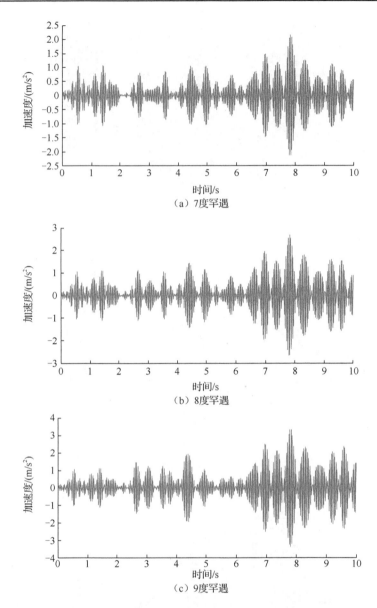

图 2.29　不同烈度下埋置式组合隔震混凝土贮液结构加速度曲线

　　从图 2.28 和图 2.29 来看，在相同地震作用下，虽然埋置式组合隔震贮液结构的加速度峰值有所增长，但是峰值出现的位置不再是在混凝土贮液结构壁板上，而是出现在砂垫层周围的混凝土围挡结构中部位置。因此，与单一的泡沫混凝土隔震下的埋置式混凝土贮液结构相比，埋置式组合隔震混凝土贮液结构本身的加速度是降低的而并非增加的。这便肯定了组合隔震体系在地震作用下所发挥的关键作用。

通过本节的计算结果可以看出，在相同的地震作用下，隔震后的埋置式贮液结构在结构应力方面有所变化，与此同时，两种隔震方式对贮液结构应力的产生也有不同的影响，所达到的隔震效果也不同。具体变化如表 2.16 和表 2.17 所示。

表 2.16　单一隔震与非隔震混凝土贮液结构有效应力峰值变化

类型	不同烈度对应值		
	7 度罕遇	8 度罕遇	9 度罕遇
非隔震	498063Pa	520768Pa	610775Pa
单一隔震	377275Pa	400617Pa	603643Pa
下降率	24.3%	23.1%	1.2%

表 2.17　组合隔震与非隔震混凝土贮液结构有效应力峰值变化

类型	不同烈度对应值		
	7 度罕遇	8 度罕遇	9 度罕遇
非隔震	498063Pa	520768Pa	610775Pa
组合隔震	349200Pa	349382Pa	349607Pa
下降率	29.9%	33%	42.8%

从表 2.16 和表 2.17 看出，两种隔震方式都发挥了降低贮液结构应力的作用，但是与单一泡沫混凝土隔震下的埋置式混凝土贮液结构相比，组合隔震下的贮液结构应力下降率更高，这表明砂垫层的加设进一步消耗了地震波带来的能量，减少了传递到贮液结构上的地震能量，使贮液结构的安全性能进一步提高。更值得注意的是，随着地震烈度的增大，组合隔震体系发挥的作用更加明显，应力下降率随之增大，当地震烈度为 9 度时，单一的泡沫混凝土隔震几乎无法达到隔震的作用，但组合隔震体系使贮液结构所产生的应力下降了 42.8%。因此，对埋置式混凝土贮液结构采用这种组合隔震方法更有利于结构的保护。

参 考 文 献

[1] 牛志伟, 李同春, 赵兰浩. 黏弹性边界在流-固耦合系统动力分析中的应用[J]. 水电能源科学, 2007, 25(4): 68-71.

[2] 刘晶波, 王振宇, 杜修力, 等. 波动问题中的三维时域黏弹性人工边界[J]. 工程力学, 2005, 22(6): 46-51.

[3] 谷音, 刘晶波, 杜义欣. 三维一致黏弹性人工边界及等效黏弹性边界单元[J]. 工程力学, 2007, 24(12): 31-37.

[4] 中华人民共和国住房和城乡建设部. GB 50011—2010: 建筑抗震设计规范（附条文说明）（2016 年版）[S]. 北京: 中国建筑工业出版社, 2016.

[5] BIOT M A. Theory of propagation of elastic waves in a fluid-saturated porous solid. II. Higher frequency range[J]. Journal of the Acoustical Society of America, 1956, 28(2): 179-191.

[6] 刘炯, 巴晶, 马坚伟, 等. 随机孔隙介质中地震波衰减分析[J]. 中国科学: 物理学 力学 天文学, 2010, 40(7): 43-53.

[7] 梅志千, 周建方, 章海远. 莫尔-库仑理论的修正及应用[J]. 上海交通大学学报, 2002, 36(3): 441-444.

[8] 刘英, 于立宏. Mohr-Coulomb 屈服准则在岩土工程中的应用[J]. 世界地质, 2010, 29(4): 633-639.

[9] 张阿漫. 流-固耦合动力学[M]. 北京: 国防工业出版社, 2011.

第3章 滑移隔震混凝土矩形贮液结构的地震动响应

3.1 滑移体系的隔震原理

摩擦滑移的隔震原理是：把结构的上部看成一体的，在结构上部和其基础之间设一个摩擦滑移面，这样可以使建筑物受到地震荷载时相对于地面做水平滑动，在这期间通过摩擦滑移减少了振动动能向上部结构的传输，因此起到了隔震的作用。当隔震建筑物受到地震激励较小或者风的作用时，滑移隔震系统依靠其很大的刚度来确保上部结构可以维持不动的现状，此时是结构依靠其自身来抵抗地震响应；当上部的结构遭到较大的地震动作用时，滑移隔震支座所提供的水平摩擦力要小于地震作用所产生的力，因此上部结构发生滑移，而当结构遇到特大的地震时，还可以通过对摩擦滑移隔震装置设计及布置限位消能装置来确保隔震建筑物的安全性和减震效果。

对于摩擦滑移的隔震结构，首先要保证在遭遇小型地震时结构不会破坏，而遭遇中大型地震作用时，根据现有文献也应以大震复位可修的前提来进行设计，即建筑物遭到了比预估地震烈度更高的地震作用时，除了滑移接触面以外，不会出现其他的破坏，通过复位或者对滑移隔震系统进行修理更换，结构仍然可以正常使用。

根据实验和力学可知，混凝土矩形贮液结构的重量为 mg ，贮液结构与地面之间的摩擦系数为 μ ，当地震激励输入结构上时，其受到底部传递来的水平摩擦力 F ，贮液结构受到水平摩擦力的作用将开始运动，根据库仑摩擦定律得到下面方程。

由牛顿第二定律可得

$$m(\ddot{u}_0 + \ddot{x}) = F \tag{3.1}$$

而滑动方向与库仑摩擦力方向相反：

$$F = -\mathrm{sgn}(\dot{x}) \cdot f_s \cdot mg \tag{3.2}$$

$$\mathrm{sgn}(\dot{x}) = \begin{cases} 1, & \dot{x} > 0 \\ 0, & \dot{x} = 0 \\ -1, & \dot{x} < 0 \end{cases} \tag{3.3}$$

式中，符号 $\ddot{u}_0$ 为地震波的加速度； x 为贮液结构相对于地面的位移； $\dot{x}$ 为贮液结构的速度； $\ddot{x}$ 为贮液结构的加速度； f_s 为静摩擦系数； mg 为贮液结构的重力； $\mathrm{sgn}(\dot{x})$ 为符号函数。

当初始的滑移 $\dot{x} = 0$ 时，库仑摩擦力 $\boldsymbol{F} = -\mathrm{sgn}(\dot{\boldsymbol{x}}) \cdot f_s \cdot mg$，贮液结构的惯性力和库仑摩擦力方向相反，属于瞬时滑移，地面的加速度方向即为结构的加速度方向。

贮液结构保持相对静止状态：

$$\ddot{\boldsymbol{u}}_0 < f_s g$$

贮液结构相对地面开始滑动：

$$\ddot{\boldsymbol{u}}_0 > f_s g$$

这时在贮液池上的水平作用力为 $\boldsymbol{F} = f_s \cdot mg$，当输入地震波的加速度不断改变时，贮液池上的水平作用力始终不会超过静摩擦力的最大值。摩擦系数的不同取值就可以改变地震激励产生的能量作用在贮液结构上的力，则为

$$\boldsymbol{F}_{\max} = f_s \cdot mg \tag{3.4}$$

贮液结构滑移隔震原理见图 3.1[1]。

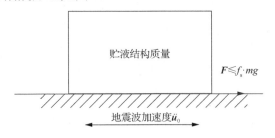

图 3.1　贮液结构滑移隔震原理

摩擦滑移隔震发展至今，已有多种形式从而满足不同情况的需要，其中有如下几种比较成熟的体系：

（1）纯摩擦力滑移隔震体系（图 3.2）。纯摩擦力滑移隔震体系主要是以隔震垫、砂垫层、不锈钢板为主并与聚四氟乙烯板组合作为摩擦滑移隔震系统，这种隔震体系对各种环境都有较强的适应性，隔震效果也比较明显，但由于其复位能力的缺失，导致隔震建筑物的滑移位移较大，通常需要为其设计限位和回复装置。P-F 系统具有制作简易快捷、价格低廉、施工便利等优点，因此得到普遍的使用。

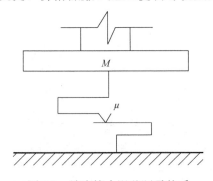

图 3.2　纯摩擦力滑移隔震体系

（2）带限位装置的滑移结构（图3.3）。由于纯摩擦力滑移隔震体系产生的滑移位移较大且无法自行恢复，从而进一步研究出了带复位装置的摩擦滑移隔震系统，其有两部分组成起支撑作用的滑移元件和限位耗能元件组成。由于限位装置阻碍了隔震结构的充分滑移，其隔震效果要低于纯摩擦力滑移隔震体系，而且其是软钢限位器，复位能力有局限性，所以地震过后仍然会有残余形变。

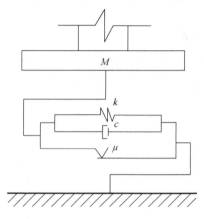

图3.3　带限位装置的滑移结构

（3）恢复力摩擦基础隔震系统（图3.4）。恢复力摩擦基础隔震系统（图3.4）是由不锈钢板与聚四氟乙烯板相组合薄板并且和放置在钢板的中心及周围预留孔洞出的橡胶组合而成，其中由钢板承担上部结构的自重及荷载。恢复力摩擦基础隔震系统的优点在于其自动复位，但由于造价较高、制作不便、施工复杂，并未在工程中广泛使用。

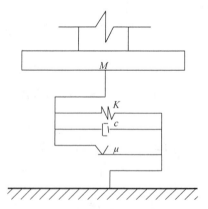

图3.4　恢复力摩擦基础隔震系统

（4）串联隔震系统（图3.5）。串联隔震系统是将摩擦滑板和橡胶隔震支座串联组合放置的系统，是在橡胶隔震支座的下部安装摩擦滑板。当结构遇到小震或风的作用时，结构不会产生相对滑动，此时由橡胶支座发挥隔震作用。当结构遇到中大地震作用时，结构开始相对滑动耗能的同时又避免橡胶垫的过度变形而失稳破坏。但是由于其高昂的价格也未在工程中得到广泛应用。

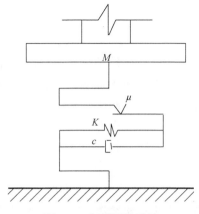

图 3.5　串联隔震系统

（5）滑移复位摩擦隔震系统（图 3.6）。滑移复位摩擦隔震系统由基底隔震系统和恢复力摩擦基础隔震系统组合形成，在恢复力摩擦基础隔震系统的上方再安置一块摩擦滑移板，当受到小震作用时，恢复力摩擦基础隔震系统发挥其功能，当遭到中大地震作用时，上部新增的摩擦滑板开始发挥作用，为系统提供两重保险，因此系统的价格也十分昂贵。

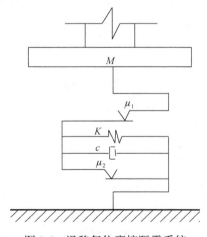

图 3.6　滑移复位摩擦隔震系统

（6）摩擦摆隔震系统。摩擦摆隔震系统在美国率先使用，由美国学者 Victor 提出，是一种干摩擦滑移装置，由圆弧滑动面和滑块组合而成。与传统滑动系统相比，因为其圆弧形的滑移面，当上部结构受到外部激励开始滑动时，由于结构自身重力的作用而使滑块向最初的位置移动达到其复位的目的，并且由于其稳定性和复位能力突出，目前各国学者对其进行了更深层次的研究。

3.2　滑移隔震分析模型

1. 刚体模型

对于摩擦滑移隔震体系，当其自振周期非常小时（通常小于 0.1s），通常将上部结构当成刚体，而此时结构的运动状态就会从静止的啮合过渡到开始滑动，摩擦达到减震的目的是通过阻尼耗能，使地震波输入在前，建筑物的滑移反应在后，当隔震层的摩擦系数为定值时，极限摩擦力的大小等于地震波作用在结构时的最大基底剪力，当地震波达到某一界限时，建筑物会在连续的滑动和间断的滑动之间不断变化，建筑物的最大加速度也在 $f_s g$ 与 $f_d g$ 之间（$f_s g$ 为最大静摩擦系数与重力加速度的乘积，$f_d g$ 为动摩擦系数与重力加速度的乘积），地震波的性质对其值大小没有影响，而地震波的性质和摩擦滑移材料的特性对结构的滑移量会产生影响。

2. 两自由度等代体系模型

对于摩擦滑移隔震体系，当其自振周期较长时（通常大于 0.1s），和输入波相对而言，结构表现出弹性特征，相对于滑移隔震层，结构的动力反应表现出显著的弹性反馈作用，而隔震层的滑移量对建筑物的动力反应又有十分显著的影响，动力特征在滑动时有明显变化，场地的特性对初始滑动会造成影响，建筑物的最大加速度则仅与滑移面有关，与刚体模型有很大不同但同时又有相似之处，这时候常采用两自由度等代体系模型来模拟多自由度结构，从而分析其地震反应和动力响应，多自由度结构的剪切型隔震体系可以通过两自由度等代体系模型很好地进行分析研究，滑移层由不滑动静止状态到滑移状态时，分别采用单自由度滑移隔震体系和两自由度滑移隔震体系来模拟分析结构的动力响应。

3. 多自由度体系滑移隔震

多自由度滑移隔震体系有十分重要的研究意义，目前刚体模型与两自由度等代体系依旧在实际工程中广泛应用，对多自由度滑移隔震体系的研究还不够深入，最常用的多自由度计算模型一般为带限位装置的滑移减震系统，竖向的摩擦滑移隔震层的地震响应比较平稳，而其底部的剪力也是有上限的，其为最大静摩擦力。

为了将小摩擦系数的问题线性化，使用滞回模型来模拟库仑摩擦效应成为最通用的方法。将其模型主要分为间断型和连续型两大类，而其中使用最为广泛的是间断型摩擦力模型，最经典的当属库仑摩擦力模型。

间断型库仑摩擦力模型是最经典的间断型模型。意义是指摩擦力 f 正比于其法向荷载 F，其方向与上部结构滑动方向相反，而摩擦力大小与接触面积和上部结构滑移速度无关，并且静、动摩擦系数为等值。其表达式为

$$F_{\mathrm{d}} = -\mu f_N \, \mathrm{sgn}(\dot{x}) \tag{3.5}$$

式中，$\dot{x}$ 为刚体的速度；μ 为摩擦系数；f_N 为法向荷载；$\mathrm{sgn}(\dot{x})$ 为符号函数。

$$\mathrm{sgn} = \begin{cases} 1, & \text{当} \dot{x} > 0 \\ 0, & \text{当} \dot{x} = 0 \\ -1, & \text{当} \dot{x} < 0 \end{cases} \tag{3.6}$$

间断型指数摩擦力模型包含动摩擦力不等于静摩擦力及随着隔震建筑物滑移速度的改变对摩擦力产生响应影响两种情况。研究表明，随着隔震建筑物滑移速度增大，摩擦滑移面摩擦系数将以指数形式递减。当速度持续增大至一个特定值时，摩擦系数也逐步稳定不再减小，接近于库仑摩擦力模型中的滑移摩擦系数。当上部结构滑移速度较低时，对摩擦系数的影响很大；而当上部结构滑移速度较快时，基本不受影响。μ 与 x 之间的具体关系为

$$\mu(\dot{x}) = a + b\mathrm{e}^{-d(\dot{x})} \tag{3.7}$$

摩擦力表达式为

$$f = -u(\dot{x}) f_N \cdot \mathrm{sgn}(\dot{x}) \tag{3.8}$$

式中，a、b 和 d 为正的常数，经试验得到；$\dot{x}$ 为刚体的速度；μ 为摩擦系数；f_N 为法向荷载；$\mathrm{sgn}(\dot{x})$ 为符号函数。

连续型库仑摩擦力模型将库仑摩擦力模型中的不连续符号通过连续函数替换，即

$$F_{\mathrm{d}} = -\mu F_N f(\dot{x}) \tag{3.9}$$

其中，$f(\dot{x})$ 用以下公式表达其含义：

$$f_1(\dot{x}) = E_r f(\alpha_1, \dot{x}) \tag{3.10}$$

$$f_2(\dot{x}) = \tanh(\alpha_2, \dot{x}) \tag{3.11}$$

$$f_3(\dot{x}) = (2 / \pi)\arctan(\alpha_3, \dot{x}) \tag{3.12}$$

$$f_4(\dot{x}) = \alpha_4 \dot{x}(1 + \alpha_4 |\dot{x}|) \tag{3.13}$$

式中，$\alpha_i (i = 1, 2, 3, 4)$ 为正参数，大于 100。

滞回摩擦力模型在其中加入了滞变位移 z，其值的大小与滞回参数有关，摩擦力表达式为

$$F_{\mathrm{d}} = -\mu F_N z \tag{3.14}$$

$$y\dot{z} = \dot{x} - 0.9z|\dot{x}z| - 0.1\dot{x}z^2 \tag{3.15}$$

式中，y 值通过试验获得。

这个模型认为很多个微小的接触面组成了摩擦滑移面，于是导致上、下接触面之间有一小段距离，可以在其中滑动而不对其结合造成破坏。

通过研究发现，不锈钢板和聚四氟乙烯板之间的滑移面在受到外部激励时其特性与速变摩擦一致，因此对本书中的滑移隔震贮液结构研究使用的是速变摩擦力模型，其摩擦系数和两个因素紧密相关，分别为法向荷载与滑移速度，这种体系称为速变摩擦力模型。其包含如下结论：

（1）最开始滑动的最大静摩擦系数大小为之后滑动的动摩擦系数的 1.5～4 倍。

（2）动摩擦系数受滑移速度的影响十分明显，当隔震建筑物滑动速度不大时，随着速度的加快，动摩擦系数也增加较快，当达到某一定值时，逐渐开始稳定。

经过第一次滑动之后，滑移速度与动摩擦系数之间存在如下关系：

$$u(\dot{x}_0) = u_{d\max} - \delta_u \exp(-\alpha |\dot{x}_0|) \tag{3.16}$$

式中，$u_{d\max}$ 是指摩擦滑移面趋于稳定时摩擦系数的定值；δ_u 是指 $u_{d\max}$ 减去隔震建筑物以趋近于 0 的速度滑动时的摩擦系数得到的差值；α 为滑移接触面速度系数，通常为 15～30s/mm。

3.3　混凝土矩形贮液结构的动力方程

对于贮液结构的抗震设计，孙建刚等[2]的研究基础采用了 Haroun-Housner 模型并结合达朗贝尔原理，考虑液-固耦合作用贮液结构的运动方程及其基底剪力、倾覆力矩的表达式。模型中对其进行了以下假定：①池底是刚性的，将隔震系统置于池底之下，并且考虑液-固耦合作用；②流体均为无旋、无黏的不可压缩理想流体；③单独考虑自重表面晃动周期对结构的影响，如图 3.7 所示。

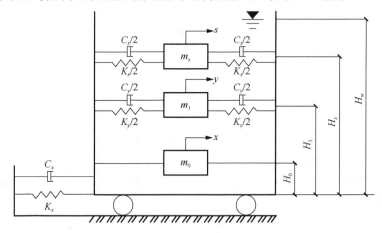

图 3.7　考虑液-固耦合贮液结构的隔震模型

根据达朗贝尔原理，结构加速度和结构质量引起的惯性力成正比，但方向相反，得到结构体系的动力平衡方程：

$$F_I + F_D + F_S = F \qquad (3.17)$$

式中，F_I 表示承受的惯性力向量；F_D 表示抵抗速度的黏滞阻尼力向量；F_S 表示抵抗位移的弹性恢复力向量；F 表示外力荷载向量。

将液体化为等效的三种质量，其中 m_s 为晃动质量，m_y 为液-固耦合质量，m_0 为刚性脉冲质量；K_s 为晃动刚度，K_y 为液-固耦合刚度，K_x 为隔震装置刚度。K_s 与 K_y 的取值分别如下：

$$K_s = \omega_s^2 m_s \qquad (3.18)$$
$$K_y = \omega_y^2 m_y \qquad (3.19)$$

图 3.7 中 C_s 为晃动阻尼；C_y 为液-固耦合阻尼；C_x 为隔震装置阻尼。C_s 与 C_y 的取值分别如下：

$$C_s = 2m_s \omega_s \xi_s \qquad (3.20)$$
$$C_y = 2m_y \omega_y \xi_y \qquad (3.21)$$

式中，ξ_s 表示液体晃动阻尼比，取 0.005；ξ_y 表示液-固耦合质点阻尼比，取 0.02。

贮液结构的基底剪力及基底弯矩取值如下：

$$Q = m_s(\ddot{x}_s + \ddot{x}_g) + m_y(\ddot{x}_y + \ddot{x}_g) + m_0(\ddot{x}_0 + \ddot{x}_g) \qquad (3.22)$$

$$M = m_s(\ddot{x}_s + \ddot{x}_g)H_s + m_y(\ddot{x}_y + \ddot{x}_g)H_y + m_0(\ddot{x}_0 + \ddot{x}_g)H_0 \qquad (3.23)$$

式中，x_s 为晃动位移；x_y 为液-固耦合位移；x_0 为刚性位移；H_s 为晃动质量的离地高度；H_y 为液-固耦合质量的离地高度；H_0 为刚性脉冲质量的离地高度。

于是贮液结构在水平方向地震荷载作用下的运动控制方程可以表示为

$$M\ddot{u} + Ku + C\dot{u} = -Mr\ddot{u}_g \qquad (3.24)$$

本书中当滑移隔震混凝土矩形贮液结构发生滑动时，其与地面之间发生相对运动。

混凝土矩形贮液结构内部贮存液体的控制方程为

$$\nabla^2 p = 0 \qquad (3.25)$$

基于现有的边界条件，使用 FEM 解决上述方程。

而流体的阻尼矩阵域由两部分组成：第一为平流部分，第二为脉冲部分。将其表示为

$$C_f = aG + bKf \qquad (3.26)$$

式中，a 和 b 可以通过瑞利阻尼获得，a 的值可以基于自由液面的晃动频率获得，b 的值可以通过矩形贮液结构壁板的基本频率获得。

这时的结构运动方程为

$$M\ddot{u} + Ku + C\dot{u} = -Mr\ddot{u}_g + P - F_f \qquad (3.27)$$

式中，M 为结构质量矩阵；K 为结构刚度矩阵；C 为结构阻尼矩阵；u 表示结构在地震激励作用下的位移；$\dot{u}$ 表示结构在地震激励作用下的速度；$\ddot{u}$ 表示贮液

结构在地震激励作用下的加速度；$\ddot{u}_g$ 表示地震加速度；P 表示由液体压力产生的作用力；F_f 表示滑移摩擦力。

$$M_s = \sum \int_V \boldsymbol{B}^{\mathrm{T}} \boldsymbol{D} \boldsymbol{B} \mathrm{d}V \tag{3.28}$$

$$K_s = \sum \int_V \boldsymbol{N}^{\mathrm{T}} \rho_s \boldsymbol{N} \mathrm{d}V \tag{3.29}$$

$$C_s = \alpha \boldsymbol{M}_s + \beta \boldsymbol{K}_s \tag{3.30}$$

$$\alpha = 2 \frac{\omega_i \omega_j}{\omega_i + \omega_j} \xi_s \tag{3.31}$$

$$\beta = \frac{2}{\omega_i + \omega_j} \xi_s \tag{3.32}$$

式中，$\boldsymbol{B}$ 表示应变矩阵；$\boldsymbol{D}$ 表示弹性矩形；$\boldsymbol{N}$ 表示形状函数矩阵；ρ_s 表示结构的材料密度；α 表示质量阻尼系数；β 表示刚度阻尼系数；ξ_s 表示结构阻尼比，通常取 0.05。

本书中采用 Newmark-β 法计算矩阵微分方程，即

$$\boldsymbol{u}_{s,t+\Delta t} = \boldsymbol{u}_{s,t} + \Delta t \dot{\boldsymbol{u}}_{s,t} + \left(\frac{1}{2} - \varsigma \right) \Delta t^2 \ddot{\boldsymbol{u}}_{s,t} + \varsigma \Delta t^2 \ddot{\boldsymbol{u}}_{s,t+\Delta t} \tag{3.33}$$

$$\dot{\boldsymbol{u}}_{s,t+\Delta t} = \dot{\boldsymbol{u}}_{s,t} + (1-\tau)\Delta t \ddot{\boldsymbol{u}}_{s,t} + \tau \Delta t \ddot{\boldsymbol{u}}_{s,t+\Delta t} \tag{3.34}$$

式中，τ 和 ς 是常量。

$t+\Delta t$ 时刻的运动微分方程为

$$\boldsymbol{M}_s \ddot{\boldsymbol{u}}_{s,t+\Delta t} + \boldsymbol{C}_s \dot{\boldsymbol{u}}_{s,t+\Delta t} + \boldsymbol{K}_s \boldsymbol{u}_{s,t+\Delta t} = -\boldsymbol{M}_s \ddot{\boldsymbol{u}}_{g(t+\Delta t)} + \boldsymbol{P} - \boldsymbol{F}_f \tag{3.35}$$

关于 Newmark-β 法中的基本参数，以下参数是绝对稳定的，$\tau = 0.5$，$\varsigma = 0.025$，$\Delta t \leqslant \dfrac{T_{\max}}{100}$（$T_{\max}$ 表示最大自振周期），结果也达到了精度的要求。

将方程（3.33）和方程（3.34）代入方程（3.35）可得

$$\left(\boldsymbol{M}_s + \frac{\Delta t}{2} \boldsymbol{C}_s \right) \ddot{\boldsymbol{u}}_{s,t+\Delta t} + \boldsymbol{C}_s \left(\dot{\boldsymbol{u}}_{s,t} + \frac{\Delta t}{2} \ddot{\boldsymbol{u}}_{s,t} \right) + \boldsymbol{K}_s \boldsymbol{u}_{s,t+\Delta t} =$$
$$-\boldsymbol{M}_s \ddot{\boldsymbol{u}}_{g(t+\Delta t)} + \boldsymbol{P} - \boldsymbol{F}_f \tag{3.36}$$

从方程（3.34）可以进一步得到

$$\ddot{\boldsymbol{u}}_{s,t+\Delta t} = \frac{4}{\Delta t^2} (\boldsymbol{u}_{s,t+\Delta t} - \boldsymbol{u}_{s,t}) - \frac{4}{\Delta t} \dot{\boldsymbol{u}}_{s,t} - \ddot{\boldsymbol{u}}_{s,t} \tag{3.37}$$

然后将方程（3.37）代入方程（3.36）得到

$$\left(\boldsymbol{K}_s + \frac{2}{\Delta t} \boldsymbol{C}_s + \frac{4}{\Delta t^2} \boldsymbol{M}_s \right) \boldsymbol{u}_{s,t+\Delta t} = \boldsymbol{C}_s \left(\frac{2}{\Delta t} \boldsymbol{u}_{s,t} + \dot{\boldsymbol{u}}_{s,t} \right) +$$
$$\boldsymbol{M}_s \left(\frac{4}{\Delta t^2} \boldsymbol{u}_{s,t} + \frac{4}{\Delta t} \dot{\boldsymbol{u}}_{s,t} + \dot{\boldsymbol{u}}_{s,t} \right) - \boldsymbol{M}_s \ddot{\boldsymbol{u}}_{g(t+\Delta t)} + \boldsymbol{P} - \boldsymbol{F}_f \tag{3.38}$$

$u_{s,t+\Delta t}$ 的值可以由方程（3.38）获得，$\ddot{u}_{s,t+\Delta t}$ 与 $\dot{u}_{s,t+\Delta t}$ 的值可以由方程（3.37）与方程（3.32）获得。

而当贮液结构未发生滑动时，其与地面之间处于相对静止的状态，这时的结构运动方程为

$$M\ddot{u} + Ku + C\dot{u} = -Mr\ddot{u}_g + P \tag{3.39}$$

3.4　数值模拟分析

3.4.1　分析模型

本节贮液结构高为 7m，两个边长都为 7m。为地上无盖式混凝土矩形贮液池，其壁板的厚度及底板的厚度均为 0.2m。其中贮液池使用的混凝土按正交各向同性材料考虑，选用参数：弹性模量为 $3×10^4$MPa，泊松比为 0.167，密度为 2500kg/m³。内部贮存液体为水，按 3D 势流体（potential-based fluid）定义，其液面高度为 4.8m，材料参数为：体积模量为 $2.3×10^3$MPa，密度为 1000kg/m³。在贮液池底部安置摩擦滑移隔震支座，使用单接触面摩擦滑移隔震装置，上下支承板采用 Q235 不锈钢钢板，在上下板接触面上喷涂聚四氟乙烯涂料，上下支承板的厚度均为 0.2m，其中Q235 不锈钢材料参数：弹性模量为 $2.1×10^5$N/mm²，泊松比为 0.3，密度为 7850kg/m³。

将混凝土贮液结构的池壁和底板采用 ADINA Structure 模块下的三维实体（3D-Solid）单元进行模拟，而内部贮存液体采用三维流体（3D Fluid）单元进行模拟，并且定义流体液面为自由液面（free surface）。将其设置为单元组 2。聚四氟乙烯支座采用 ADINA Structure 模块下的 3D-Solid 单元进行模拟。

对混凝土贮液池池壁，底板及内部贮存的液体均采用 8 节点映射六面体单元网络划分网格。其网格模型如图 3.8 所示。

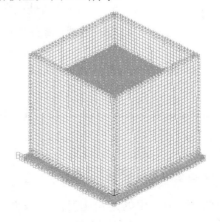

图 3.8　滑移隔震混凝土贮液结构网格模型

3.4.2 边界条件

1. 自由液面的边界条件

考虑到结构内部贮存液体自由液面的晃动，其边界条件[3]为

$$\frac{1}{g}\frac{\partial^2 p}{\partial t^2}+\frac{\partial p}{\partial z}=0 \tag{3.40}$$

式中，z 代表垂直方向；g 表示重力加速度。

2. 矩形贮液结构流-固耦合界面的边界条件

在内部液体与贮液结构的壁板及底板的交界面上，液体在混凝土板的垂直方向并不流动，所以其边界必须满足以下条件：

$$\frac{\partial p}{\partial n}=-\rho a_n^s \tag{3.41}$$

式中，n 代表混凝土板的法线方向，而 a_n^s 表示在 n 方向上作用于液体的加速度。

利用 Galerkin 方法，将流体域的离散方程表示为

$$G\ddot{P}+C_f\dot{P}+K_fP=F \tag{3.42}$$

式中，

$$G=\sum_e G_{ij}^e=\sum_e\frac{1}{g}\int_{Ae}N_iN_j\mathrm{d}A \tag{3.43}$$

$$F=F_i-\rho Q^{\mathrm{T}}(\ddot{U}+\ddot{U}_g) \tag{3.44}$$

$$F_i=\sum_e F_i^e=\sum_e\int_{Ae}N_i\frac{\partial p}{\partial n}\mathrm{d}A \tag{3.45}$$

式中，P 表示压力向量；N_i 表示流体单元形状函数的节点；$\ddot{U}$ 表示结构的加速度；$\ddot{U}_g$ 表示地震波的加速度；Q 表示交互矩阵；G 表示流体域的质量矩阵；C_f 表示流体域的阻尼矩阵；K_f 表示流体域的刚度矩阵。

耦合系统的解向量记为 $(X_f,\ X_s)$，X_f 与 X_s 分别是定义在流体与结构节点上的解向量，因此 $d_s=d_s(X_s)$，$\tau_f=\tau_f(X_f)$。流-固耦合系统中的有限元方程可以表示为

$$F[X]\equiv\begin{cases}F_f\left[X_f,\ d_s(X_s)\right]\\F_s\left[X_s,\ \tau_f(X_f)\right]\end{cases}=0 \tag{3.46}$$

式中，F_f 与 F_s 分别是与 G_f 及 G_s 相应的有限元方程。其中两相耦合的流体与固体的方程可以分别表示为 $F_f\left[X_f,0\right]=0$，$F_s\left[X_s,0\right]=0$。

3. 矩形贮液结构滑移支座的边界条件

本章的混凝土矩形贮液结构使用的是自由度边界条件，在滑移隔震支座下承板的底部施加固定约束。

3.4.3　滑移隔震贮液结构的地震动响应

1. 地震波选取

选用 1940 年美国加利福尼亚州发生 M6.7 级地震时所记录得到的加速度地震波 El-Centro 波，它是地震波史上最先使用的完整地震波，对于之后的结构遭遇地震的破坏及抗震隔震设计有重要的意义。地震波选取 0～10s 持续时间，对贮液结构输入 X 向的地震波，地震波的烈度分别为 7 度罕遇、8 度罕遇、9 度罕遇，对结构的有效应力、壁板位移、加速度及贮存液体的晃动进行动力分析。

本章选用三种地震波，分别为 X 向 El-Centro 7 度罕遇地震波、X 向 El-Centro 8 度罕遇地震波和 X 向 El-Centro 9 度罕遇地震波，其加速度时程曲线分别如图 3.9～图 3.11 所示。

本章利用有限元软件 ADINA 分别对摩擦系数为 0.04、0.06、0.08、0.10 的摩擦滑移隔震混凝土矩形贮液结构进行数值分析，得到了在不同摩擦系数下贮液结构壁板位移、应力、速度、加速度及内部液体晃动高度的变化情况。

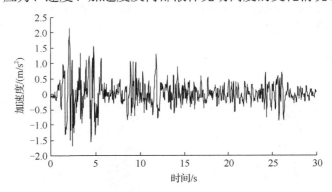

图 3.9　X 向 7 度罕遇 El-Centro 地震波加速度时程曲线

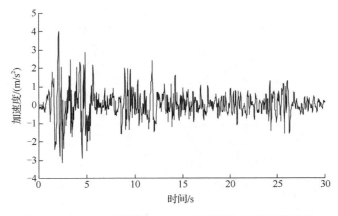

图 3.10　X 向 8 度罕遇 El-Centro 地震波加速度时程曲线

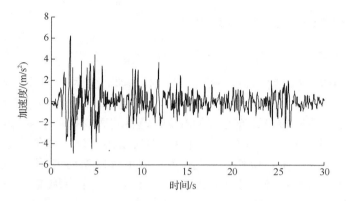

图 3.11　X 向 9 度罕遇 El-Centro 地震波加速度时程曲线

2. 壁板位移分析

选取地震烈度为罕遇的 7 度、8 度、9 度 El-Centro 地震波，对混凝土贮液池沿 X 向输入地震波，上述四种不同摩擦系数的隔震混凝土矩形贮液结构和非隔震结构的壁板位移云图及壁板位移时程曲线如图 3.12～图 3.21 所示，可以明显观察到隔震混凝土矩形贮液池的池壁位移改变。

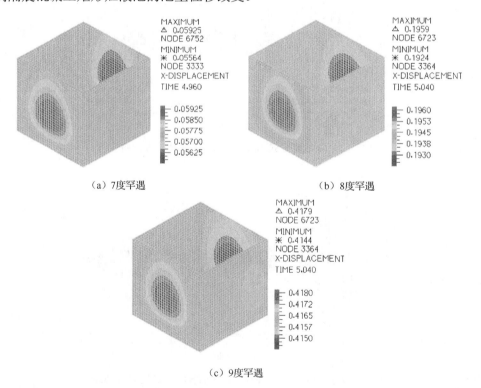

图 3.12　不同烈度下滑移隔震混凝土矩形贮液结构壁板位移云图（μ =0.04，单位：m）

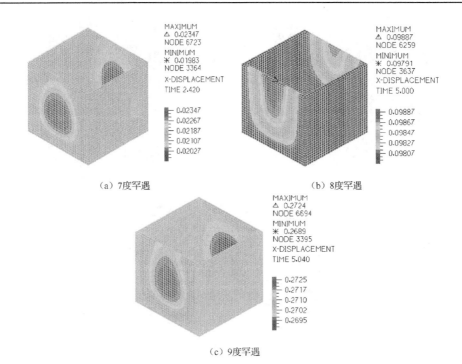

（a）7度罕遇 （b）8度罕遇

（c）9度罕遇

图 3.13 不同烈度下滑移隔震混凝土矩形贮液结构壁板位移云图（μ=0.06，单位：m）

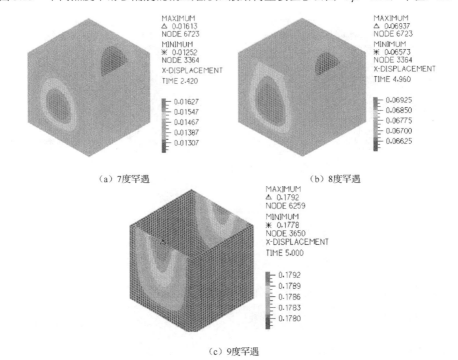

（a）7度罕遇 （b）8度罕遇

（c）9度罕遇

图 3.14 不同烈度下滑移隔震混凝土矩形贮液结构壁板位移云图（μ=0.08，单位：m）

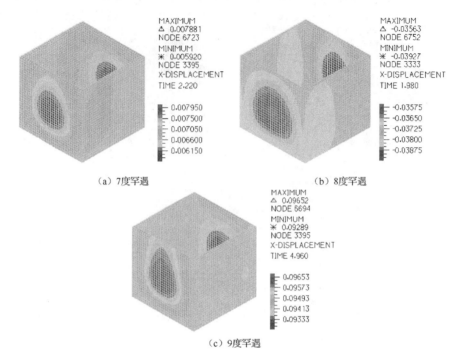

（a）7度罕遇　　　　　　　　　　　　　　　　　（b）8度罕遇

（c）9度罕遇

图 3.15　不同烈度下滑移隔震混凝土矩形贮液结构壁板位移云图（ μ =0.10，单位：m）

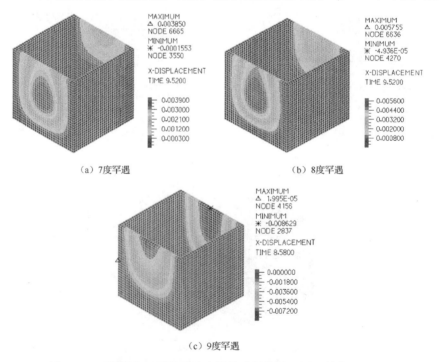

（a）7度罕遇　　　　　　　　　　　　　　　　　（b）8度罕遇

（c）9度罕遇

图 3.16　不同烈度下无隔震贮液结构壁板位移云图（单位：m）

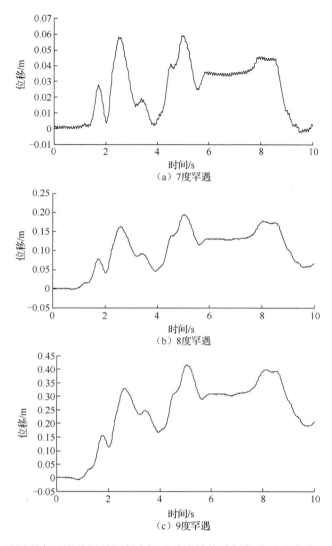

图 3.17　不同烈度下滑移隔震混凝土矩形贮液结构壁板位移时程曲线（μ =0.04）

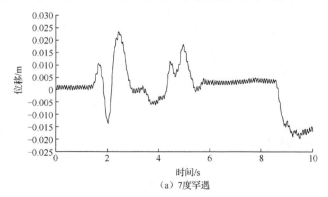

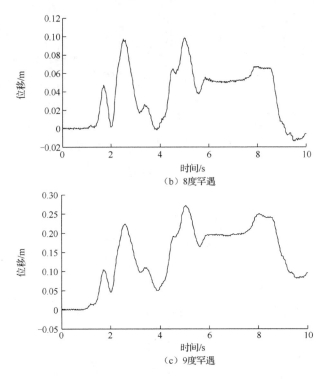

图 3.18　不同烈度下滑移隔震混凝土矩形贮液结构壁板位移时程曲线（μ=0.06）

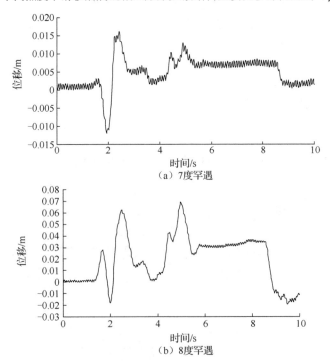

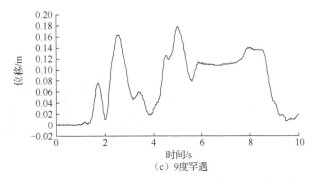

（c）9度罕遇

图 3.19　不同烈度下滑移隔震混凝土矩形贮液结构壁板位移时程曲线（μ =0.08）

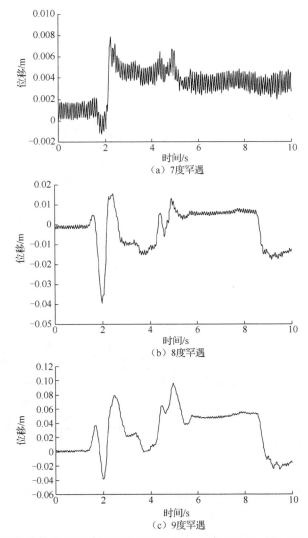

（a）7度罕遇

（b）8度罕遇

（c）9度罕遇

图 3.20　不同烈度下滑移隔震混凝土矩形贮液结构壁板位移时程曲线（μ =0.10）

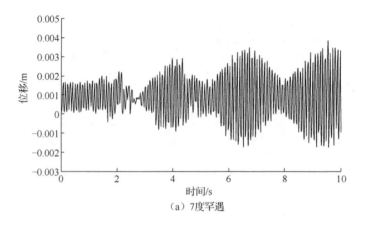

（a）7度罕遇

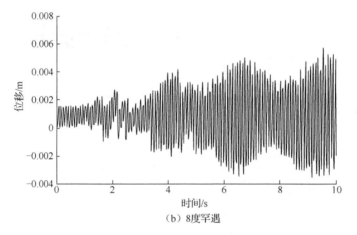

（b）8度罕遇

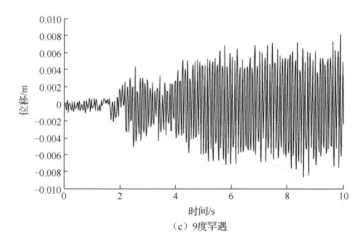

（c）9度罕遇

图 3.21　不同烈度下无隔震贮液结构壁板位移时程曲线

根据以上池壁壁板位移变化，提取了滑移隔震混凝土矩形贮液结构在 X 向
7 度罕遇、8 度罕遇、9 度罕遇 El-Centro 波作用下的壁板位移峰值，如表 3.1
所示。

表 3.1　壁板位移的峰值

摩擦系数 μ	不同烈度对应值/m		
	7 度罕遇	8 度罕遇	9 度罕遇
0.04	0.05925	0.19590	0.41790
0.06	0.02347	0.09887	0.27240
0.08	0.01613	0.06937	0.17920
0.10	0.00788	0.03927	0.09652
无隔震结构	0.003850	0.005755	0.008629

根据表 3.1 可知，当滑移摩擦系数分别取 0.04、0.06、0.08、0.10 时，随着摩
擦系数的增大，壁板的滑移位移均减小，但是由于采用的是纯摩擦滑移隔震体系
无限位装置，无论摩擦系数的值取多少，结构的池壁位移均大于无隔震体系。壁
板位移的最大值均出现在结构中心，然后向池壁的边缘处靠近，壁板位移逐渐减
小。而在地震烈度为 8 度罕遇且滑移摩擦系数为 0.06 及地震烈度为 9 度罕遇且滑
移摩擦系数为 0.08 时，壁板位移的最大值出现在结构的顶部，并且高度越向下，
池壁位移也不断减小。其池壁位移的峰值部位与非隔震结构相一致。同时可以看
出，在 5s 左右的时刻，当摩擦系数分别取 0.04、0.06、0.08、0.10 时，贮液结构
壁板均达到了最大位移，而达到最大位移的几个关键节点也大致相同，主要为节
点 3364、节点 3395 和节点 3333。由曲线图可以观察到在地震波刚输入过程中，
滑移隔震体系处于啮合状态且保持静止，随后开始在啮合状态与滑动状态之间不
断变化，从 5.90s 到 8.34s 左右的时刻，7 度罕遇、8 度罕遇、9 度罕遇 El-Centro 波
的地震加速度的值较小，这时隔震体系处于啮合平稳的状态。在地震烈度为 8 度
罕遇及 9 度罕遇时，滑移隔震贮液结构体系的壁板位移时程曲线图比较平滑，说
明结构较稳定，当地震烈度为 7 度罕遇，滑移摩擦系数为 0.10 时，结构的壁板位
移变化趋势与无隔震结构比较相似，说明当地震波的峰值加速度较小、摩擦系数
较大时，和其他条件相比，滑移隔震的效果不是很理想。

3. 液面晃动高度分析

选取地震烈度为罕遇的 7 度、8 度、9 度 El-Centro 地震波，对混凝土贮液池
沿 x 向输入地震波，上述四种不同摩擦系数的隔震混凝土矩形贮液结构和无隔震
结构的液面晃动高度云图及时程曲线如图 3.22～图 3.31 所示，可以明显观察到隔
震混凝土矩形贮液池内部液体的高度改变。

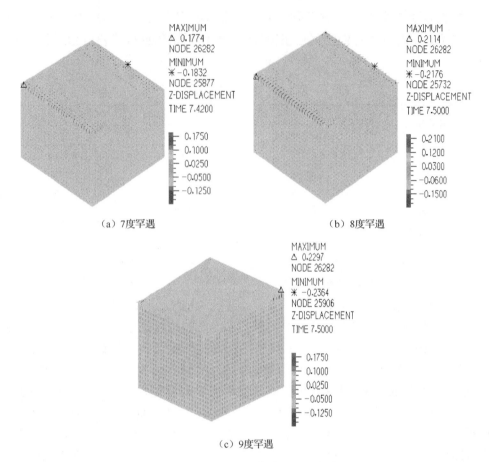

（a）7度罕遇　　　　　　　　　　　（b）8度罕遇

（c）9度罕遇

图 3.22　不同烈度下滑移隔震混凝土矩形贮液结构液面晃动高度云图（μ=0.04，单位：m）

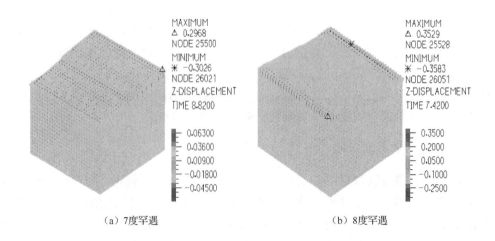

（a）7度罕遇　　　　　　　　　　　（b）8度罕遇

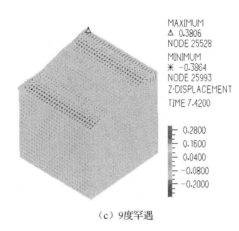

（c）9度罕遇

图 3.23　不同烈度下滑移隔震混凝土矩形贮液结构液面晃动高度云图（ μ =0.06，单位：m）

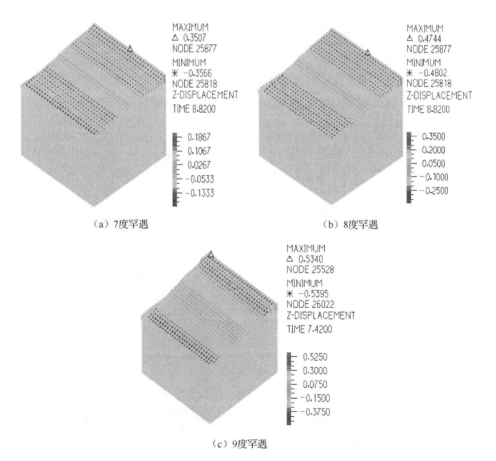

（a）7度罕遇　　　　　　　　　　　　　　　（b）8度罕遇

（c）9度罕遇

图 3.24　不同烈度下滑移隔震混凝土矩形贮液结构液面晃动高度云图（ μ =0.08，单位：m）

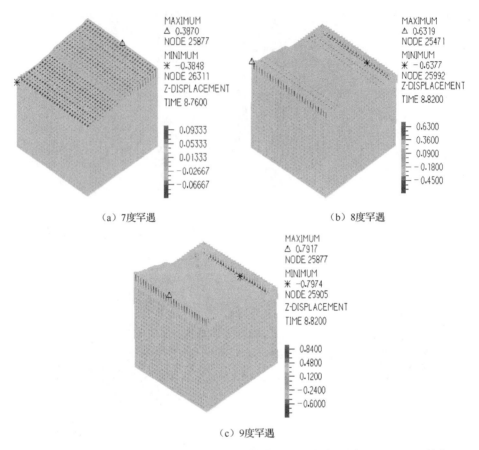

（a）7度罕遇　　　　　　　　　　　　（b）8度罕遇

（c）9度罕遇

图 3.25　不同烈度下滑移隔震混凝土矩形贮液结构液面晃动高度云图（μ=0.10，单位：m）

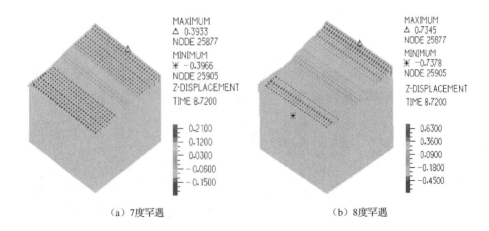

（a）7度罕遇　　　　　　　　　　　　（b）8度罕遇

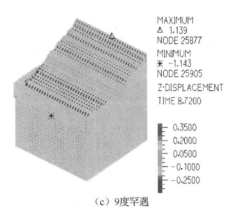

（c）9度罕遇

图 3.26　不同烈度下无隔震贮液结构液面晃动高度云图（单位：m）

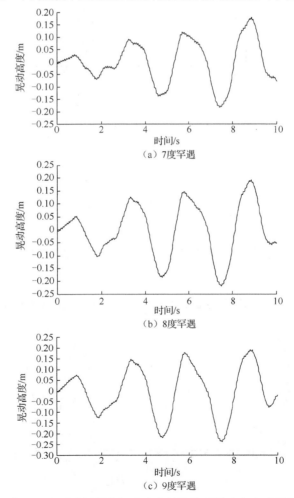

（a）7度罕遇

（b）8度罕遇

（c）9度罕遇

图 3.27　不同烈度下滑移隔震混凝土矩形贮液结构液面晃动高度时程曲线（μ=0.04）

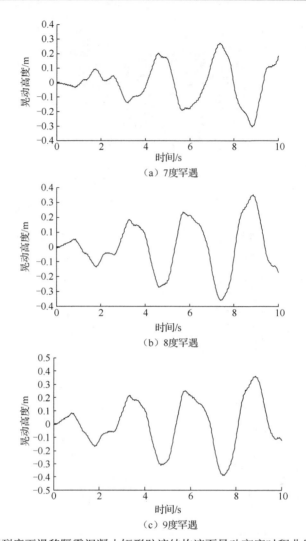

（a）7度罕遇

（b）8度罕遇

（c）9度罕遇

图 3.28　不同烈度下滑移隔震混凝土矩形贮液结构液面晃动高度时程曲线（μ =0.06）

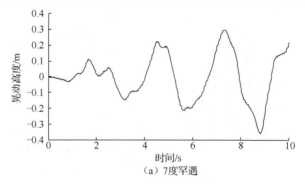

（a）7度罕遇

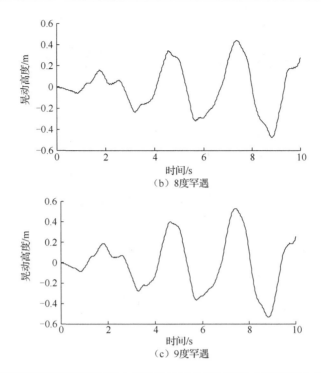

（b）8度罕遇

（c）9度罕遇

图 3.29　不同烈度下滑移隔震混凝土矩形贮液结构液面晃动高度时程曲线（ μ =0.08）

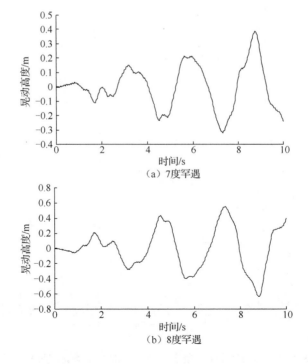

（a）7度罕遇

（b）8度罕遇

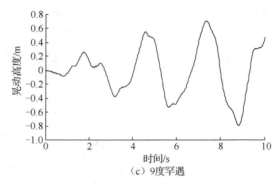

（c）9度罕遇

图 3.30　不同烈度下滑移隔震混凝土矩形贮液结构液面晃动高度时程曲线（ μ =0.10）

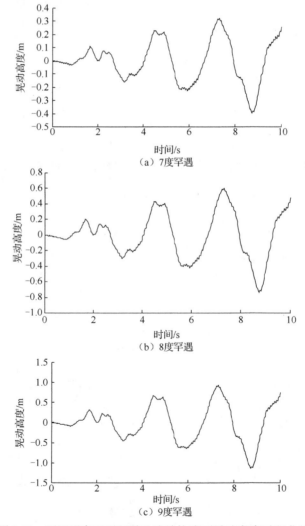

（a）7度罕遇

（b）8度罕遇

（c）9度罕遇

图 3.31　不同烈度下无隔震贮液结构液面晃动高度时程曲线

根据以上液面晃动高度变化，提取了滑移隔震混凝土矩形贮液结构在 X 向 7 度罕遇、8 度罕遇、9 度罕遇 El-Centro 波作用下的液面晃动高度峰值，如表 3.2 所示。

表 3.2　液面晃动高度峰值

摩擦系数 μ	不同烈度对应值/m		
	7 度罕遇	8 度罕遇	9 度罕遇
0.04	0.1832	0.2176	0.2364
0.06	0.3026	0.3583	0.3864
0.08	0.3566	0.4802	0.5395
0.10	0.3870	0.6377	0.7974
无隔震结构	0.3966	0.7378	1.1430

从表 3.2 可以看到，当滑移摩擦系数分别取 0.04、0.06、0.08、0.10 时，随着摩擦系数的增大，贮液结构内部液体的晃动高度逐渐增大，而结构的滑移摩擦系数在 4 种情况下的晃动高度峰值均远远小于无隔震结构，说明滑移隔震结构的整体稳定性较好。但是当地震烈度 7 度罕遇、摩擦系数为 0.10 时，液面晃动的高度与同为 7 度罕遇的无隔震结构比较接近，说明其隔震效果不够理想。同时也可以看出，在 8.8s 与 7.5s 左右的时刻，当摩擦系数分别取 0.04、0.06、0.08、0.10 时，贮液结构液面晃动均达到了最大位移，而达到最大位移的几个关键节点也大致相同。摩擦滑移隔震结构液面晃动的变化规律与无隔震结构相一致。

4. 结构有效应力分析

选取地震烈度为罕遇 7 度、8 度、9 度的 El-Centro 地震波，对混凝土贮液池沿 X 向输入地震波，上述 4 种不同摩擦系数的隔震混凝土矩形贮液结构和无隔震贮液结构的有效应力云图如图 3.32～图 3.36 所示，可以观察到隔震混凝土矩形贮液池的应力变化。

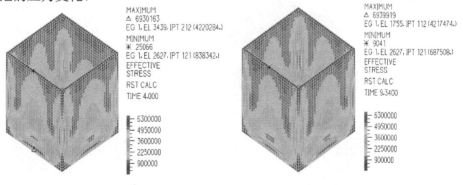

（a）7度罕遇　　　　　　　　　　　　　　　（b）8度罕遇

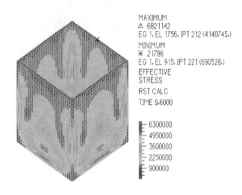

（c）9度罕遇

图 3.32　不同烈度下滑移隔震混凝土矩形贮液结构有效应力云图（μ =0.04，单位：Pa）

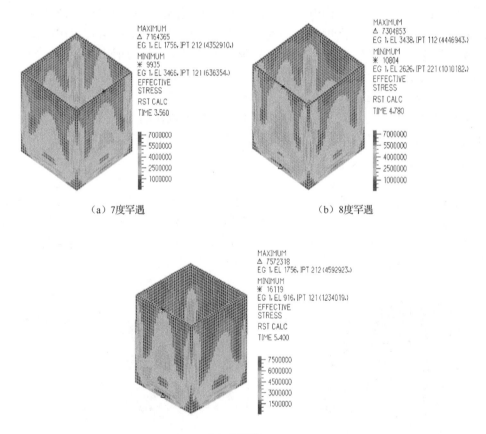

（a）7度罕遇　　　　　　　　　　　　　　　（b）8度罕遇

（c）9度罕遇

图 3.33　不同烈度下滑移隔震混凝土矩形贮液结构有效应力云图（μ =0.06，单位：Pa）

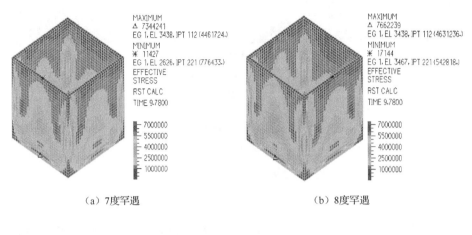

（a）7度罕遇　　　　　　　　　　　　　（b）8度罕遇

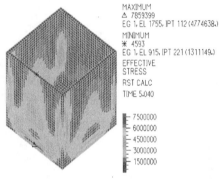

（c）9度罕遇

图 3.34　不同烈度下滑移隔震混凝土矩形贮液结构有效应力云图（ μ =0.08，单位：Pa）

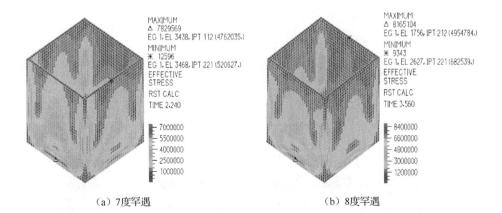

（a）7度罕遇　　　　　　　　　　　　　（b）8度罕遇

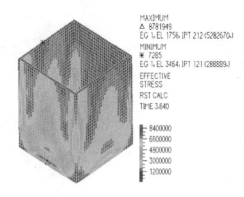

（c）9度罕遇

图 3.35　不同烈度下滑移隔震混凝土矩形贮液结构有效应力云图（ μ =0.10，单位：Pa）

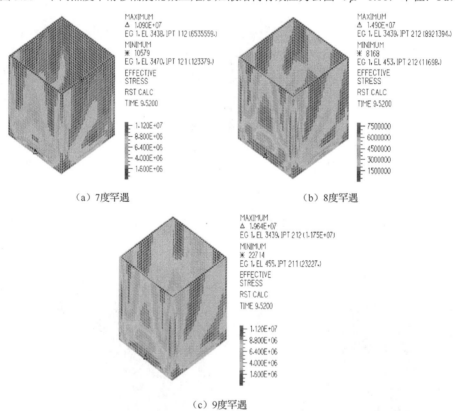

（a）7度罕遇　　　　　　　　　　　　　（b）8度罕遇

（c）9度罕遇

图 3.36　不同烈度下无隔震贮液结构有效应力云图（单位：Pa）

　　根据以上结构有效应力变化，提取了滑移隔震混凝土矩形贮液结构在 X 向 7 度罕遇、8 度罕遇、9 度罕遇 El-Centro 波作用下的有效应力的峰值，如表 3.3 所示。

表 3.3　有效应力的峰值

摩擦系数 μ	不同烈度对应值/Pa		
	7 度罕遇	8 度罕遇	9 度罕遇
0.04	6930163	6939919	6821142
0.06	7164365	7304853	7572318
0.08	7344241	7662239	7859399
0.10	7829569	8165014	8781949
无隔震结构	10900000	14900000	19640000

　　根据以上混凝土矩形贮液结构的位移数据，可以直观地看到，在相同地震烈度下，当滑移摩擦系数分别取 0.04、0.06、0.08、0.10 时，随着摩擦系数的增大，结构的有效应力也在不断增大。在 7 度罕遇条件下，摩擦系数从 0.10 到 0.04，有效应力的减少量从 3070431Pa 到 3969837Pa，减少的应力量占结构振动产生总有效应力的比例从 28.2%到 36.4%；在 8 度罕遇条件下，摩擦系数从 0.10 到 0.04，有效应力的减少量从 6734986Pa 到 7960081Pa，减少的应力量占结构振动产生总有效应力的比例从 45.2%到 53.4%；在 9 度罕遇条件下，摩擦系数从 0.10 到 0.04，有效应力的减少量从 10858051Pa 到 12818858Pa，减少的应力量占结构振动产生总有效应力的比例从 55.3%到 65.3%。摩擦滑移隔震对能量的耗散效果十分明显，随着地震烈度的增大，滑移支座可以发挥更显著的隔震性能。结构有效应力的最大值均出现在结构壁板和底板相交的中心部位，并且有效应力的较大值均位于壁板与底板连接处，其有效应力的分布规律与无隔震结构相一致。当取不同摩擦系数时，贮液结构有效应力峰值的关键节点也一致，分别为单元节点 1756 和 3438。

　　5. 结构加速度分析

　　选取地震烈度为罕遇的 7 度、8 度、9 度 El-Centro 地震波，对混凝土贮液池沿 X 向输入地震波，上述四种不同摩擦系数的隔震混凝土矩形贮液结构的加速度云图如图 3.37～图 3.41 所示，从中可以观察到隔震混凝土矩形贮液池的加速度变化情况。

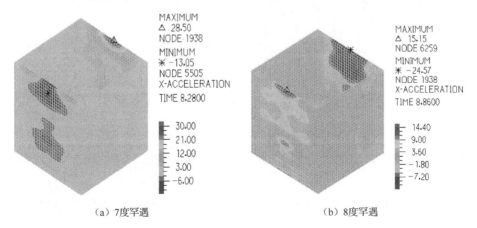

（a）7度罕遇　　　　　　　　　　　　　（b）8度罕遇

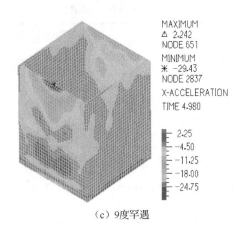

（c）9度罕遇

图 3.37　不同烈度下滑移隔震混凝土矩形贮液结构加速度云图（μ=0.04，单位：m/s^2）

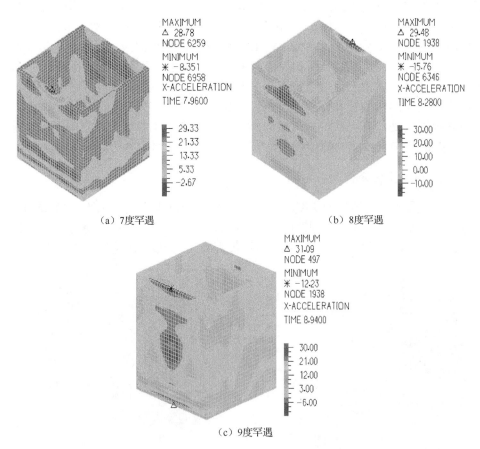

（a）7度罕遇　　　　　　　　　　　　　　　（b）8度罕遇

（c）9度罕遇

图 3.38　不同烈度下滑移隔震混凝土矩形贮液结构加速度云图（μ=0.06，单位：m/s^2）

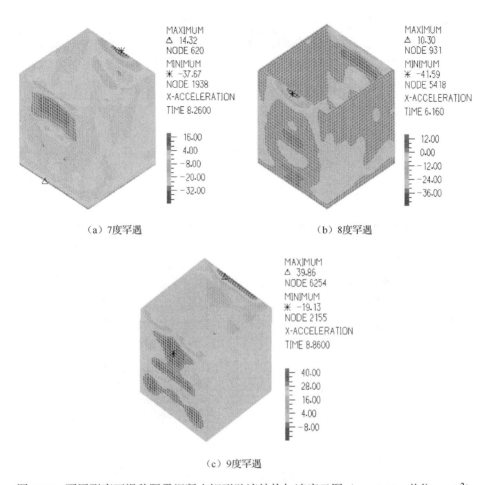

（a）7度罕遇　　　　　　　　　　　　　（b）8度罕遇

（c）9度罕遇

图 3.39　不同烈度下滑移隔震混凝土矩形贮液结构加速度云图（μ=0.08，单位：m/s^2）

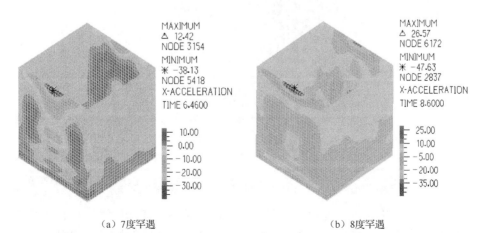

（a）7度罕遇　　　　　　　　　　　　　（b）8度罕遇

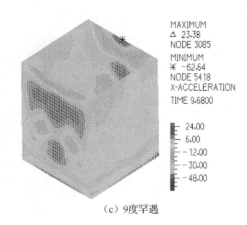

（c）9度罕遇

图 3.40　不同烈度下滑移隔震混凝土矩形贮液结构加速度云图（μ =0.10，单位：m/s²）

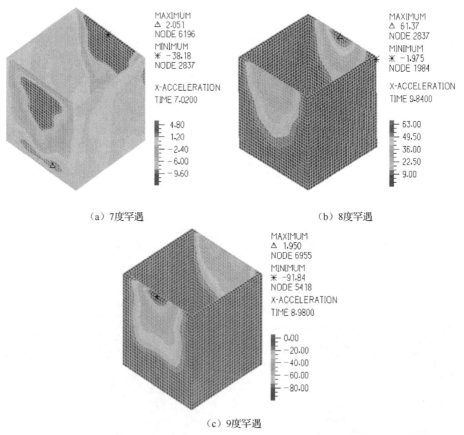

（a）7度罕遇　　　　　　　　　　　　　　　　（b）8度罕遇

（c）9度罕遇

图 3.41　不同烈度下无隔震贮液结构加速度云图（单位：m/s²）

根据以上结构加速度变化，提取了滑移隔震混凝土矩形贮液结构在 X 向 7 度罕遇、8 度罕遇、9 度罕遇 El-Centro 波作用下结构加速度的峰值，如表 3.4 所示。

表 3.4　结构加速度的峰值

摩擦系数 μ	不同烈度对应值/(m/s^2)		
	7 度罕遇	8 度罕遇	9 度罕遇
0.04	28.50	24.57	29.43
0.06	28.78	29.48	31.09
0.08	37.67	41.59	39.86
0.10	38.13	47.63	62.64
无隔震结构	38.18	61.37	91.84

　　从表 3.4 可以得到，纯摩擦滑移隔震体系的隔震性能主要由摩擦系数决定，由图可知，在摩擦系数为 0.04 时，在地震烈度由 7 度罕遇增大到 9 度罕遇的过程中，加速度最大值先减小后增大，在摩擦系数为 0.06、0.08 及 0.10 时，加速度最大值随着地震烈度增大而增大。而在相同地震烈度条件下，7 度罕遇时最大加速度值在 28.5m/s^2 到 38.1 m/s^2 之间随着摩擦系数的增大而增大，8 度罕遇时最大加速度值在 24.5m/s^2 到 47.6 m/s^2 之间随着摩擦系数的增大而增大，9 度罕遇时最大加速度值在 29.4m/s^2 到 62.6 m/s^2 之间随着摩擦系数的增大而增大。结构的加速度峰值均小于无隔震体系。贮液结构加速度的最大值均出现在顶部的中间部位，然后越靠近结构的底部，加速度的值也在不断减小。在 8s 左右的时刻，当摩擦系数分别取 0.04、0.06、0.08、0.10 时，贮液结构加速度达到了峰值，但达到加速度峰值的几个关键节点并不完全相同。当地震烈度为 7 度罕遇且滑移摩擦系数为 0.10 时，这时滑移隔震结构的加速度峰值为 38.13m/s^2，无隔震结构的加速度峰值为 38.18m/s^2，加速度峰值减小得不够显著，再次印证了当地震波的峰值加速度较小且摩擦系数较大时，滑移隔震体系不能发挥它的最大功效。

参 考 文 献

[1] CHENG X S, JING W,GONG L J. Simplified model and energy dissipation characteristics of a rectangular liquid storage structure controlled with sliding isolation and displacement-limiting[J]. Journal of Performance of Constructed Facilities, ASCE, 2017, 31(5): 1-11.

[2] 孙建刚, 周抚生. 立式储液罐橡胶基底隔震体系的研究[J]. 地震工程与工程振动, 1999, 19(3): 136-143.

[3] MIRZABOZORY H, HARIRI-ARDEBILI M A, NATEGHI A R. Free surface sloshing effect on dynamic response of rectangular storage tanks[J]. American Journal of Fluid Dynamics, 2012, 2(4): 23-30.

第4章　近场地震作用下滑移隔震-限位混凝土矩形贮液结构的减震分析

当前混凝土贮液结构主要是通过抗震设计来抵抗地震作用的，缺陷在于当其遭遇某些地震时，安全储备不足，可能会造成结构的失效。贮液结构的其他减震方法主要包括摩擦单摆隔震、摩擦复摆隔震及变频摆隔震等[1-5]，研究表明摩擦类滑移隔震对贮液结构动力响应的控制效果比橡胶隔震更加显著[6,7]。本章在已有贮液结构减震研究的基础上，将限位措施和滑移隔震组合形成适用于混凝土矩形贮液结构的减震方法，探讨近场地震作用下滑移隔震-限位控制体系对混凝土矩形贮液结构动力响应和液体晃动波高的减震效果，对比研究水平单双向地震作用下的系统动力响应。

4.1　摩擦力模型

相互接触的物体在发生相对运动时在接触面会产生摩擦力，根据外界作用力和摩擦力的相对大小，相互接触两物体的状态会在啮合与运动之间转化。目前用于模拟两物体接触力学行为的摩擦力模型基本可分为间断性和连续性两类。

4.1.1　库仑摩擦力模型

（1）间断型。最常用的间断型库仑摩擦力模型可表示为

$$F_f = -\mu M g \mathrm{sgn}(\dot{u}_b) \tag{4.1}$$

式中，F_f 为摩擦力；μ 为摩擦系数；M 为隔震层上部体系的总质量；$\mathrm{sgn}(\dot{u}_b)$ 为符号函数；$\dot{u}_b$ 为隔震层运动速度。

$$\mathrm{sgn}(\dot{u}_b) = \begin{cases} 1, & \dot{u}_b > 0 \\ 0, & \dot{u}_b = 0 \\ -1, & \dot{u}_b < 0 \end{cases} \tag{4.2}$$

（2）连续型。将间断型库仑摩擦力模型中的符号函数用连续函数表示即得到连续型库仑摩擦力模型：

$$F_f = -\mu M g f(\dot{u}_b) \tag{4.3}$$

式中，$f(\dot{u}_b)$ 可表示为

$$\begin{cases} f_1(\dot{u}_b) = \mathrm{erf}(\alpha_1 \dot{u}_b) \\ f_2(\dot{u}_b) = \tanh(\alpha_2 \dot{u}_b) \\ f_3(\dot{u}_b) = (2/\pi)\arctan(\alpha_3 \dot{u}_b) \\ f_4(\dot{u}_b) = \alpha_4 \dot{x}_b / (1 + \alpha_4 |\dot{u}_b|) \end{cases} \tag{4.4}$$

式中，α_i $(i=1, 2, 3, 4)$为正数，其值一般大于 100。

4.1.2　速变摩擦力模型

若摩擦力随滑动速度而显著变化则属于速变摩擦，具体通过采用动摩擦系数 μ_d 来体现：

$$\mu(\dot{u}_b) = \mu_{d,\max} - \delta_\mu \exp(-\alpha|\dot{u}_b|) \tag{4.5}$$

式中，$\mu_{d,\max}$ 为滑移速度足够大时的稳定摩擦系数；δ_μ 处于 $\mu_{d,\max}$ 与静摩擦系数之间；α 为与速度相关的系数，其取值一般为 0.45～0.70s/m。

4.1.3　指数摩擦力模型

Hinrichs 等[8]进行了不同接触材料的摩擦系数 $\mu(\dot{u}_b)$ 与接触面相对滑移速度 $\dot{u}_b$ 之间关系的试验研究，樊剑等[9]进一步对试验数据进行拟合得到

$$\mu(\dot{u}_b) = a + b\exp(-d|\dot{u}_b|) \tag{4.6}$$

式中，a、b 和 d 为正的常数，具体取值由试验确定。

由此可得到指数摩擦力模型对应的摩擦力为

$$F_f = \mu(\dot{u}_b)Mg\mathrm{sgn}(\dot{u}_b) \tag{4.7}$$

4.1.4　等效黏性阻尼模型

基于能量等效原则，假定库仑摩擦与等效黏滞阻尼在同一周期内耗散的能量相等。如当系统进行简谐振动时，一周期内等效黏滞阻尼耗散的能量ΔE 为[10]

$$\Delta E = -\int_0^T c\dot{x}\mathrm{d}x = -\int_0^T c\dot{x}\cdot\dot{x}\mathrm{d}t = -c\omega_0^2 A^2 \int_0^T \cos^2(\omega_0 + \theta)\mathrm{d}t = -\pi c\omega_0^2 A^2 \tag{4.8}$$

同一周期内库仑摩擦力耗散的能量为

$$\Delta E = -4\mu F_f A \tag{4.9}$$

由于假定两类能量近似相等，因此有 $-\pi c\omega_0 A^2 = -4\mu F_f A$，从而可得到 $c = 4\mu F_f / (\pi\omega_0 A)$，即等效黏滞阻尼。

由此可见，经过多年的研究已经形成了多种摩擦力模型，各种模型都有自己的优缺点，总体来看，间断型库仑摩擦力模型仍然是目前使用最广泛的，即使该模型与试验值之间存在一定的误差，总体上误差并不是很大，在计算中采用较小的求解时间步长，可以减小累计误差以满足工程分析所需要的精度，因此在后续章节均采用间断型库仑摩擦力模型模拟滑移隔震层的力学行为。

4.2　滑移隔震-限位混凝土矩形贮液结构

　　滑移隔震可以采用砂子、废弃玻璃、聚四氟乙烯及新型固体摩擦滑移材料二硫化钼[11]等在结构底部形成滑移面。考虑到贮液结构往往连接有附属管线，若位移过大，虽然上部结构安全，但附属管线的撕裂破坏仍然会造成液体泄漏，导致火灾及环境污染等次生灾害，使单纯的滑移隔震贮液结构得不偿失。为了克服这一缺陷，在贮液结构底部设置限位装置，该装置设计合理可兼具限位和耗能等能力，对于钢限位装置，若其变形处于弹性状态，则震后可发挥一定的自复位能力，对于特别重要的贮液结构，为了改善其自复位能力，可使用更加昂贵的由形状记忆合金制成的限位装置。综合考虑上述因素，形成了适合于混凝土矩形贮液结构的滑移隔震-限位减震方法，如图 4.1 所示。

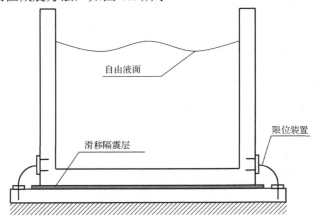

图 4.1　滑移隔震-限位减震示意图

4.2.1　恢复力模型

　　对于摩擦滑移隔震层采用刚塑性恢复力模型[12,13]，如图 4.2 所示，对于限位装置采用双线性恢复力模型，如图 4.3 所示，将两者叠加可得到隔震层的综合恢复力模型，如图 4.4 所示。

　　对于图 4.3 所示的限位装置恢复力模型具体可表示如下。

阶段 1：$F_s = k_1 u_s$

阶段 2：$F_s = k_2 u_s + (k_1 - k_2) A_u$

阶段 3：$F_s = k_2 u_s + (k_1 - k_2) D_u$

阶段 4：$F_s = k_1 u_s - (k_1 - k_2)(B_u - A_u)$

阶段 5：$F_s = k_1 u_s - (k_1 - k_2)(E_u - D_u)$

式中，k_1 和 k_2 分别为限位装置在弹性及塑性阶段的刚度；u_s 为结构的位移；A_u、B_u、D_u 和 E_u 为恢复力模型中 A、B、D 和 E 点对应的位移坐标值。

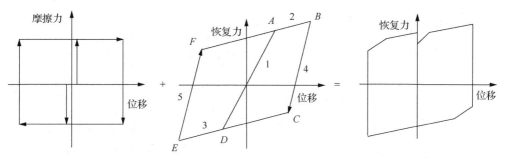

图 4.2 刚塑性恢复力模型　　　图 4.3 双线性恢复力模型　　　图 4.4 综合恢复力模型

4.2.2 简化模型及动力方程

　　目前贮液结构的简化计算一般均采用弹簧-质量模型,该模型在一般情况下可以较准确地计算结构的动力响应[14]。将贮液结构中的液体按照两质点模型进行简化[15,16],即连续液体被分为两部分:随贮液结构一起运动的刚性质量 m_0 和自由液面对流质量 m_c。此外,混凝土贮液结构本身的质量较大,在动力分析中还需要考虑混凝土质量 m,由于在模型中假定液体质量 m_0 和贮液结构一起运动,为了简化并减少自由度,可以将混凝土贮液结构的质量 m 和液体质量 m_0 进行叠加,得到等效质量 $m+m_0$,滑移材料设置在结构底部,且其质量相对于混凝土结构和液体来说较小可以忽略,最终得到设置限位装置的滑移隔震混凝土矩形贮液结构的简化力学模型,如图 4.5 所示。

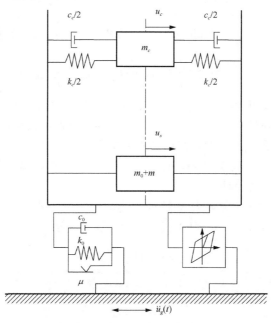

图 4.5 滑移隔震-限位混凝土矩形贮液结构简化计算模型

由 Hamilton 原理可得到系统的动力方程为

$$
\begin{bmatrix} m_c & \\ & m+m_0 \end{bmatrix} \begin{Bmatrix} \ddot{u}_c \\ \ddot{u}_s \end{Bmatrix} + \begin{bmatrix} c_c & -c_c \\ -c_c & c_b+c_c \end{bmatrix} \begin{Bmatrix} \dot{u}_c \\ \dot{u}_s \end{Bmatrix} + \begin{bmatrix} k_c & -k_c \\ -k_c & k_b+k_c \end{bmatrix} \begin{Bmatrix} u_c \\ u_s \end{Bmatrix} =
$$

$$
-\ddot{u}_g \begin{Bmatrix} m_c \\ m+m_0 \end{Bmatrix} - \mu M g \cdot \mathrm{sgn}(\dot{u}_s) \begin{Bmatrix} 0 \\ 1 \end{Bmatrix} - F_s \begin{Bmatrix} 0 \\ 1 \end{Bmatrix} \tag{4.10}
$$

式中，k_0、c_0 分别为隔震结构的刚度和阻尼；u_c、$\dot{u}_c$、$\ddot{u}_c$ 分别为液体对流质量对应的位移、速度、加速度；u_s、$\dot{u}_s$、$\ddot{u}_s$ 分别为结构的位移、速度、加速度；$\ddot{u}_g$ 为地震加速度；$\mathrm{sgn}(\dot{u}_s)$ 为符号函数，当 $\dot{u}_s > 0$ 时，等于 1，当 $\dot{u}_s < 0$ 时，等于 -1，当 $\dot{u}_s = 0$ 时，等于 0；M 为体系总质量，$M = m_c + m_0 + m$；μ 为摩擦系数；g 为重力加速度；F_s 为限位装置提供的恢复力。

简化模型参数可由式（4.11）～式（4.16）得到[17]

$$
m_c = 0.264(L/h_w)\tanh\left[3.16(h_w/L)\right]M_L \tag{4.11}
$$

$$
m_0 = \frac{\tanh\left[0.866(L/h_w)\right]}{0.866(L/h_w)}M_L \tag{4.12}
$$

$$
h_c = 1 - \frac{\cosh\left[3.16(h_w/L)-1\right]}{3.16(h_w/L)\sinh\left[3.16(h_w/L)\right]}h_w \tag{4.13}
$$

$$
h_0 = \begin{cases} 0.5 - 0.09375(L/h_w), & L/h_w < 1.333 \\ 0.375, & L/h_w \geqslant 1.333 \end{cases} \tag{4.14}
$$

$$
\omega_c = \sqrt{\frac{g\pi}{L}\tanh\frac{\pi h_w}{L}}, \quad k_c = \omega_c^2 m_c, \quad c_c = 2\xi_c\sqrt{k_c m_c} \tag{4.15}
$$

$$
k_0 = \omega_o^2(M_L+m) = \frac{2\pi}{T_b}(M_L+m), \quad c_0 = 2\frac{2\pi}{T_b}\xi_0(M_L+m) \tag{4.16}
$$

式中，ξ_c 为液体晃动阻尼比，其值为 0.005；ξ_0 为结构阻尼比，其值为 0.05；M_L 为液体质量；k_c 为对流质量对应的刚度；h_c 和 h_0 分别为液体对流质量和等效刚性质量到结构底部的距离；c_c 为对流质量对应的阻尼；ω_c 和 ω_0 分别为对流质量和隔震结构对应的圆频率；h_w 为储液高度；L 为混凝土矩形贮液结构平行于地震作用方向的边长；T_b 为隔震周期。

液体晃动波高作为贮液结构的特征动力响应之一，在贮液结构的动力响应研究中是必须考虑的因素之一，可由式（4.17）计算得到：

$$
h = 0.811\frac{L}{2}\frac{\ddot{u}_c + \ddot{u}_g}{g} \tag{4.17}
$$

4.2.3　滑移隔震贮液结构状态判别

在地震作用下，根据作用力的大小，滑移隔震混凝土矩形贮液结构的运动状态将处于滑移和啮合的不断交替变换中，具体由式（4.18）和式（4.19）决定。

滑移状态：

$$\left|\left(m_0+m\right)\left(\ddot{u}_g+\ddot{u}_s\right)+m_c\left(\ddot{u}_g+\ddot{u}_c\right)\right|>\mu g\left(m_0+m+m_c\right) \tag{4.18}$$

啮合状态：

$$\left|\left(m_0+m\right)\left(\ddot{u}_g+\ddot{u}_s\right)+m_c\left(\ddot{u}_g+\ddot{u}_c\right)\right|\leqslant\mu g\left(m_0+m+m_c\right) \tag{4.19}$$

4.3　滑移位移限值定义

考虑到贮液结构要满足特殊的使用要求，特别是石油化工等行业的贮液结构，往往带有附属管线，若位移过大，会造成附属相连管线的破坏，造成的后果将和上部结构发生破坏一样，即液体泄漏，一些特殊液体还会导致火灾和环境污染等次生灾害，同时人民的生命财产安全也会受到威胁。因此，对于滑移隔震贮液结构，考虑到其特殊性，合理的位移限值定义显得非常重要。

4.3.1　安全使用要求

参考美国工程标准（API650）[18]，当贮液结构与管道支承间发生不均匀变形时会引起管道破坏，且要求变形差小于 150mm，因此为了避免结构位移较大而造成管道撕裂破坏引起液体泄漏，可定义设置有附属管线滑移隔震贮液结构的滑移位移限值：

$$\Delta S_1\leqslant150\text{mm} \tag{4.20}$$

4.3.2　限位装置变形能力要求

若要保证限位装置不被破坏，还需要让贮液结构位移引起的限位装置变形在允许范围，由图 4.6 可依据变形协调原理得到相应的结构位移限值。

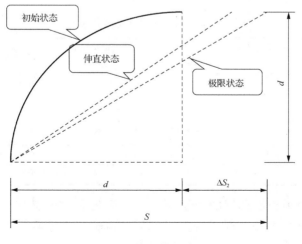

图 4.6　限位装置变形

$$\Delta S_2 \leqslant S - d = \sqrt{\frac{1}{4} \times 2\pi d(1+\varepsilon_{\mathrm{u}})} - d \tag{4.21}$$

式中，ΔS_2 为限位装置极限变形值；S 为限位装置极限状态水平投影长度；d 为圆弧限位装置的半径；ε_{u} 为钢材极限拉应变。

因此，针对滑移隔震贮液结构的特殊性，最终的结构位移限值应取 ΔS_1 和 ΔS_2 中的较小者。

4.4　工 程 应 用

4.4.1　结构参数

混凝土矩形贮液结构的长、宽、高分别为 6m、6m 和 4.8m，壁板厚 0.3m，采用滑移隔震，在矩形贮液结构的四角共设置 8 个圆弧形钢棒限位装置。假定混凝土为线弹性材料，强度等级为 C30，弹性模量为 3×10^{10}Pa，泊松比为 0.20，密度为 2500kg/m^3，采用 3-D Solid 单元模拟贮液结构；圆弧形钢棒限位装置采用双线性模型，材料参数见表 4.1；液体采用势流体模型，其密度为 1000kg/m^3，体积模量为 2.3×10^9Pa。选取 El-Centro（NS）波和 Chi-Chi（TCU036）波，前者是从 1940 年 5 月 18 日 Imperial Valley 地震中 El-Centro 站点获得的记录，其属于近场地震；后者是从 1999 年 9 月 21 日我国台湾集集地震中 TCU036 站点获得的记录，也属于近场地震。根据需要，将两类地震波分别调幅至 7 度罕遇、8 度罕遇和 9 度罕遇地震，为了提高计算效率，地震持时选取为 10s。滑移材料主要参数见表 4.2[19,20]。

表 4.1　限位装置材料参数

弹性模量/Pa	泊松比	屈服强度/MPa	密度/(kg/m^3)	应变硬化模量/Pa	屈服应变	最大塑性应变
2×10^{11}	0.3	235	7800	2×10^9	0.001	0.02

表 4.2　滑移材料参数

摩擦系数	抗拉强度/MPa	抗压强度/MPa	使用温度/℃	线性膨胀系数/（1/℃）
0.04～0.15	10～25	12	−250～260	$(8\sim25)\times10^{-5}$

采用接触面模拟滑移层的力学特征，考虑流-固耦合效应，运用 ADINA 建立了设置限位装置的滑移隔震混凝土矩形贮液结构的数值计算模型，如图 4.7 所示。

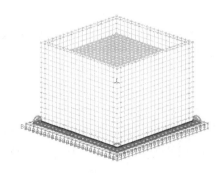

图 4.7　数值计算模型（近场地震作用）

4.4.2　简化模型验证

简化模型能为贮液结构的设计提供方便，为了便于工程人员应用，4.2.2 小节建立了带限位装置滑移隔震贮液结构的简化力学模性，并推导了相应的动力方程，对动力方程运用 Newmark-β 法求解，运用图 4.7 所示的计算模型验证简化模型的合理性。储液高度为 3.6m，摩擦系数 μ 为 0.06，采用 El-Centro（NS）波进行时程分析，调整其加速度峰值为 0.4g，简化模型参数见表 4.3。El-Centro（NS）地震作用下简化模型和计算模型的晃动波高对比如图 4.8 所示，其他计算结果的对比见表 4.4。

表 4.3　简化模型参数

参数	数值	
质量/kg	m_c 4.5929×10^4	m_0 6.7667×10^4
刚度/（N/m）	k_c 2.2715×10^5	k_b 9.3498×10^5
阻尼/（N·s/m）	c_c 1.0215×10^3	c_b 4.4642×10^4

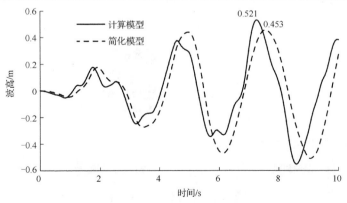

图 4.8　简化模型和计算模型的晃动波高对比

表 4.4　简化模型和计算模型其他计算结果的对比

结果	隔震周期/s	液体晃动对流圆频率/（rad/s）	结构最大位移/mm
简化模型	2.00	2.3518	43.9
计算模型	2.06	2.3537	46.8

由图 4.8 得到，对于设置限位装置的滑移隔震贮液结构，简化模型和计算模型在计算液体晃动波高时得到的趋势一致，同时，由简化方法和数值计算方法得到的最大液体晃动波高分别为 0.453m 和 0.521m，相差率为 13.05%，计算结果相差较小。此外，由表 4.4 得到，简化模型和计算模型得到的隔震周期、液体晃动对流圆频率以及结构最大位移相差也较小。因此，设置限位装置滑移隔震混凝土矩形贮液结构简化模型的合理性在一定程度上得到了验证，其对于工程应用具有重要的意义。

4.4.3　限位装置应用研究

1. 限位装置滞回耗能影响因素

限位装置截面形状分别选取圆形和矩形，限位装置几何示意如图 4.9 所示。矩形截面的宽度 b 为 50mm，高宽比 h/b 分别取 1.0、1.5 和 2.0；圆形截面直径 D 分别取 40mm、50mm 和 60mm，圆弧半径 d 分别取 0.4m、0.5m 和 0.6m。采用 ANSYS 研究影响限位装置滞回耗能的主要因素，限位装置采用双线性模型，单元选用 Beam 188，材料参数见表 4.1。通过静力反复加载即可得到各参数对钢棒限位装置滞回耗能的影响规律，如图 4.10 所示。

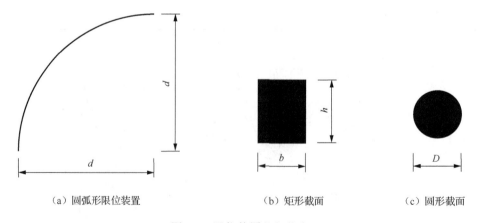

　（a）圆弧形限位装置　　　　　　　（b）矩形截面　　　　　　（c）圆形截面

图 4.9　限位装置几何信息

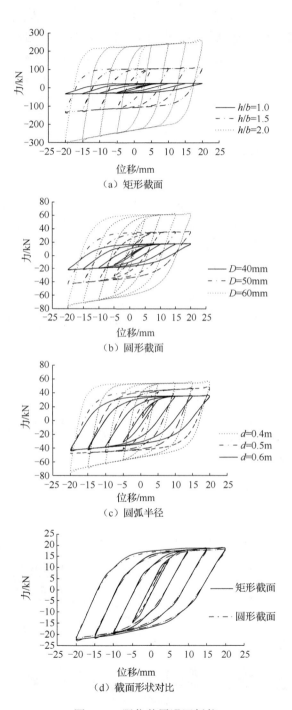

（a）矩形截面

（b）圆形截面

（c）圆弧半径

（d）截面形状对比

图 4.10　限位装置滞回耗能

由图 4.10 得到，矩形截面高宽比增大能显著提高限位装置的耗能能力，高宽比由 1.0 增大到 2.0 后，滞回耗能会提升到 10 倍左右；滞回耗能随着圆形截面的增大而增大，当直径由 40mm 增大到 60mm 后，耗能能力增大到 4 倍多；滞回耗能随着限位装置圆弧半径的增大而减小，当圆弧半径由 0.4m 增大到 0.6m 时，耗能能力下降 30%左右；截面形状对滞回耗能有一定的影响，矩形截面的耗能能力略大于圆形截面。

2. 限位装置直径对动力响应的影响

滑移隔震结构的减震效果主要通过滑动来实现，而限位装置的引入无疑会在一定程度上对上部结构的运动起到约束作用，而约束作用的大小又和限位装置刚度有很大的关系，以限位装置直径来间接反映刚度对滑移隔震矩形贮液结构动力响应的影响。储液高度为 3.6m，摩擦系数为 0.06，单向地震作用下限位装置直径对系统动力响应的影响如图 4.11～图 4.13 所示。

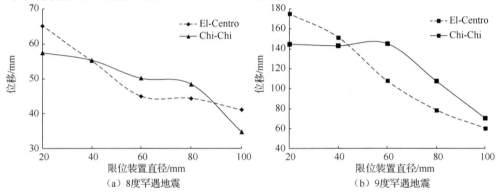

（a）8度罕遇地震　　　　　　　　　（b）9度罕遇地震

图 4.11　限位装置直径对结构位移的影响

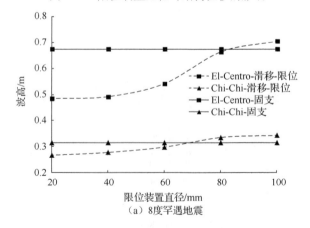

（a）8度罕遇地震

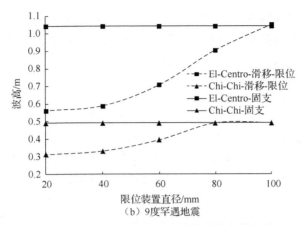

（b）9度罕遇地震

图 4.12　限位装置直径对液体晃动波高的影响

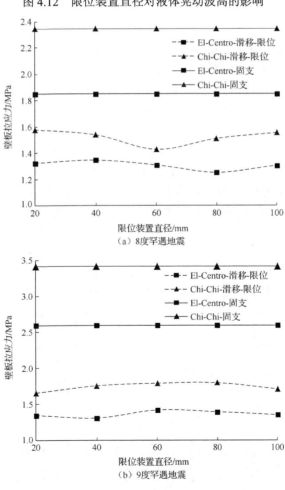

（a）8度罕遇地震

（b）9度罕遇地震

图 4.13　限位装置直径对壁板拉应力的影响

由图 4.11～图 4.13 可知，两类地震作用下，贮液结构最大位移总体上随着限位装置直径的增大而减小，因此在实际工程应用中，为了确保结构位移不超限，增大限位装置截面尺寸是一种可以选择的方法。两类地震作用下，晃动波高随着限位装置直径的增大，在最开始阶段增加较快，当直径增加到一定值后，滑移隔震结构的液面晃动波高将和固支结构不相上下，随限位装置直径的进一步增加，液面晃动增加缓慢，和固支情况相差不多。出现以上现象的原因在于：当限位装置直径较小时，隔震层刚度较小，从而限位装置对隔震结构的运动约束较弱，但是随着限位装置直径的进一步增大，隔震层刚度增大，滑移隔震结构的运动受到明显的限制，使液体晃动波高增加较多。因此，滑移隔震要实现对贮液结构的减震效果，必须要让其能相对自由地运动，即限位装置的设计应该体现"柔"的原则。随着限位装置直径由小到大，结构壁板拉应力的变化比较平缓。

4.4.4　动力响应

限位装置圆弧半径 d 为 0.6m，取限位装置的极限应变 ε_u 为 0.02，由圆弧限位装置参数计算得到 ΔS_2 等于 380mm。综合以上分析，结构位移限值应该取使相连管线以及限位装置不被破坏的较小值，最终确定滑移隔震贮液结构的位移限值应该不大于 150mm。为了全面研究滑移隔震对混凝土矩形贮液结构动力响应的影响和评估滑移隔震对混凝土矩形贮液结构的减震效果，隔震层的摩擦系数分别取 0.04、0.06、0.08、0.10 和 0.12，选取两种储液高度 2.1m 和 3.6m，并将 El-Centro 波和 Chi-Chi 波的幅值调整为规范规定的 7 度罕遇、8 度罕遇和 9 度罕遇地震。通过对固支、单纯滑移和带限位装置滑移隔震混凝土矩形贮液结构动力响应的对比研究，验证所提出的控制措施对混凝土矩形贮液结构动力响应减震的有效性。

1. 单向地震

两种储液高度下的最大结构位移计算结果如图 4.14 和图 4.15 所示，晃动波高如图 4.16 和图 4.17 所示，贮液结构壁板最大拉应力计算结果见表 4.5 和表 4.6。

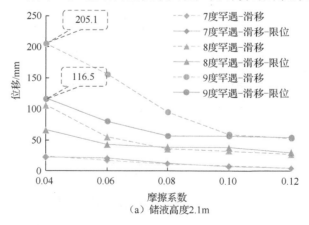

（a）储液高度2.1m

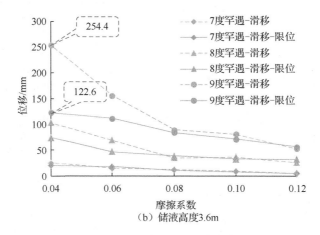

（b）储液高度3.6m

图 4.14　El-Centro 地震作用下最大结构位移

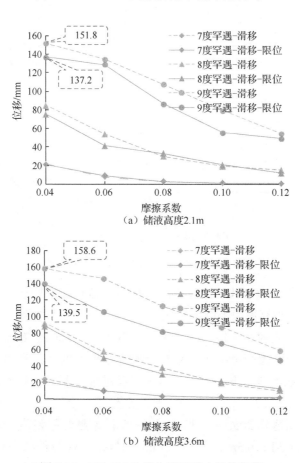

（a）储液高度2.1m

（b）储液高度3.6m

图 4.15　Chi-Chi 地震作用下最大结构位移

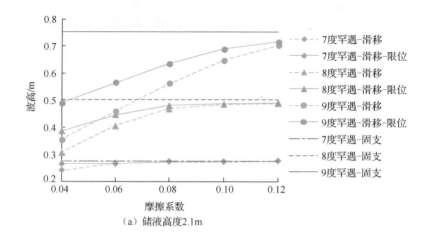

（a）储液高度2.1m

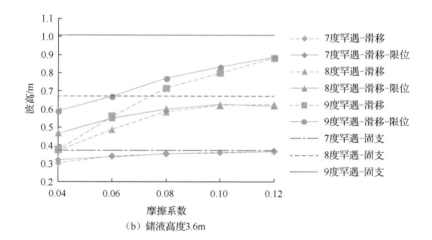

（b）储液高度3.6m

图 4.16　El-Centro 地震作用下晃动波高

由图 4.15 和图 4.16 可以得到,贮液结构最大位移随着地震烈度和储液高度的增大而增大,随着滑移摩擦系数的增大而减小。当摩擦系数小于 0.08 时,单纯滑移隔震贮液结构对应的最大位移明显大于设置限位装置的摩擦滑移隔震结构,当摩擦系数较大时,两类减震结构对应的最大位移相差很小。两类减震结构在 7 度罕遇和 8 度罕遇地震作用下,最大位移都能满足限值要求,且位移相差较小。而当储液高度为 2.1m 和 3.6m 时,单纯滑移隔震结构在 9 度罕遇 El-Centro 地震作用下的最大位移分别达到 205.1mm 和 254.4mm,已超越位移限值,设置限位装置后,最大位移分别减小到 116.5mm 和 122.6mm;单纯滑移隔震结构在 9 度罕遇 Chi-Chi 地震作用下的最大位移分别达到 151.8mm 和 158.6mm,同样超越位移限值,而设置限位装置后，最大位移分别减小到 137.2mm 和 139.5mm。因此，合理的限位装置设计能明显地减小结构的位移，可以使结构的位移满足限值要求。

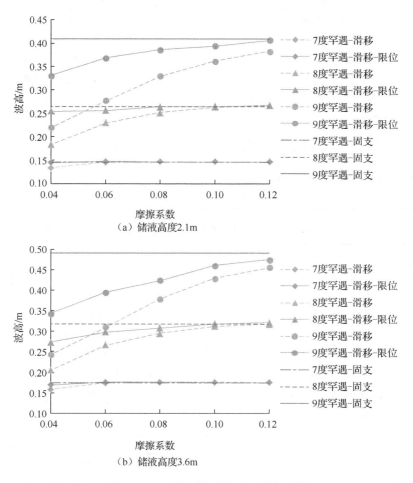

（a）储液高度2.1m

（b）储液高度3.6m

图 4.17　Chi-Chi 地震作用下晃动波高

由图 4.16 和图 4.17 可以得到，液体最大晃动波高随着地震烈度的增大而增大，两类减震结构的最大晃动波高均小于固支结构，即滑移隔震能够有效减小液体晃动波高。单纯滑移隔震结构设置限位装置后，会使晃动波高有一定程度的增加。当摩擦系数大于 0.08 并逐渐增大时，两类隔震结构对应的晃动波高相差减小，特别在 7 度罕遇和 8 度罕遇地震作用下，计算结果基本相等。与固支结构相比，减晃效果随着摩擦系数的增大而减弱，主要原因在于摩擦系数较大时不能充分发挥滑移隔震的优势。因此，对于滑移隔震贮液结构，建议摩擦系数取较小值。

表 4.5　储液高度 2.1m 对应的最大拉应力　　　（单位：MPa）

El-Centro						Chi-Chi					
摩擦系数	0.04	0.06	0.08	0.10	0.12	摩擦系数	0.04	0.06	0.08	0.10	0.12
滑移　7度罕遇	0.262	0.264	0.285	0.276	0.330	滑移　7度罕遇	0.305	0.385	0.341	0.369	0.520
8度罕遇	0.276	0.286	0.342	0.325	0.406	8度罕遇	0.374	0.490	0.543	0.496	0.471
9度罕遇	0.275	0.312	0.506	0.446	0.453	9度罕遇	0.409	0.560	0.599	0.558	0.694
滑移-限位　7度罕遇	0.262	0.268	0.304	0.286	0.294	滑移-限位　7度罕遇	0.293	0.340	0.340	0.370	0.519
8度罕遇	0.277	0.288	0.338	0.443	0.443	8度罕遇	0.468	0.446	0.461	0.475	0.538
9度罕遇	0.422	0.297	0.344	0.482	0.435	9度罕遇	0.351	0.644	0.606	0.850	0.678
固支　7度罕遇			0.303			固支　7度罕遇			0.923		
8度罕遇			0.486			8度罕遇			1.591		
9度罕遇			0.688			9度罕遇			2.411		

表 4.6　储液高度 3.6m 对应的最大拉应力　　　（单位：MPa）

El-Centro						Chi-Chi					
摩擦系数	0.04	0.06	0.08	0.10	0.12	摩擦系数	0.04	0.06	0.08	0.10	0.12
滑移　7度罕遇	1.285	1.275	1.329	1.278	1.299	滑移　7度罕遇	1.452	1.483	1.437	1.497	1.505
8度罕遇	1.465	1.527	1.304	1.352	1.316	8度罕遇	1.585	1.578	1.395	1.692	1.340
9度罕遇	1.297	1.402	1.458	1.336	1.368	9度罕遇	1.575	1.650	1.735	1.784	1.651
滑移-限位　7度罕遇	1.329	1.431	1.222	1.218	1.362	滑移-限位　7度罕遇	1.534	1.412	1.465	1.424	1.476
8度罕遇	1.343	1.309	1.289	1.257	1.244	8度罕遇	1.556	1.429	1.616	1.505	1.502
9度罕遇	1.385	1.500	1.313	1.481	1.477	9度罕遇	1.665	1.788	1.823	1.492	1.682
固支　7度罕遇			1.283			固支　7度罕遇			1.530		
8度罕遇			1.863			8度罕遇			2.377		
9度罕遇			2.530			9度罕遇			3.414		

　　由表 4.5 和表 4.6 得到，在 El-Centro 地震作用下，当储液高度为 2.1m 时，固支、滑移和滑移-限位结构对应的壁板最大拉应力都较小，不至于使混凝土开裂（以混凝土抗拉强度作为开裂判据，本章采用的混凝土抗拉强度为 2.01MPa），但当储液高度为 3.6m 时，固支贮液结构（非隔震贮液结构）在 8 度罕遇和 9 度罕遇地震作用下，对应的最大壁板拉应力分别达到 1.863MPa 和 2.530MPa，分别接近和超越混凝土的抗拉强度，容易造成壁板开裂破坏；在 Chi-Chi 地震作用下，当储液高度为 2.1m 时，固支贮液结构对应的壁板最大拉应力较大，特别在 9 度罕遇地震作用下，拉应力足以使混凝土壁板开裂，当贮液高度为 3.6m 时，在 8 度罕遇和 9 度罕遇地震作用下，固支贮液结构的最大拉应力分别达到 2.377MPa 和 3.141MPa，两者均已严重超越混凝土的抗拉强度，壁板会发生开裂破坏。两类地震作用下，

当摩擦系数小于 0.10 时，滑移及滑移-限位贮液结构的最大壁板拉应力多数情况下小于固支结构，即采取滑移隔震措施后，贮液结构壁板拉应力得到了有效减小，特别当储液高度为 3.6m 时，壁板拉应力大大减小，能够小于混凝土的抗拉强度，可以避免影响正常使用裂缝的产生，从而改善结构的安全性。总体来看，摩擦系数越小，地震烈度越高，壁板拉应力被减小的程度越明显，更能体现滑移隔震贮液结构的减震优势；此外，储液高度越大，壁板拉应力会越大，因此在混凝土贮液结构设计时应该以较大的充液率作为控制工况。

从以上分析可以得到，较小的摩擦系数对壁板拉应力和液体晃动波高的减震效果更加明显，但是会产生较大的结构位移。为了充分利用滑移隔震的优势并增加系统的安全性，建议采用较小的摩擦系数，并进行合理的限位设计，同时贮液结构的管道采用柔性连接以应对位移较大带来的问题。

2. 双向地震

通过上述分析得到，单向地震作用下，在贮液结构底部设置滑移隔震层对结构动力响应和液体晃动都有很好的控制作用，同时某些地震作用会造成较大的结构位移，而在隔震层加设钢棒限位装置能够有效减小结构位移，对带有附属管线的贮液结构具有重要的意义。为了全面掌握滑移隔震对贮液结构的减震效果，在以上单向地震作用研究的基础上，接着进行双向水平地震作用下滑移隔震混凝土贮液结构动力响应的研究，并对比研究单双向地震作用下贮液结构的动力响应，以便进一步验证减震方法的有效性。

对于双向地震作用下贮液结构动力响应的研究，仍然选取 El-Centro 波和 Chi-Chi 波，两水平方向地震作用的比值调整为 1∶0.85。限于篇幅，摩擦系数取为 0.06，钢棒限位装置的直径取为 60mm，储液高度取为 3.6m，其他参数同单向地震作用的情况，且只列出 8 度罕遇地震作用下相应的计算结果，双向地震作用下晃动波高及结构位移的计算结果如图 4.18 和图 4.19 所示。

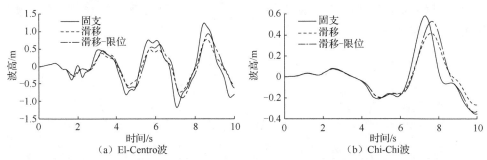

图 4.18　双向地震作用下的晃动波高

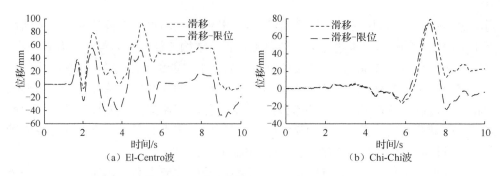

（a）El-Centro波　　　　　（b）Chi-Chi波

图 4.19　双向地震作用下的结构位移

由图 4.18 得到，水平双向地震作用下，单纯滑移隔震贮液结构和滑移-限位贮液结构的晃动波高明显小于固支贮液结构，同时 El-Centro 地震作用对应的晃动波高减震效果大于 Chi-Chi 地震作用的情况，因为固支情况下，El-Centro 地震作用对应的最大液体晃动波高较大，即固支贮液结构的晃动波高越大，采取滑移隔震措施后表现出来的减震效果会越明显。

由图 4.19 得到，单纯滑移隔震贮液结构在地震作用下的位移明显大于滑移-限位结构，因此单纯滑移隔震结构容易与周围的限位墙产生碰撞，或者造成附属管线的破坏，从而对贮液结构带来不利的影响，而采取限位措施后，水平双向地震作用下的贮液结构位移可得到有效控制，使滑移隔震贮液结构的有效性得到改善。

3. 单双向地震作用下动力响应的对比

在单双向地震作用下贮液结构动力响应研究的基础上，进行单双向地震作用下动力响应的对比研究。史晓宇[21]通过对非隔震混凝土矩形贮液结构的研究已经得到双向和三向地震对结构内力的影响很小，因此选取波高、结构位移以及壁板拉应力作为分析对象，以便探讨水平双向地震作用对贮液结构动力响应的影响，从而为滑移隔震贮液结构的灾害控制提供更加合理的理论依据，具体结果见图 4.20～图 4.23 和表 4.7。

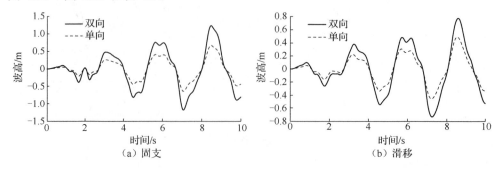

（a）固支　　　　　　　（b）滑移

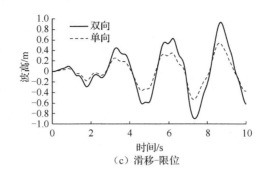

（c）滑移-限位

图 4.20　双向 El-Centro 地震作用对晃动波高的影响

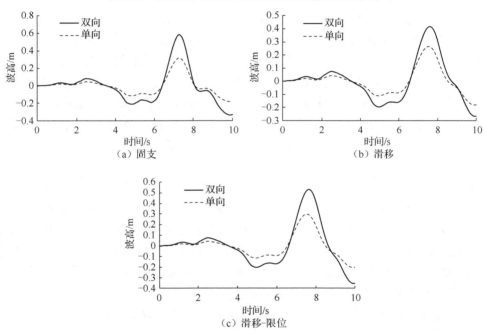

图 4.21　双向 Chi-Chi 地震作用对晃动波高的影响

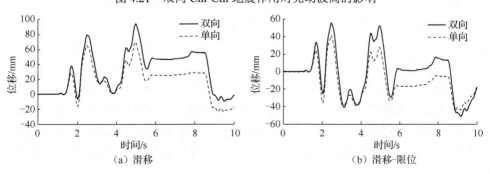

图 4.22　双向 El-Centro 地震作用对结构位移的影响

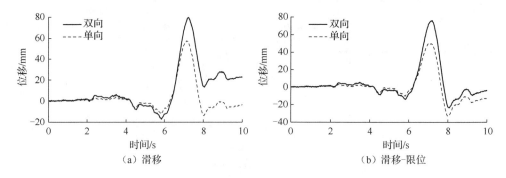

（a）滑移　　　　　　　　　　　　　　（b）滑移-限位

图 4.23　双向 Chi-Chi 地震作用对结构位移的影响

由图 4.20～图 4.23 得到，单向 El-Centro 地震作用下，固支、滑移和滑移-限位结构对应的最大液体晃动波高分别为 0.673m、0.488m 和 0.542m；水平双向 El-Centro 地震作用下，固支、滑移和滑移-限位贮液结构对应的最大液体晃动波高分别为 1.24m、0.777m 和 1.06m。水平单向 El-Centro 地震作用下，滑移和滑移-限位结构对应的最大位移分别为 70mm 和 41.4mm；水平双向 El-Centro 地震作用下，滑移和滑移-限位结构对应的最大位移分别为 94.1mm 和 55.8m。单向 Chi-Chi 地震作用下，固支、滑移和滑移-限位结构对应的最大液体晃动波高分别为 0.317m、0.266mm 和 0.298m；水平双向 Chi-Chi 地震作用下，固支、滑移和滑移-限位结构对应的最大液体晃动波高分别为 0.584m、0.418m 和 0.532m。单向 Chi-Chi 地震作用下，滑移和滑移-限位结构对应的最大位移分别为 50.1mm 和 75.8mm；水平双向 Chi-Chi 地震作用下，滑移和滑移-限位结构对应的最大位移分别为 57.6mm 和 79.9mm。由此得到，双向地震作用下的动力响应明显大于单向地震作用。因此，为了确保隔震混凝土矩形贮液结构在地震作用下的安全性，有必要通过合理的方式考虑双向地震作用的影响。

由表 4.7 得到，水平双向 El-Centro 地震作用下，固支、滑移隔震和滑移隔震-限位贮液结构的壁板拉应力相对于单向地震作用分别增大了 45.90%、12.73% 和 9.77%；水平双向 Chi-Chi 地震作用下，固支、滑移隔震和滑移隔震-限位贮液结构的壁板拉应力相对于单向地震作用时分别增大了 45.08%、3.49% 和 15.96%。由此可以看出，水平双向地震作用引起固支贮液结构壁板拉应力的增大程度明显大于滑移隔震贮液结构，同时对于固支贮液结构，8 度罕遇单向地震作用下，其壁板拉应力已接近或超越常见混凝土的抗拉强度，而在水平双向地震作用下，壁板拉应力已严重超越混凝土抗拉强度，无疑会造成壁板的开裂。对混凝土贮液结构采取滑移隔震措施后，不管是水平单向还是双向地震作用下，壁板拉应力都得到了有效控制，因此滑移隔震对混凝土矩形贮液结构的灾变控制及预防具有重要的意义。

表 4.7　单双向地震作用下壁板拉应力对比　　　　　（单位：MPa）

结构	单向		双向	
	El-Centro	Chi-Chi	El-Centro	Chi-Chi
固支	1.852	2.378	2.702	3.450
滑移	1.280	1.578	1.443	1.633
滑移-限位	1.310	1.429	1.438	1.657

4.4.5　减震系数

减震系数能够直观地反映滑移隔震对混凝土矩形贮液结构动力响应的控制效果，可定义为

$$R = \frac{Q_{\text{fixed}} - Q_{\text{isolated}}}{Q_{\text{fixed}}} \qquad (4.22)$$

式中，R 为减震系数；Q_{fixed} 为贮液结构无减震措施时对应的响应值；Q_{isolated} 为贮液结构采取隔震措施后对应的响应值。

为了全面了解滑移隔震混凝土矩形贮液结构的减震系数，假定摩擦系数为0.04，选取 Chi-Chi 地震、Darfield 地震和 Loma 地震不同站点的时程记录，其中包含近场有脉冲和近场无脉冲地震各 10 条，地震信息见表 4.8。

表 4.8　地震信息

近场有脉冲			近场无脉冲		
地震序号	地震名称	站点名称	地震序号	地震名称	站点名称
1	Chi-Chi	CHY101	11	Chi-Chi	TCU106
2	Chi-Chi	TCU036	12	Chi-Chi	TCU110
3	Chi-Chi	TCU046	13	Chi-Chi	TCU116
4	Chi-Chi	TCU051	14	Chi-Chi	TCU122
5	Darfield	DSLC	15	Darfield	DFHS
6	Darfield	LINC	16	Darfield	LRSC
7	Darfield	TPLC	17	Darfield	RKAC
8	Loma	Gilory array #3	18	Loma	Capitola
9	Loma	Gilory array #2	19	Loma	Gilory array #6
10	Loma	Saratoga-W valley coll	20	Loma	Gilory array #4

混凝土贮液结构壁板开裂是引起其失效的重要因素之一，因此以壁板的拉应力作为分析对象得到相应的减震系数。通过对水平单向和双向地震作用下 120 个模型的计算，得到固支、滑移隔震及滑移隔震-限位混凝土矩形贮液结构的壁板拉应力，通过式（4.22）计算得到减震系数，并对各条地震作用下的减震系数取平均值以便得到具有统计意义的结果，具体内容见表 4.9 和表 4.10。

表4.9　单向地震作用下壁板拉应力减震系数

地震序号	减震系数		地震序号	减震系数	
	滑移	滑移-限位		滑移	滑移-限位
1	0.16	0.15	11	0.68	0.65
2	0.33	0.34	12	0.14	0.13
3	0.60	0.55	13	0.24	0.16
4	0.60	0.59	14	0.56	0.53
5	0.50	0.49	15	0.67	0.67
6	0.28	0.28	16	0.32	0.30
7	0.44	0.45	17	0.47	0.48
8	0.18	0.17	18	0.50	0.47
9	0.17	0.18	19	0.49	0.48
10	0.36	0.36	20	0.21	0.23
平均值	0.362	0.357	平均值	0.429	0.411

表4.10　双向地震作用下壁板拉应力减震系数

地震序号	减震系数		地震序号	减震系数	
	滑移	滑移-限位		滑移	滑移-限位
1	0.38	0.38	11	0.75	0.72
2	0.57	0.52	12	0.35	0.44
3	0.74	0.73	13	0.48	0.52
4	0.67	0.70	14	0.68	0.68
5	0.65	0.65	15	0.77	0.77
6	0.44	0.44	16	0.51	0.51
7	0.64	0.63	17	0.62	0.61
8	0.38	0.38	18	0.60	0.64
9	0.40	0.40	19	0.65	0.65
10	0.55	0.53	20	0.41	0.40
平均值	0.543	0.537	平均值	0.581	0.595

由表 4.9 得到，单向近场脉冲、近场无脉冲地震作用下，单纯滑移隔震结构的平均减震系数分别为 0.362 和 0.429，而滑移-限位结构的平均减震系数分别为 0.357 和 0.411。由表 4.10 得到，水平双向近场脉冲和近场无脉冲地震作用下，单纯滑移隔震结构的平均减震系数分别为 0.543 和 0.581，而滑移-限位结构的平均减震系数分别为 0.537 和 0.595。综合表 4.9 和表 4.10 得到，水平双向地震作用下的减震系数明显大于单向地震作用的情况，且水平单双向地震作用下的减震系数都较大，进一步验证了滑移隔震对混凝土矩形贮液结构减震控制的有效性，即滑移隔震对混凝土贮液结构常见壁板开裂失效模式的控制具有重要意义。

参 考 文 献

[1] 温丽, 王曙光, 杜东升, 等. 大型储液罐摩擦摆基底隔震控制分析[J]. 世界地震工程, 2009, 25(4): 161-166.

[2] ZHANG R F, WENG D G, REN X S. Seismic analysis of a LNG storage tank isolated by a multiple friction pendulum system[J]. Earthquake Engineering & Engineering Vibration, 2011, 10(2): 253-262.

[3] PANCHAL V R, JANGID R S. Seismic response of liquid storage steel tanks with variable frequency pendulum isolator[J]. KSCE Journal of Civil Engineering, 2011, 15(6): 1041-1055.

[4] 张兆龙, 高博青, 杨宏康. 基于附加质量法的大型固定顶储液罐基底隔震分析[J]. 振动与冲击, 2012, 31(23): 32-38.

[5] ABALI E, UÇKAN E. Parametric analysis of liquid storage tanks base isolated by curved surface sliding bearings[J]. Soil Dynamics and Earthquake Engineering, 2010, 30(1-2): 21-31.

[6] SHRIMALI M K, JANGID R S. A comparative study of performance of various isolation systems for liquid storage tanks[J]. International Journal of Structural Stability & Dynamics, 2011, 2(4): 573-591.

[7] SELEEMAH A A, EL-SHARKAWY M. Seismic response of base isolated liquid storage ground tanks[J]. Ain Shams Engineering Journal, 2011, 2(1): 33-42.

[8] HINRICHS N, OESTREICH M, POPP K. On the modelling of friction oscillators[J]. Journal of Sound & Vibration, 1998, 216(3): 435-459.

[9] 樊剑, 唐家祥. 滑移隔震结构的动力特性及地震反应[J]. 土木工程学报, 2000, 33(4): 11-16.

[10] OSTACHOWICZ W M. A discrete linear beam model to investigate the nonlinear effects of slip friction[J]. Computers & Structures, 1990, 36(4): 721-728.

[11] 马艳, 王社良, 刘军生, 等. 应用新型滑移隔震装置结构的地震反应分析[J]. 世界地震工程, 2014, 30(4): 61-67.

[12] 荣强, 盛严, 程文瀼. 滑移隔震支座的试验研究及力学模型[J]. 工程力学, 2010, 27(12): 40-45.

[13] 王常峰, 陈兴冲, 朱春林, 等. 考虑支座及限位装置非线性的接触摩擦单元模型[J]. 工程力学, 2013, 30(8): 186-192.

[14] 葛庆子, 翁大根, 张瑞甫. 储液罐非线性简化模型及主共振研究[J]. 工程力学, 2014, 31(5): 166-171.

[15] ACI Committee 350. Seismic design of liquid-containing concrete structures (ACI 350.3-01) and commentary (ACI 350.3R-01)[R]. American Concrete Institute, Farmington Hills, MI, 2001.

[16] 孙建刚. 大型立式储罐隔震-理论、方法及试验[M]. 北京: 科学出版社, 2009.

[17] ACI 350.3-01. Code requirements for environmental engineering concrete structures (ACI 350.3-01) and commentary[R]. American Concrete Institute, 2006.

[18] American Petroleum Institute (API 650). Weld steel tanks for oil storage[S]. Washington D.C.: API Publishing Services, 2007.

[19] 高建国, 高宇, 于晓东, 等. 用于滑动轴承瓦面的 PTFE 软带性能分析及研究[J]. 机械工程师, 2002, (8): 34-36.

[20] 熊仲明, 霍晓鹏, 苏妮娜. 一种新型基础滑移隔震框架结构体系的理论分析与研究[J]. 振动与冲击, 2008, 27(10): 124-129.

[21] 史晓宇. 钢筋混凝土矩形贮液结构地震响应分析[D]. 兰州: 兰州理工大学, 2008.

第5章 远场长周期地震作用下滑移隔震混凝土矩形贮液结构的动力响应

5.1 长周期地震动基本概念

1975 年，Hanks[1]基于对 San Fernando 地震记录的分析，首次提出了长周期地震动的概念。经过一定的研究与关注，从 1985 年的 Michoacan 地震与 1992 年的 Landers 地震开始，人们才开始认识到远场长周期地震动对长周期结构的不利影响[2]。

已有长周期地震动的一些研究成果表明：①长周期成分在震级越大时会越丰富；②长周期成分随距离衰减较慢；③长周期地震动具有较长的持续时间；④厚覆盖层会对长周期成分产生明显的放大作用。由此可得到影响地震动周期特性的主要因素包括场地、震中距、震级及震源特性[3]。随着研究的深入，研究人员对长周期地震动有了更加明确的定义，在一定程度上实现了对长周期地震动的定量化描述。

（1）Rathje 等[4]通过对地震动频谱特性的深入研究，提出了被广泛采用的加速度反应谱平均周期 T_r 与反应谱卓越周期 T_0 的概念：

$$T_r = \frac{\sum_i T_i \left(\dfrac{S_a(T_i)}{PGA} \right)^2}{\sum_i \left(\dfrac{S_a(T_i)}{PGA} \right)^2}, \quad 0.02s \leqslant T_i \leqslant T \tag{5.1}$$

$$T_0 = \frac{\sum_i T_i \ln \dfrac{S_a(T_i)}{PGA}}{\sum_i \ln \dfrac{S_a(T_i)}{PGA}} \tag{5.2}$$

式中，T_i 为加速度反应谱的等间距离散周期；$S_a(T_i)$ 为 T_i 对应的谱加速度；PGA 为地震峰值加速度。

（2）李雪红等[5]为了给长周期地震动的选取提供定量化指标，取动力放大系数 β 谱曲线在周期 2~10s 内谱值的加权平均值 β_l，通过对已有地震记录的分析得到，常规地震动的 β_l 值较小，近远场长周期地震动的 β_l 值较大，当 $\beta_l > 0.4$ 时为低频成分占主导地位的长周期地震动。

$$\beta_l = \frac{\sum T_i^2 \dfrac{S_a(T_i)}{\text{PGA}}}{\sum T_i^2} \tag{5.3}$$

式中，T_i 的取值范围为 2～10s。

（3）可将频谱成分主要分布在 0.1～2Hz 区间的低频成分丰富的地震记录划分为长周期地震动。

5.2　远场长周期地震动的人工模拟合成

人工地震波在结构抗震研究中具有重要的作用，三角级数法是一种用于合成人工地震波的有效方法，该方法是基于随机方法来合成人工地震波的，其基本流程如下。

（1）对于实际远场长周期地震记录进行处理得到目标反应谱 $S_a(\omega)$。

（2）将 $S_a(\omega)$ 转换为功率谱函数 $S(\omega)$：

$$S(\omega) \approx \frac{\xi}{\pi\omega} S_a^2(\omega) \Big/ \ln\left(-\frac{\pi}{\omega T_d}\ln R\right) \tag{5.4}$$

式中，ξ 为阻尼比；ω 为圆频率；T_d 为人工地震波持续时间；R 为概率保证系数（$\geqslant 0.85$）。

（3）将功率谱 $S(\omega)$ 转化为傅里叶幅值谱 $A(\omega)$：

$$A(\omega) = \left[4S(\omega)\Delta\omega\right]^{1/2} \tag{5.5}$$

式中，$\Delta\omega$ 为频率间隔，$\Delta\omega = 2\pi\times$采样频率/FFT 长度。

（4）通过傅里叶变换将已有天然地震波由时域转换到频域，得到用于合成人工地震波的相位谱 $\phi(\omega)$[6]：

$$\begin{cases} R(\omega) + I(\omega) = \dfrac{1}{2\pi}\displaystyle\int_0^{t_d} a_0(t)\mathrm{e}^{-\mathrm{j}2\omega t}\mathrm{d}t \\[2mm] \phi(\omega) = \arctan\dfrac{I(\omega)}{R(\omega)} \end{cases} \tag{5.6}$$

式中，$R(\omega)$ 和 $I(\omega)$ 分别为傅里叶变换的实部和虚部；t_d 为初始地震动持续时间；$\phi(\omega)$ 为傅里叶变换的相位谱；a_0 为实际长周期地震动加速度。

（5）将傅里叶幅值谱 $A(\omega)$ 和相位谱 $\phi(\omega)$ 转换成傅里叶变换的实部和虚部，则近似的人工地震波加速度时程 $a(t)$ 可通过傅里叶逆变换得到：

$$a(t) = \text{FFT}^{-1}\left[A(\omega)\mathrm{e}^{\mathrm{i}\phi_k(\omega)}\right] \tag{5.7}$$

式中，ϕ_k 为初相位。

（6）为了考虑非平稳性，需要采用非平稳强度包络线函数 $f(t)$ 对平稳加速度时程 $a(t)$ 进行调整，进一步得到非平稳人工地震动加速度时程 $a_g(t)$：

$$f(t) = \begin{cases} (t/T_1)^2, & 0 < t \leqslant T_1 \\ 1, & T_1 < t \leqslant T_2 \\ \exp[-c(t-T_2)], & T_2 < t \leqslant T_d \end{cases} \qquad (5.8)$$

$$a_g(t) = a(t)f(t) \qquad (5.9)$$

式中，c 为衰减常数，其取值为 $0.1 \sim 1.0$；T_1、T_2 根据实际具体情况取值；T_d 为人工地震波持续时间。

（7）对非平稳人工地震动的加速度时程 $a_g(t)$ 进行傅里叶变换，用傅里叶变换的结果和反应谱传递函数乘积的逆变换做卷积运算，在卷积运算中得到的各频率所对应的地震最大响应就是 $a_g(t)$ 对应的反应谱 $S_{ak}(\omega)$。

（8）用目标加速度反应谱与计算加速度反应谱的比值对傅里叶幅值谱进行调整：

$$A_{k+1}(\omega) = A_k(\omega)\frac{S_a(\omega)}{S_{ak}(\omega)} \qquad (5.10)$$

（9）重复步骤（2）～（8），若循环 n 次后，当 $k=n$ 时，目标反应谱 $S_a(\omega)$ 与计算反应谱 $S_{ak}(\omega)$ 在各频率下的幅值比接近 1（容差 TOL ≤ 10%），则循环结束。

$$\text{TOL} = \left| \frac{S_{ak}(\omega) - S_a(\omega)}{S_a(\omega)} \right| \qquad (5.11)$$

分别以 TOM 波和 ChiChi-CHY044 波为实际远场长周期地震动记录，合成长周期人工波 1 和人工波 2，为了改善计算效率，将地震持时选为 40s，合成的人工波加速度时程曲线如图 5.1 所示，相应的加速度反应谱如图 5.2 所示。

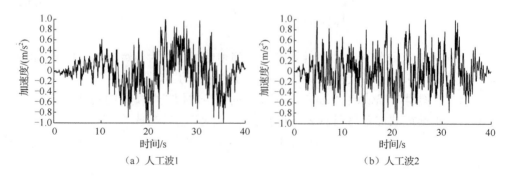

（a）人工波1　　　　　　　　　　（b）人工波2

图 5.1　人工波加速度时程曲线

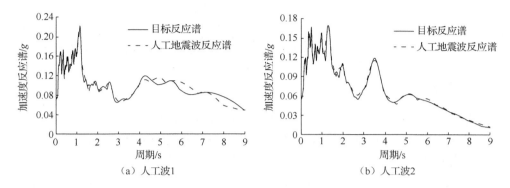

（a）人工波1　　　　　　　　　　　（b）人工波2

图 5.2　人工波加速度反应谱

5.3　结构-液体耦合系统的运动方程

基于液体晃动理论，由流体动力学理论可以得到流体的运动方程为

$$\boldsymbol{H}\boldsymbol{p} + \boldsymbol{A}\dot{\boldsymbol{p}} + \boldsymbol{E}\ddot{\boldsymbol{p}} + \rho_f \boldsymbol{B}\ddot{\boldsymbol{r}} + \boldsymbol{q}_0 = 0 \tag{5.12}$$

与流体接触的结构运动方程为

$$\boldsymbol{M}_s\ddot{\boldsymbol{r}} + \boldsymbol{C}_s\dot{\boldsymbol{r}} + \boldsymbol{K}_s\boldsymbol{r} - \boldsymbol{B}^{\mathrm{T}}\boldsymbol{p} = -\boldsymbol{M}_s\ddot{\boldsymbol{u}}_g - \boldsymbol{F}_f - \boldsymbol{F}_s \tag{5.13}$$

在上述方程（5.12）和方程（5.13）中，通过压力矢量 $\boldsymbol{p}$ 和系数矩阵 $\boldsymbol{B}$ 来实现液体和结构的耦合作用。由式（5.12）和式（5.13）结合得到结构-流体系统的运动方程为

$$\begin{bmatrix} \boldsymbol{M}_s & 0 \\ \rho_f \boldsymbol{B} & \boldsymbol{E} \end{bmatrix}\begin{bmatrix} \boldsymbol{r} \\ \boldsymbol{p} \end{bmatrix} + \begin{bmatrix} \boldsymbol{C}_s & 0 \\ 0 & \boldsymbol{A} \end{bmatrix}\begin{bmatrix} \boldsymbol{r} \\ \boldsymbol{p} \end{bmatrix} + \begin{bmatrix} \boldsymbol{K}_s & -\boldsymbol{B}^{\mathrm{T}} \\ 0 & \boldsymbol{H} \end{bmatrix}\begin{bmatrix} \boldsymbol{r} \\ \boldsymbol{p} \end{bmatrix} = \begin{bmatrix} -\boldsymbol{M}_s\ddot{\boldsymbol{u}}_g - \boldsymbol{F}_f - \boldsymbol{F}_s \\ -\boldsymbol{q}_0 \end{bmatrix} \tag{5.14}$$

式中，$\boldsymbol{M}_s$、$\boldsymbol{C}_s$ 和 $\boldsymbol{K}_s$ 分别为结构质量、阻尼和刚度矩阵；$\boldsymbol{r}$ 为位移向量；$\ddot{\boldsymbol{u}}_g$ 为地震加速度向量；$\boldsymbol{F}_f$ 为摩擦力向量；$\boldsymbol{F}_s$ 为限位装置恢复力向量；ρ_f 为液体密度；$\boldsymbol{p}$ 为液体压力矢量；$\boldsymbol{q}_0$ 为结构传递给液体的输入激励矢量；$\boldsymbol{H}$、$\boldsymbol{A}$、$\boldsymbol{E}$ 和 $\boldsymbol{B}$ 为系数矩阵，具体表达式为

$$\begin{cases} \boldsymbol{H} = \iiint_{\Omega} \nabla\boldsymbol{N}\nabla\boldsymbol{N}\mathrm{d}\Omega \\[2mm] \boldsymbol{A} = \dfrac{1}{C}\iint_{S_r} \boldsymbol{N}\boldsymbol{N}^{\mathrm{T}}\mathrm{d}S_r \\[2mm] \boldsymbol{E} = \dfrac{1}{C^2}\iiint_{\Omega} \boldsymbol{N}\boldsymbol{N}^{\mathrm{T}}\mathrm{d}\Omega + \dfrac{1}{g}\iint_{S_F} \boldsymbol{N}\boldsymbol{N}^{\mathrm{T}}\mathrm{d}S_F \\[2mm] \boldsymbol{B} = \left(\iint_{S_l} \boldsymbol{N}\boldsymbol{N}_S^{\mathrm{T}}\mathrm{d}S_l\right)\boldsymbol{A} \end{cases} \tag{5.15}$$

式中，$\boldsymbol{N}$ 为形函数矩阵。

5.4　数值算例

5.4.1　计算模型

建立两种尺寸的数值计算模型，其长×宽×高分别为 6m×6m×4.8m 和 12m×6m×4.8m。采用弯钩形限位装置，比第 4 章的圆弧形限位装置具有更好的变形能力，以克服远场长周期地震作用下结构位移较大的问题，限位装置连接示意图如图 5.3 所示，材料参数见第 4 章表 4.1。设置限位装置的滑移隔震混凝土矩形贮液结构的数值计算模型见图 5.4。

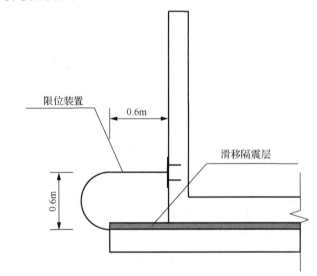

图 5.3　限位装置连接示意图

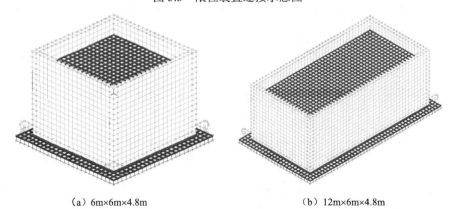

（a）6m×6m×4.8m　　　　　　　　　（b）12m×6m×4.8m

图 5.4　数值计算模型（远场长周期地震作用）

5.4.2　地震动

选取 6 条普通地震动和 6 条远场长周期地震动（其中包括 4 条天然地震记录和 2 条人工合成波），详细信息见表 5.1。图 5.5 列出了远场长周期地震动（TOM 波）和普通地震动（El-Centro 波）的加速度、加速度反应谱、傅里叶谱和能量谱。各条地震波对应的卓越周期见表 5.2。

表 5.1　普通地震动和远场长周期地震动信息

普通地震动			远场长周期地震动		
名称	站点	时间	名称	站点	时间
El-Centro	—	1940/5/18	ChiChi	CHY044	1999/9/20
Imperial Valley	USGS 5115	1979/10/15	ChiChi	TCU052	1999/9/20
Loma Prieta	090 CDMG 47381	1989/10/18	ChiChi	TCU115	1999/9/20
Trinidad	090 CDMG 1498	1983/8/24	TOM	Tomakomai K-NET	2003/9/26
Hollister	USGS 1028	1961/4/9	人工波 1	—	—
Northridge	090 CDMG 24278	1994/1/17	人工波 2	—	—

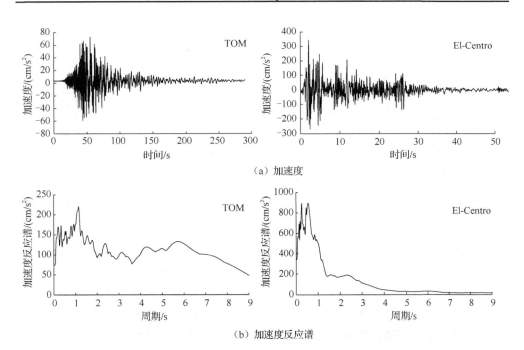

（a）加速度

（b）加速度反应谱

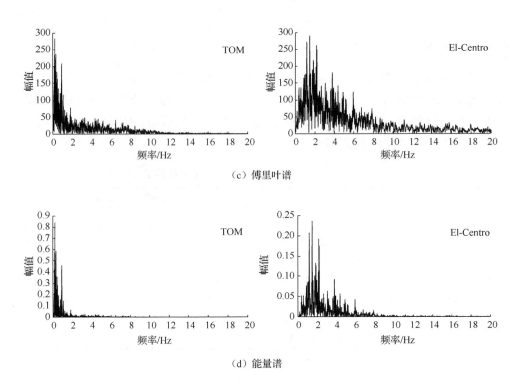

（c）傅里叶谱

（d）能量谱

图 5.5　远场长周期地震动和普通地震动反应对比

表 5.2　地震动卓越周期

普通地震动	卓越周期/s	远场长周期地震动	卓越周期/s
El-Centro	0.56	ChiChi-CHY044	1.28
Friuli	0.26	HWA013	1.44
Imperial Valley	0.14	ChiChi-TCU052	1.08
Loma Prieta	0.22	ChiChi-TCU115	2.22
Trinidad	0.28	TOM	1.14
Hollister	0.38	人工波 1	1.14
Northridge	0.26	人工波 2	1.30

　　由图 5.5 可以得到，远场长周期地震动相比于普通地震动的特点表现为：持时较长，峰值较小，且加速度反应谱随着周期的延长衰减较慢，傅里叶谱和能量谱主要分布在 0～1.0Hz。由表 5.2 可以得到，远场长周期地震动的卓越周期明显大于普通地震动，且人工合成地震波的卓越周期也处于远场长周期的范围，说明借助已有远场长周期地震记录合成远场长周期人工波的可行性，可为结构的时程分析提供方便。因此，可借助地震持时、加速度反应谱、傅里叶谱、能量谱和卓越周期等因素定性化和定量化地判定某一地震记录是否为远场长周期地震动。

5.4.3 远场长周期地震作用下动力响应的特征

鉴于远场长周期地震动的幅值往往较小，因此将所选地震动的幅值统一调整为 0.22g，相当于规范中的 6 度罕遇地震，摩擦系数为 0.02，限位装置直径为 70mm。对于传统混凝土矩形贮液结构，地震作用下最重要的两类失效模式为壁板开裂和液体溢出，而采取滑移隔震措施后，水平位移超限导致附属管线破坏也将成为一种失效模式。远场长周期地震动对最大结构水平位移、最大液体晃动波高、最大壁板拉应力和最大液体压力的影响见表 5.3～表 5.6。

表 5.3 最大结构水平位移

普通地震动	位移/mm	远场长周期地震动	位移/mm
El-Centro	11.571	CHY044	60.988
Imperial Valley	7.643	TCU052	60.226
Loma Prieta	9.697	TCU115	100.949
Trinidad	4.321	TOM	53.483
Hollister	8.257	人工波 1	79.484
Northridge	5.100	人工波 2	84.900

表 5.4 最大液体晃动波高

普通地震动	波高/m	远场长周期地震动	波高/m
El-Centro	0.186	CHY044	0.398
Imperial Valley	0.166	TCU052	0.511
Loma Prieta	0.186	TCU115	0.588
Trinidad	0.023	TOM	0.420
Hollister	0.045	人工波 1	0.314
Northridge	0.013	人工波 2	0.391

表 5.5 最大壁板拉应力

普通地震动	拉应力/MPa	远场长周期地震动	拉应力/MPa
El-Centro	1.445	CHY044	0.975
Imperial Valley	1.500	TCU052	0.958
Loma Prieta	1.446	TCU115	0.970
Trinidad	1.306	TOM	0.988
Hollister	1.390	人工波 1	0.984
Northridge	1.389	人工波 2	0.956

表 5.6　最大液体压力

普通地震动	压力/kPa	远场长周期地震动	压力/kPa
El-Centro	63.253	CHY044	46.204
Imperial Valley	60.722	TCU052	45.345
Loma Prieta	68.681	TCU115	41.955
Trinidad	66.381	TOM	41.827
Hollister	69.479	人工波 1	43.584
Northridge	66.314	人工波 2	43.090

　　由表 5.3～表 5.6 可以得到，虽然远场长周期地震动的加速度幅值比较小，但是该类地震引起的滑移隔震贮液结构最大水平位移远远大于普通地震作用的情况，如在远场长周期 ChiChi-TCU115 地震作用下的最大结构滑移位移达到 100.949mm，而普通 El-Centro 地震作用下最大位移仅为 11.571mm；此外，远场长周期地震动造成的液体晃动波高也很大，远远大于普通地震动，如在远场长周期地震 ChiChi-TCU115 作用下波高达到 0.588m，而普通地震 El-Centro 作用下最大波高仅为 0.186m；相反，远场长周期地震作用下结构拉应力远小于混凝土抗拉强度，而普通地震动作用下壁板的拉应力却较大。此外，远场长周期地震作用下贮液结构的液体压力明显小于普通地震作用的情况。由此可以看出，远场长周期地震作用下，结构壁板开裂的概率极小，而系统的位移响应会受到很大的影响，因此滑移隔震混凝土贮液结构在远场长周期地震作用下应该重点关注的失效模式为结构水平位移超限和液体溢出。

5.4.4　远场长周期地震作用下的减晃效果

　　由 5.4.3 小节分析得到，远场长周期地震作用下液体晃动波高较大，容易造成液体溢出，因此有必要探讨滑移隔震对混凝土矩形贮液结构液体晃动波高的控制效果。对比非隔震和隔震贮液结构晃动波高的计算结果，并得到相应的减震系数，具体内容见表 5.7，以 ChiChi-TCU115 地震作用为例，图 5.6 绘制了非隔震和隔震贮液结构液体晃动波高时程曲线。

表 5.7　液体晃动波高减震效果

参数	不同地震动对应数值					
	CHY044	TCU052	TCU115	TOM	人工波 1	人工波 2
非隔震晃动波高/m	0.665	0.810	0.878	0.754	0.524	0.682
隔震晃动波高/m	0.398	0.511	0.588	0.420	0.314	0.391
减震系数	0.401	0.369	0.330	0.443	0.401	0.427

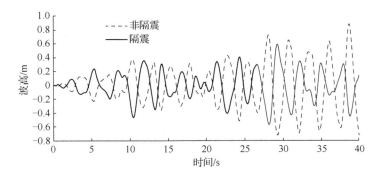

图 5.6　ChiChi-TCU115 地震作用下液体晃动波高

由表 5.7 和图 5.6 可以得到,远场长周期地震作用下滑移隔震对液体晃动波高仍然具有很好的减震效果,减震率为 30%～40%。而已有文献[7]的研究结果表明,常用的橡胶隔震对长周期地震作用下贮液结构液体晃动波高会产生放大效应。由于远场长周期地震动幅值较小,结构其他动力响应一般较小,因此在滑移位移满足限值的前提下,滑移隔震对贮液结构的减震效果主要体现在对液体晃动波高的控制方面。由此可见,远场长周期地震作用下滑移隔震对贮液结构的灾变控制比橡胶隔震具有更加重要的意义。

5.4.5　双向地震对动力响应的影响

由第 4 章得到水平双向近场地震作用对滑移隔震混凝土矩形贮液结构的动力响应有很大的影响,因此同样有必要研究水平双向远场长周期地震作用下滑移隔震混凝土矩形贮液结构的动力响应。将 X 和 Y 方向上 PGA 比值调整为 1：0.85。通过前述分析已经得到远场长周期地震动主要影响系统的位移响应,限于篇幅,表 5.8 和表 5.9 仅列出双向地震作用下的结构水平位移及液体晃动波高。

表 5.8　双向地震作用下结构水平位移　　　（单位：mm）

类型	不同地震动对应值					
	CHY044	TCU052	TCU115	TOM	人工波 1	人工波 2
单向	60.988	60.226	100.949	53.483	79.484	84.900
双向	70.051	77.014	141.983	55.187	95.429	124.249

表 5.9　双向地震作用下液体晃动波高　　　（单位：m）

类型	不同地震动对应值					
	CHY044	TCU052	TCU115	TOM	人工波 1	人工波 2
单向	0.398	0.511	0.588	0.420	0.314	0.391
双向	0.795	0.952	1.120	0.749	0.622	0.744

由表 5.8 和表 5.9 得到,水平双向地震能够显著增大结构位移和液体晃动波高。如在双向 ChiChi-TCU115 地震作用下,结构位移增大了 40.65%;而在 5 条远场长

周期地震作用下，液体晃动波高基本被放大 2 倍。由此可见，在远场长周期地震作用下，当进行滑移隔震混凝土矩形贮液结构的研究和设计应用时，应该考虑水平双向地震的影响。

5.4.6 结构长宽比对动力响应的影响

选取长×宽×高分别为 6m×6m×4.8m 和 12m×6m×4.8m 的两类滑移隔震混凝土矩形贮液结构，对后者在长轴方向输入地震动。表 5.10 和表 5.11 列出了两种尺寸结构的最大水平位移和最大液体晃动波高计算结果。

表 5.10　两种尺寸结构的最大水平位移　　　　　　（单位：mm）

尺寸	不同地震动对应值					
	CHY044	TCU052	TCU115	TOM	人工波 1	人工波 2
6m×6m×4.8m	60.988	60.226	100.949	53.483	79.484	84.900
12m×6m×4.8m	96.856	351.792	281.161	524.317	124.737	408.847

表 5.11　两种尺寸结构的最大液体晃动波高　　　　　　（单位：m）

尺寸	不同地震动对应值					
	CHY044	TCU052	TCU115	TOM	人工波 1	人工波 2
6m×6m×4.8m	0.398	0.511	0.588	0.420	0.314	0.391
12m×6m×4.8m	0.575	0.601	0.958	0.779	0.602	0.690

对比表 5.10 和表 5.11 得到，最大水平位移随着结构长宽比的增大而增大，且当摩擦系数和限位装置设计不合理时，大长宽比结构比较容易产生位移超限问题；最大液体晃动波高也随着结构长宽比的增大而增大，如尺寸为 12m×6m×4.8m 的贮液结构在 ChiChi-TCU115 地震动作用下最大波高达到 0.958m，而 6m×6m×4.8m 贮液结构对应的液体晃动波高仅为 0.588m，若预留的干弦高度不足，则大长宽比的贮液结构更容易发生液体溢出。由此可以看出，结构尺寸越大，远场长周期地震动对滑移隔震混凝土矩形贮液结构的水平位移和液体晃动波高影响越大。

5.4.7 滑移位移控制研究

通过上述分析，滑移隔震贮液结构的最大水平位移随着结构长宽比的增大而增大，当摩擦系数和限位装置设计不合理时，结构位移会超限。由表 5.10 得到，TOM 波作用下尺寸为 12m×6m×4.8m 的混凝土矩形贮液结构的水平滑移位移最大，其值为 524.317mm，如此大的结构水平位移已经影响滑移隔震混凝土矩形贮液结构的有效性，因此以 TOM 波作用下滑移隔震混凝土矩形贮液结构的位移控制为例，进行相应的滑移位移控制措施研究。

1. 措施 I ——调整摩擦系数

摩擦系数是滑移隔震的重要设计参数之一，其不仅直接影响减震效果的好坏，而且对结构水平位移的影响很大。该种情况下限位装置直径保持 70mm 不变，摩擦系数取 0.02、0.04、0.06 和 0.08 时的结构最大水平位移如图 5.7 所示。

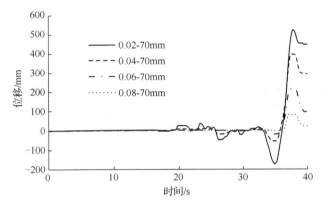

图 5.7　措施 I 对水平位移的影响

由图 5.7 得到，当限位装置直径为定值时，虽然结构最大水平位移随着摩擦系数的增大衰减较快，但是当摩擦系数增加到 0.06 时水平滑移位移仍然较大，直至摩擦系数增大到 0.08 后，位移才被减小到合理的范围[8]。由于通过近场地震作用下动力响应的研究已经得到较大的摩擦系数将削弱滑移隔震对贮液结构的减震效果，因此单独改变摩擦系数要实现滑移位移的控制存在不足。

2. 措施 II——调整限位装置直径

限位装置直径由于能够增加隔震层刚度，成为影响结构水平位移的另一重要因素。将摩擦系数保持 0.02 不变，而假定限位装置直径分别为 70mm、80mm、90mm 和 100mm，以探讨限位装置对贮液结构在远场长周期地震作用下水平滑移位移的控制效果，具体计算结果如图 5.8 所示。

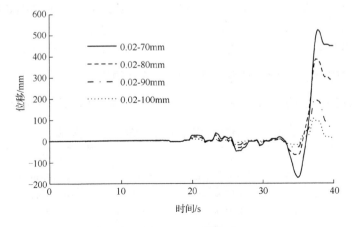

图 5.8　措施 II 对水平位移的影响

由图 5.8 得到，当摩擦系数为定值时，增大限位装置直径能够使结构水平位移得到有效控制，当限位装置直径增大到 100mm 时，最大水平滑移位移被控制在合理范围。但是限位装置直径过大，隔震层刚度也较大，会使某些较小地震作用下的结构不能运动或其运动受到限制，从而减小滑移隔震的适用范围。

3. 措施Ⅲ——同时调整摩擦系数和限位装置直径

单独采取措施Ⅰ和措施Ⅱ来达到位移控制的目标仍然存在一定的缺陷，有必要分析综合考虑措施Ⅰ和措施Ⅱ时对位移的控制效果。将摩擦系数由 0.02 增大到 0.04、0.06 和 0.08，将限位装置直径由 70mm 增加到 80mm、90mm 和 100mm，该措施对结构水平位移的控制效果如图 5.9 所示。

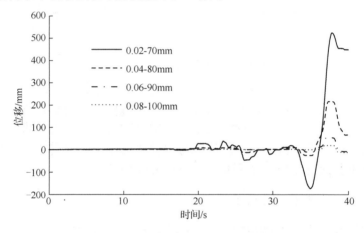

图 5.9　措施Ⅲ对水平位移的影响

由图 5.9 得到，同时改变摩擦系数和限位装置直径能够显著减小结构的水平位移，该种措施可选取较小的摩擦系数，从而充分发挥滑移隔震对贮液结构的减震优势，此外，限位装置直径也可以设计得小一些，从而使滑移隔震贮液结构在较小地震作用下仍然能够更加自由地运动。因此，综合考虑摩擦系数和限位装置直径是控制滑移隔震贮液结构在远场长周期地震作用下水平位移的有效途径。

5.4.8　位移控制措施对滑移位移和晃动波高峰值的影响

不同位移控制措施下的结构位移和液体晃动波高峰值列于表 5.12 和表 5.13 中。

表 5.12　位移控制措施对最大结构位移的影响

措施Ⅰ	位移/mm	措施Ⅱ	位移/mm	措施Ⅲ	位移/mm
0.02-70mm	524.317	0.02-70mm	524.317	0.02-70mm	524.317
0.04-70mm	397.756	0.02-80mm	386.069	0.04-80mm	216.776
0.06-70mm	216.407	0.02-90mm	199.769	0.06-90mm	54.154
0.08-70mm	83.481	0.02-100mm	105.544	0.08-100mm	19.364

表 5.13　位移控制措施对最大液体晃动波高的影响

措施 I	波高/m	措施 II	波高/m	措施III	波高/m
0.02-70mm	0.779	0.02-70mm	0.779	0.02-70mm	0.779
0.04-70mm	0.995	0.02-80mm	0.963	0.04-80mm	1.093
0.06-70mm	1.104	0.02-90mm	1.125	0.06-90mm	1.173
0.08-70mm	1.177	0.02-100mm	1.161	0.08-100mm	1.183

　　由表 5.12 得到，单纯从位移控制方面来看，三类控制措施都是有效的，且措施III对位移的控制效果最佳，其次为措施 I，措施 II 最差。对比表 5.12 和表 5.13 得到，在位移减小的同时，液体波高会增大。若以文献[8]提出的位移限值 150mm 作为控制目标，当摩擦系数为 0.08、限位装置直径为 70mm 时，措施 I 对应的结构最大位移 83.481mm 满足要求，该种情况下最大液体晃动波高为 1.177m；当摩擦系数为 0.02、限位装置直径为 100mm 时，措施 II 对应的结构最大位移 105.544mm 满足要求，该种情况下最大液体晃动波高为 1.161m；当摩擦系数为 0.06、限位装置直径为 90mm 时，措施III对应的结构最大位移 54.154mm 满足要求，该种情况下最大液体波高为 1.173m。综合来看，三类控制措施在使结构位移满足要求的前提下，晃动波高相差较小，因此措施III相对来说是最好的。

参 考 文 献

[1] HANKS T C. Strong ground motion of the San Fernando, California, earthquake: ground displacements[J]. Bulletin of the Seismological Society of America, 1975, 65(1): 193-225.

[2] KOKETSU K, MIYAKE H. A seismological overview of long-period ground motion[J]. Journal of Seismology, 2008, 12(2): 133-143.

[3] 胡聿贤. 地震工程学[M]. 北京:地震出版社, 2006.

[4] RATHJE E M, ABRAHAMSON N A, BRAY J D. Simplified frequency content estimates of earthquake ground motions[J]. Journal of Geotechnical & Geoenvironmental Engineering, 1998, 124(2): 150-159.

[5] 李雪红, 王文科, 吴迪, 等. 长周期地震动的特性分析及界定方法研究[J]. 振动工程学报, 2014, 27(5): 685-692.

[6] 刘小弟, 苏经宇. 具有天然地震特征的人工地震波研究[J]. 工程抗震, 1992,(3): 33-36.

[7] 罗东雨, 孙建刚, 郝进锋, 等. LNG 储罐桩基础隔震长周期地震作用效应分析. 地震工程与工程振动, 2015, 35(6): 170-176

[8] CHENG X S, JING W, GONG L J. Simplified model and energy dissipation characteristics of a rectangular liquid-storage structure controlled with sliding base isolation and displacement-limiting devices[J]. Journal of Performance of Constructed Facilities, 2017, 31(5): 1-11.

第6章 大幅晃动下滑移隔震混凝土矩形贮液结构的动力响应

目前用于研究液体晃动的方法主要包括线性和非线性势流理论、边界元法、流体体积法及任意拉格朗日欧拉法等，已有研究表明液体线性和非线性晃动下的响应有很大的差异，用线性理论模拟液体晃动不能真实地预测自由液面的形状，而采用流体非线性运动方程，则可全面地反映液体的非线性和黏性效应[1]，因此需要考虑问题的特征选用适宜的求解方法。

6.1 大幅晃动的下限定义

虽然国内外学者关于微幅和大幅晃动做了大量的研究，但是关于微幅和大幅晃动的界限还不是很明确。陈科等[2]指出，当液体晃动幅值小于充液储箱半径的15%时为小幅晃动，而当晃动幅值约超过储箱半径的 0.25 倍时液体会出现非线性。刘志宏等[3]从能量的观点出发定义了三维矩形贮液结构小幅晃动的限值，该限值与高阶无穷小量、重力加速度和液体晃动频率有关，由于其包含多个变量不便于工程人员掌握，本书与陈科等[2]对圆形储液罐微幅和大幅晃动界限的定义类似，推导只与几何参数相关的矩形贮液结构大幅晃动的下限。

液体大幅晃动的下限可由液体微幅晃动的上限近似得到，若液体晃动处于微幅范畴，如图 6.1 所示，则可采用线性势流理论对贮液结构进行求解，从而简化求解并节省时间。因此，以速度势函数 ϕ 为出发点，首先导出液体微幅晃动需要满足的上限条件。

假定液体在初始处于静止状态，此时：$-h_w(x,y) \leq z \leq 0$，$0 \leq x \leq L$，$0 \leq y \leq B$。当自由液面受到外界激励时会产生扰动，则 $t>0$ 时刻自由液面的形状 $z=h(x,y,t)$ 可在以下定义域进行求解：$-h_w(x,y) \leq z \leq \eta(x,y,t)$，$0 \leq x \leq L$，$0 \leq y \leq B$。

对于贮液结构，假定液体为不

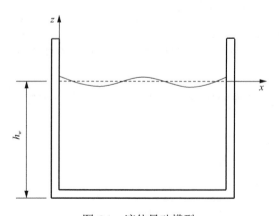

图 6.1 液体晃动模型

可压缩的无黏流体是可行的，假设 $t>0$ 时刻液体的速度矢量为 $\dot{\boldsymbol{u}}_f$，其分量为 u、v 和 w，则欧拉方程可表示为

$$\frac{\partial u}{\partial x}+\frac{\partial v}{\partial y}+\frac{\partial w}{\partial z}=0 \tag{6.1}$$

$$\begin{cases} \dfrac{\partial u}{\partial t}+u\dfrac{\partial u}{\partial x}+v\dfrac{\partial u}{\partial y}+w\dfrac{\partial u}{\partial w}=-\dfrac{1}{\rho_f}\dfrac{\partial p}{\partial x} \\[3mm] \dfrac{\partial v}{\partial t}+u\dfrac{\partial v}{\partial x}+v\dfrac{\partial v}{\partial y}+w\dfrac{\partial v}{\partial w}=-\dfrac{1}{\rho_f}\dfrac{\partial p}{\partial y} \\[3mm] \dfrac{\partial w}{\partial t}+u\dfrac{\partial w}{\partial x}+v\dfrac{\partial w}{\partial y}+w\dfrac{\partial w}{\partial w}=-\dfrac{1}{\rho_f}\dfrac{\partial p}{\partial z}-g \end{cases} \tag{6.2}$$

式（6.1）和式（6.2）可表示为矢量形式：

$$\nabla\cdot\dot{\boldsymbol{u}}_f=0 \tag{6.3}$$

$$\frac{\partial \boldsymbol{v}}{\partial t}+\dot{\boldsymbol{u}}_f\cdot\nabla\dot{\boldsymbol{u}}_f=-\frac{1}{\rho_f}\nabla p+\nabla(-gz) \tag{6.4}$$

速度矢量存在以下关系：

$$\nabla\left(\frac{\dot{\boldsymbol{u}}_f{}^2}{2}\right)=\nabla\left(\frac{\dot{\boldsymbol{u}}_f\cdot\dot{\boldsymbol{u}}_f}{2}\right)=\left(\dot{\boldsymbol{u}}_f\cdot\nabla\dot{\boldsymbol{u}}_f\right)+\dot{\boldsymbol{u}}_f\times\left(\nabla\times\dot{\boldsymbol{u}}_f\right) \tag{6.5}$$

将式（6.5）代入式（6.3）可得到

$$\frac{\partial \dot{\boldsymbol{u}}_f}{\partial t}+\nabla\left(\frac{\dot{\boldsymbol{u}}_f^2}{2}\right)-\dot{\boldsymbol{u}}_f\times\left(\nabla\times\dot{\boldsymbol{u}}_f\right)=-\frac{1}{\rho_f}\nabla p+\nabla(-gz) \tag{6.6}$$

对于微幅晃动,可假定液体为无旋运动，即 $\mathrm{rot}\dot{\boldsymbol{u}}_f=\nabla\times\dot{\boldsymbol{u}}_f=0$，且速度向量 $\dot{\boldsymbol{u}}_f=\nabla\phi$，则式（6.6）可以进一步简化为

$$\nabla\left(\frac{\partial \phi}{\partial t}+\frac{1}{2}\dot{\boldsymbol{u}}_f^2+\frac{p}{\rho_f}+gz\right)=0 \tag{6.7}$$

由式（6.7）可得到用速度势函数表示的流体运动 Bernoulli 方程：

$$\frac{\partial \phi}{\partial t}+\frac{1}{2}\left|\nabla\phi\right|^2+gz+\frac{P}{\rho_f}=C(t) \tag{6.8}$$

在式（6.8）中，当自由液面处于静止状态时，$z=0$，并假定此时作用的外界大气压强为 P_0，则可得到 $C(t)=P_0/\rho_f$。

由自由液面需要满足的动力学边界条件可知，在自由液面作用着大气压强 $P=P_0$，则式（6.8）可简化为

$$\frac{\partial \phi}{\partial t}+\frac{1}{2}\left|\nabla\phi\right|^2+gh=0 \tag{6.9}$$

若要满足线性化，则式（6.9）中的速度势函数必须满足

$$|\nabla\phi|^2 \ll \left|\frac{\partial\phi}{\partial t}\right| \tag{6.10}$$

即

$$\left(\frac{\partial\phi}{\partial x}\right)^2 \leqslant \left(\frac{\partial\phi}{\partial x}\right)^2 + \left(\frac{\partial\phi}{\partial z}\right)^2 \ll \left|\frac{\partial\phi}{\partial t}\right| \tag{6.11}$$

黄德波[4]利用分离变量法得到了矩形贮液结构中液体线性晃动时的速度势函数：

$$\phi = \frac{h\omega\sinh(kh_w)}{k}\sin(kx+\alpha)\cosh[k(z+h_w)]\sin(\omega t+\beta) \tag{6.12}$$

将式（6.12）代入式（6.11）并进行化简得到

$$\frac{hk}{\sinh(kh_w)}\cosh[k(z+h_w)] \ll 1 \tag{6.13}$$

式中，h 为波高；h_w 为储液高度。

由于式（6.13）在流体域的各个位置都需满足，则可令 $z=0$，将式（6.13）转化为

$$\frac{hk}{\tanh(kh_w)} \ll 1 \tag{6.14}$$

对于微幅晃动，$\tanh kh_w \approx kh_w$，可引入高阶无穷小量 ε（$\varepsilon\leqslant10^{-1}$），考虑到式（6.14）的任意性，且液体晃动以一阶为主，则可取 $k=1$，由此近似得到液体微幅晃动幅值 h 需要满足的上限：

$$h \leqslant \varepsilon h_w \tag{6.15}$$

若液体晃动波高满足式（6.15），为了简化可近似按微幅晃动的假定处理，计算理论可采用线性势流理论，若晃动波高超过式（6.15）的范围，液体晃动将表现出非线性特性，需采用非线性液体晃动理论研究贮液结构的动力响应才能得到较合理的结果。

6.2　大幅晃动下流-固耦合问题的求解

6.2.1　结构域控制方程

结构域控制方程可表示为

$$\rho_s\frac{\partial^2\boldsymbol{u}_s}{\partial t^2} = \nabla\cdot\boldsymbol{\tau}_s + \boldsymbol{f}_s^B \tag{6.16}$$

式中，ρ_s 为结构密度；$\boldsymbol{u}_s$ 为结构位移向量；t 为时间；$\boldsymbol{\tau}_s$ 为结构柯西应力张量；$\boldsymbol{f}_s^B$ 为作用在结构上的体积力；∇ 为散度算子。

6.2.2　液体域控制方程

大幅晃动下的液体控制方程为[5]

$$\begin{cases} \rho_f \ddot{u}_f + \rho_f \left(\dot{u}_f - \dot{u}_{\text{ref}} \right) \cdot \nabla u_f - \nabla \cdot \tau_f - f_f^B + \nabla \cdot p = 0 \\ \dfrac{\partial \rho_f}{\partial t} + \left(\dot{u}_f - \dot{u}_{\text{ref}} \right) \cdot \nabla \rho_f + \rho_f \nabla \cdot \dot{u}_f = 0 \\ \rho_f \dfrac{\partial e}{\partial t} + \rho_f \left(\dot{u}_f - \dot{u}_{\text{ref}} \right) \cdot \nabla e - \tau_f \cdot D = 0 \end{cases} \tag{6.17}$$

式中，ρ_f 为液体密度；u_f 为位移；p 为压力；$\dot{u}_f$ 和 $\ddot{u}_f$ 分别为随时间的一阶和二阶微分；f 为体力（书中包括地震作用和重力）；$\dot{u}_{\text{ref}}$ 为参考坐标系中网格的移动速度；∇ 为梯度算子；e 为特定的热力学能；D 为速度应变张量；τ_f 为应力张量，其表达式为

$$\tau_{f(ij)} = -p\delta_{ij} + 2\mu D_{ij} \tag{6.18}$$

式中，μ 为液体的动力黏度系数；δ_{ij} 为克罗内克符号；D_{ij} 为速度应变张量，且 $D_{ij} = \left(\dot{u}_{f(i,j)} + \dot{u}_{f(j,i)} \right) / 2$。

6.2.3　边界条件

1. 结构边界条件

$$u_s = u_s^{\text{SP}} \ (\text{在} S_u \text{上}) \tag{6.19}$$

式中，u_s^{SP} 为边界上特定的位移，本书为以位移形式施加的地震荷载；S_u 为结构位移边界。

2. 流-固耦合边界条件

贮液结构内液体和结构在相互作用面进行耦合反应，根据该边界的连续性得到以下需要满足的条件：

$$\begin{cases} u_s = u_f & (\text{位移条件}) \\ \sigma_s \cdot n_s = \sigma_f \cdot n_f & (\text{应力条件}) \end{cases} \tag{6.20}$$

式中，u_f 和 u_s 为流-固耦合界面液体和结构的位移向量；σ_f 和 σ_s 为耦合面上液体和结构的应力；n_f 和 n_s 为流-固耦合界面上液体和结构的外法向量。

3. 自由液面边界条件

运动学条件是指液体微粒不能脱离液面，即自由液面的法向速度和流体的速度相等：

$$\left(\dot{u}_f - \dot{d} \right) \cdot n = 0 \tag{6.21}$$

式中，d 为自由液面的位移向量。

上述方程只具有物理意义，并不能定义自由液面。为此，需要将液体的切向位移用欧拉坐标系处理，而法向位移用朗格朗日坐标系处理，并定义为 S'。在固定的初始欧拉坐标系中，自由液面运动学条件可表示为

$$\frac{\delta S}{\delta t} + \dot{\boldsymbol{u}}_f \cdot \nabla S' = 0 \qquad (6.22)$$

式（6.22）的作用表现在当坐标系移动时可实现坐标的转换：

$$\frac{\partial S}{\partial \tau} + \left(\dot{\boldsymbol{u}}_f - \boldsymbol{w} \right) \cdot \nabla S' = 0 \qquad (6.23)$$

式中，$\boldsymbol{w}$ 为自由液面的法向速度向量。

动力学边界条件可表示为液体周围压力和表面张力的和：

$$\boldsymbol{\tau}_n = -p_b \boldsymbol{n} + \sigma \boldsymbol{H} \qquad (6.24)$$

式中，p_b 为周围压力；$\boldsymbol{n}$ 为自由液面的单位法向量；σ 为表面张力；$\boldsymbol{H}$ 为自由液面的曲率向量。

定义局部坐标系 s_i，由局部坐标系表示的自由液面为 $\boldsymbol{R}=\boldsymbol{R}(s_1, s_2)$，则 $\boldsymbol{H}$ 可表示为[5]

$$\boldsymbol{H} = \nabla^2 \boldsymbol{R} = \frac{1}{J} \nabla_i \left(J \boldsymbol{g}^{ij} \nabla_j \boldsymbol{R} \right) \qquad (6.25)$$

$$\boldsymbol{g}^{ij} = \boldsymbol{g}_{ij}^{-1} = \begin{bmatrix} \dfrac{\partial \boldsymbol{R}}{\partial s_1} \dfrac{\partial \boldsymbol{R}}{\partial s_1} & \dfrac{\partial \boldsymbol{R}}{\partial s_1} \dfrac{\partial \boldsymbol{R}}{\partial s_2} \\ \dfrac{\partial \boldsymbol{R}}{\partial s_1} \dfrac{\partial \boldsymbol{R}}{\partial s_2} & \dfrac{\partial \boldsymbol{R}}{\partial s_2} \dfrac{\partial \boldsymbol{R}}{\partial s_2} \end{bmatrix}^{-1} \qquad (6.26)$$

$$J = \sqrt{g_{11} g_{22} - g_{12} g_{21}} \qquad (6.27)$$

6.2.4 双向耦合动力方程及求解

1. 耦合动力方程

将流体方程和结构方程表示为[5]

$$\begin{cases} G_f \left[f, \dot{f} \right] = 0 \\ G_s \left[d, \dot{d}, \ddot{d} \right] = 0 \end{cases} \qquad (6.28)$$

式中，f 代表流体变量；d 代表结构变量。

流体的速度和加速度分别为

$$\begin{cases} {}^{t+\alpha\Delta t} v \equiv \dfrac{{}^{t+\alpha\Delta t} d - {}^{t} d}{t} = {}^{t+\Delta t} v \alpha + {}^{t} v (1-\alpha) \\ {}^{t+\alpha\Delta t} a \equiv \dfrac{{}^{t+\alpha\Delta t} v - {}^{t} v}{t} = {}^{t+\Delta t} a \alpha + {}^{t} a (1-\alpha) \end{cases} \qquad (6.29)$$

式中，$t+\Delta t$ 时刻的速度和加速度可表示为位移未知量的函数：

$$\begin{cases} {}^{t+\Delta t}v = \dfrac{1}{\alpha\Delta t}\left({}^{t+\Delta t}d - {}^{t}d\right) - {}^{t}v\left(\dfrac{1}{\alpha}-1\right) \equiv {}^{t+\Delta t}dm + {}^{t}\xi \\[3mm] {}^{t+\Delta t}a = \dfrac{1}{\alpha^2\Delta t^2}\left({}^{t+\Delta t}d - {}^{t}d\right) - {}^{t}v\dfrac{1}{\alpha^2\Delta t} - {}^{t}a\left(\dfrac{1}{\alpha}-1\right) \equiv {}^{t+\Delta t}dn + {}^{t}\eta \end{cases} \tag{6.30}$$

将式（6.29）和式（6.30）代入式（6.28）得

$$\begin{cases} {}^{t+\alpha\Delta t}G_f \approx G_f\left[{}^{t+\alpha\Delta t}f, \left({}^{t+\alpha\Delta t}f - {}^{t}f\right)/(\alpha\Delta t)\right] = 0 \\[3mm] {}^{t+\Delta t}G_s \approx G_s\left[{}^{t+\Delta t}d, {}^{t+\Delta t}dm + {}^{t}\xi, {}^{t+\Delta t}db + {}^{t}\eta\right] = 0 \end{cases} \tag{6.31}$$

为了对耦合系统进行求解，将式（6.31）进行离散化，假定耦合系统的解向量为 $X=X(X_f, X_s)$，X_f 和 X_s 分别代表流体和结构节点上的解向量。因此，$u_s=u_s(X_s)$，$\tau_f=\tau_f(X_f)$，流-固耦合有限元方程可表示为[5]

$$\begin{cases} F_f\left[X_f^k, \lambda_d u_s^k + (1-\lambda_d)u_s^{k-1}\right] = 0 \\[3mm] F_s\left[X_s^k, \lambda_\tau \tau_f^k + (1-\lambda_\tau)\tau_f^{k-1}\right] = 0 \end{cases} \tag{6.32}$$

式中，F_f 和 F_s 分别是与 G_f 和 G_s 对应的有限元方程；λ_d 和 λ_τ 分别为位移和应力松弛因子。

2. 耦合动力方程求解

在 FSI 分析中，整个计算区域被划分为流体域和结构域，流体压力作用于结构，而结构的变形又反过来影响流体域，FSI 发生在两者的接触界面。分别对流体和结构建立相应的计算模型，并定义不同的坐标系，但是两类坐标系在流-固耦合界面需要满足拉格朗日坐标系。动力作用下首先在流-固耦合界面进行积分运算，然后将计算的结果应用到整个计算域，结构和液体在耦合界面具有相同的位移、速度和加速度等，液体和结构的耦合原理如图 6.2 所示。

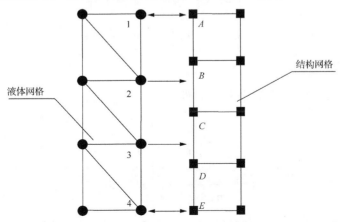

图 6.2　液体-结构节点耦合示意

图 6.2 中，液体在节点 1、2、3 和 4 的位移可通过结构节点 A、B、C、D 和 E 的位移插值得到，而结构节点 A、B、C、D 和 E 的应力可通过液体节点 1、2、3 和 4 的应力插值得到。例如，液体节点 1 和 4 的位移等于结构节点 A 和 E 的位移，而液体节点 2 和 3 的位移分别通过结构节点 B 和 C 以及 C 和 D 的位移插值得到；结构节点 A 和 E 的应力等于液体节点 1 和 4 的应力，而结构节点 B、C 和 D 的应力分别通过液体节点 1 和 2、2 和 3 以及 3 和 4 的应力插值得到。通过以上方式虽然液体和结构的节点不重合，但是仍然可实现液体和结构所有节点变量的耦合。

双向耦合是指流体和结构的动力控制方程需要按照顺序相互迭代求解，在迭代的每一步，液体或结构将自身的计算结果传递给另一方，直到耦合结果收敛迭代结束，具体过程如图 6.3 所示。

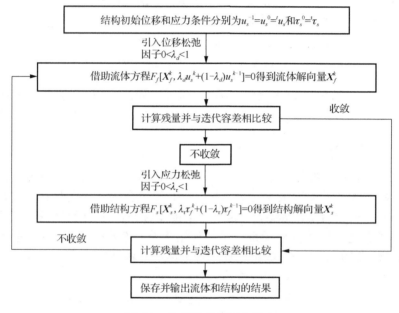

图 6.3 迭代法求解双向耦合

3. 收敛性准则

采用位移和应力表示的收敛性条件分别为[5]

$$\frac{\left\|\tau_f^{k+1} - \tau_f^k\right\|}{\max\left\{\left\|\tau_f^{k+1}\right\|, \varepsilon_0\right\}} \leqslant \varepsilon_\tau \tag{6.33}$$

$$\frac{\left\|d_f^{k+1} - d_f^k\right\|}{\max\left\{\left\|d_f^{k+1}\right\|, \varepsilon_0\right\}} \leqslant \varepsilon_d \tag{6.34}$$

式中，ε_τ、ε_d 分别为应力和位移容差；ε_0 为预先定义的小常数。

6.3　数　值　算　例

6.3.1　计算模型

混凝土矩形贮液结构的长×宽×高为 6m×6m×4.8m，壁板厚 0.3m，混凝土被假定为线弹性材料，其密度为 2500kg/m³，弹性模量为 3×10¹⁰Pa，泊松比为 0.2；分别选取储液高度为 2.4m、3.0m 和 3.6m，液体密度为 1000kg/m³，体积模量为 2.3×10⁹Pa，动力黏性系数为 2×10⁻⁵；在贮液结构底部设置滑移隔震层，摩擦系数为 0.06，在矩形贮液结构的底部共设置 8 个钢棒限位装置，钢棒限位装置采用双线性模型，材料参数见表 5.1，限位装置几何参数同第 5 章；采用 3D Solid 单元模拟壁板，运用 3D Fluid 单元模拟液体。

对于矩形贮液结构，取 ε 为 $10^{-1[6]}$，由此得到三种储液高度对应的大幅晃动的下限分别为 0.24m、0.30m 和 0.36m。对于大幅晃动的液体采用层流（Laminar）模型，大幅晃动下结构和液体计算模型分开建立，两类场的数值计算模型如图 6.4 所示，首先由两类计算模型分别生成结构和液体求解文件，最后通过 FSI 功能进行两个文件的同时求解即可得到结构和液体耦合下的动力响应。

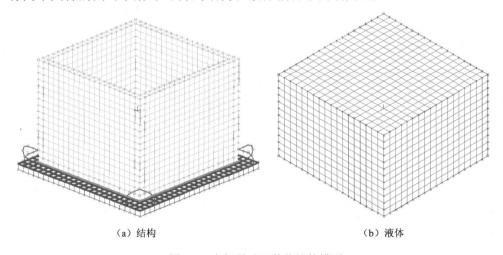

（a）结构　　　　　　　　　　　（b）液体

图 6.4　大幅晃动下数值计算模型

6.3.2　地震作用

在某些较强地震作用下，贮液结构的液体晃动幅度会表现出很强的非线性，且贮液结构发生破坏的概率会随之增加。发生在 1995 年的 Kobe 地震造成了大量储液罐的破坏，Vosoughifar 等[7]、Yoshida 等[8]以及 Hirayama 等[9]在关于储液罐的动力响应研究中都采用了 Kobe 波，因此本章也选用 Kobe 波进行时程分析。为了提高计算效率，截取前 10s 的地震记录。

本章采用位移加载的方式模拟地震作用研究滑移隔震混凝土矩形贮液结构在大幅晃动下的动力响应。当 PGA 为 0.40g 时 Kobe 波对应的加速度和位移时程曲线如图 6.5 所示。

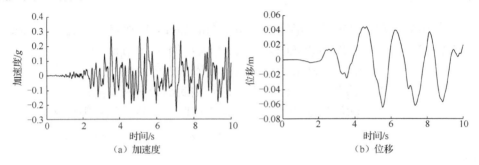

（a）加速度　　　　　　　　　（b）位移

图 6.5　Kobe 波时程曲线

6.3.3　不同求解方法的对比

将双向耦合计算结果和 ADINA 非线性势流理论的计算结果进行对比，以采用双向耦合理论求解贮液结构在大幅晃动下的动力响应。储液高度为 3.0m，结构受到三向地震作用，以 X 轴为主轴方向，X 轴方向 PGA 为 0.62g，X、Y 和 Z 轴方向 PGA 的比值为 1∶0.85∶0.65。两类非线性求解方法对应的贮液结构计算结果对比如图 6.6 和表 6.1 所示。

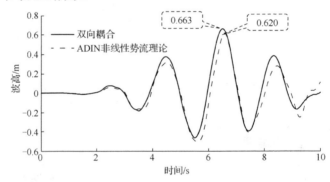

图 6.6　液体晃动波高的对比

表 6.1　结构最大动力响应的对比

求解方法	位移/mm	X 向拉应力/MPa	Y 向拉应力/MPa
双向耦合	209.8	0.854	0.854
ADINA 非线性势流理论	180.6	0.916	0.894

由图 6.6 得到，对于滑移隔震混凝土矩形贮液结构，由两种计算方法得到的

液体晃动波高具有相同的趋势，且两种方法得到的液体晃动波高的幅值分别为
0.663m 和 0.620m，相差率为 6.94%，其相差值非常小。此外，由表 6.1 可以得到，
最大结构位移和壁板拉应力相差也较小。因此，可以采用双向耦合理论研究滑移
隔震混凝土矩形贮液结构在大幅晃动下的动力响应。

6.3.4　大幅晃动下的减震效果

通过对比滑移隔震和非隔震混凝土矩形贮液结构在大幅晃动下的动力响应，
可以探讨滑移隔震对混凝土矩形贮液结构动力响应的控制效果，具体计算结果如
表 6.2 所示。

表 6.2　隔震和非隔震贮液结构最大动力响应的对比

结构类型	加速度/（m/s²）	X 向拉应力/MPa	Y 向拉应力/MPa	晃动波高/m	液体压力/kPa
隔震	1.554	0.854	0.854	0.663	41.019
非隔震	5.808	1.559	1.570	0.951	55.025

由表 6.2 得到，与结构加速度、X 向拉应力、Y 向拉应力、液体晃动波高及
液体压力相应的减震率分别为 73.24%、45.22%、45.61%、30.28%和 25.45%。因
此，大幅晃动下滑移隔震对混凝土矩形贮液结构的地震灾害预防仍然能够发挥有
效作用。

6.3.5　大幅晃动下的参数影响研究

1. 地震维数

贮液结构在不同维数地震作用下的动力响应有可能会表现出一定的差异性，
为了研究液体非线性响应下地震维数对系统的影响，将 X 轴作为主轴方向，X 轴
方向 PGA 为 0.62g，X、Y、Z 轴方向 PGA 的比值为 1∶0.85∶0.65。不同维数 Kobe
地震作用对系统动力响应的影响如图 6.7、表 6.3～表 6.5 所示。

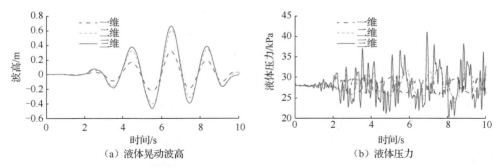

（a）液体晃动波高　　　　　　（b）液体压力

图 6.7　地震维数对液体响应的影响

由图6.7（a）得到，水平单向Kobe地震作用下，最大液体晃动波高为0.300m，水平双向Kobe地震作用下，最大液体晃动波高为0.635m，三向地震作用下，最大液体晃动波高为0.643m，由此可以看出，水平双向地震会显著增加液体的晃动波高，而考虑竖向地震作用后液体晃动波高略有增加。由图6.7（b）得到，水平单向和双向地震作用下，液体压力值相差较小，而考虑竖向地震后液体压力有显著的增加。

表6.3　地震维数对流体速度场的影响

地震维数	速度云图	最大速度值/（m/s）
一维	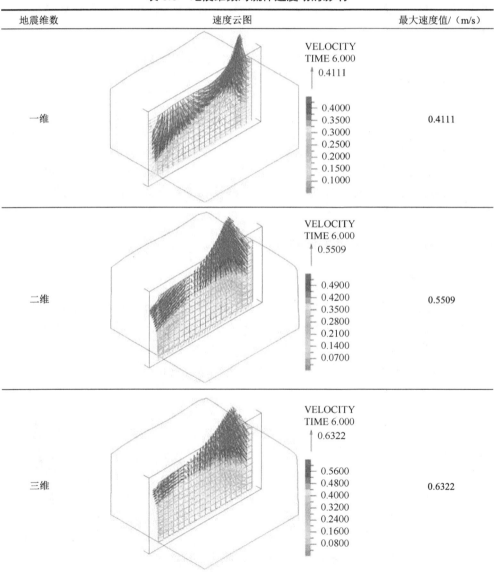	0.4111
二维		0.5509
三维		0.6322

由表 6.3 得到，地震维数对流体速度场有影响，一维、二维和三维地震作用下，流体最大速度分别为 0.4111m/s、0.5509m/s 和 0.6322m/s，即多维地震会增加流体运动的紊乱性及非线性。

表 6.4　地震维数对 X 轴方向结构拉应力的影响

地震维数	拉应力云图	最大拉应力值/MPa
一维	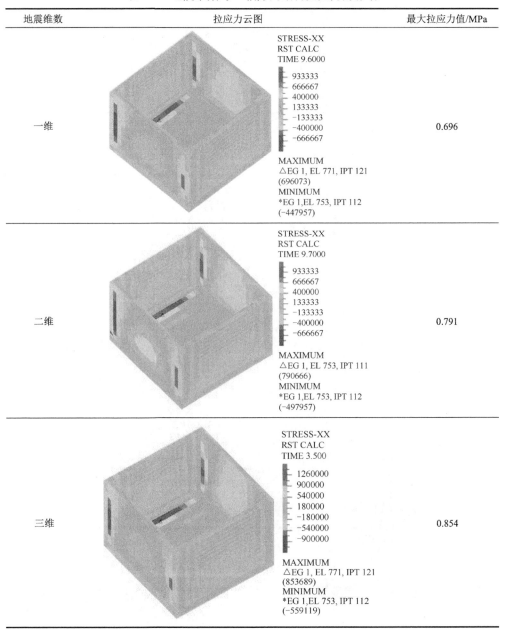 STRESS-XX RST CALC TIME 9.6000 933333 666667 400000 133333 -133333 -400000 -666667 MAXIMUM △EG 1, EL 771, IPT 121 (696073) MINIMUM *EG 1,EL 753, IPT 112 (-447957)	0.696
二维	STRESS-XX RST CALC TIME 9.7000 933333 666667 400000 133333 -133333 -400000 -666667 MAXIMUM △EG 1, EL 753, IPT 111 (790666) MINIMUM *EG 1,EL 753, IPT 112 (-497957)	0.791
三维	STRESS-XX RST CALC TIME 3.500 1260000 900000 540000 180000 -180000 -540000 -900000 MAXIMUM △EG 1, EL 771, IPT 121 (853689) MINIMUM *EG 1,EL 753, IPT 112 (-559119)	0.854

表 6.5　地震维数对 Y 轴方向结构拉应力的影响

地震维数	拉应力云图	最大拉应力值/MPa
一维	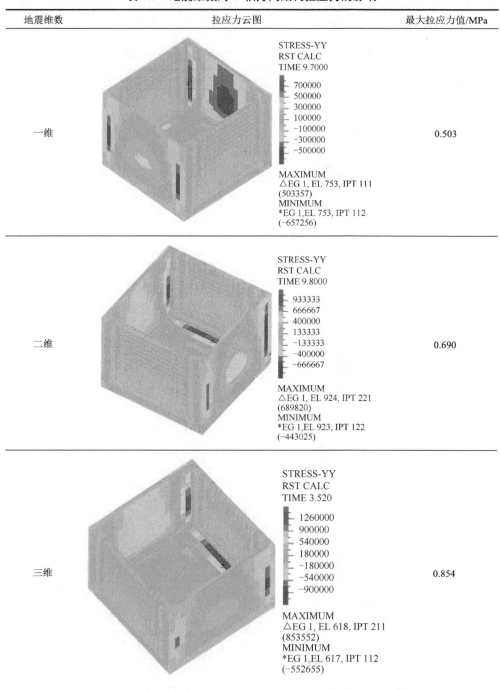	0.503
二维		0.690
三维		0.854

由表 6.4 得到，在一维、二维和三维 Kobe 地震作用下，混凝土贮液结构 X 轴方向的最大拉应力分别为 0.696MPa、0.791MPa 和 0.854MPa；由表 6.5 得到，一维、二维和三维地震作用下，混凝土贮液结构 Y 轴方向的最大拉应力分别为 0.503MPa、0.690MPa 和 0.854MPa。

综合以上分析可知，三维地震作用下液体晃动波高和液体压力最大，与此同时，多维地震会增加液体晃动的剧烈程度，使液体晃动表现出更强的非线性，而且多维地震会显著增加壁板的拉应力。通过对比不同维数下液体及贮液结构的响应，可得到多维地震会使滑移隔震混凝土矩形贮液结构处于更不利的状态。因此，在该类结构的设计及研究中有必要考虑多维地震的影响。

2. 储液高度

选取三种储液高度：2.4m、3.0m 和 3.6m，研究分析大幅晃动下储液高度对系统动力响应的影响，在三向输入地震作用，X 轴方向 PGA 为 0.62g，X、Y、Z 轴方向 PGA 的比值为：1∶0.85∶0.65。三维 Kobe 地震作用下储液高度对动力响应的影响规律如图 6.8 和表 6.6 所示。

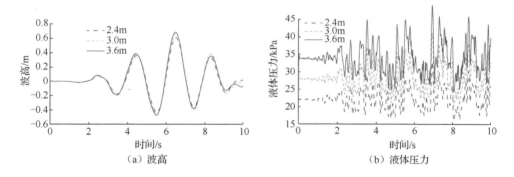

图 6.8　储液高度对液体响应的影响

表 6.6　储液高度对结构拉应力的影响

参数	数值		
储液高度/m	2.4	3.0	3.6
X 向拉应力/MPa	0.614	0.854	1.133
Y 向拉应力/MPa	0.572	0.854	1.122

由图 6.8 得到，当储液高度由 2.4m 增加到 3.0m 时，液体晃动波高增加显著，而当储液高度继续由 3.0m 增加到 3.6m 时，液体晃动波高增加较小。液体压力随着储液高度的增加而增加，且两者间近似满足线性关系。由表 6.6 得到，两主轴方向的贮液结构拉应力都随着储液高度的增加而显著增加。因此，大幅晃动下在滑移隔震混凝土矩形贮液结构的设计应用及研究中有必要以较大的储液率作为控制工况。

3. 地震幅值

幅值作为地震动的三要素之一，是决定贮液结构动力响应大小的重要因素。为了研究地震幅值对滑移隔震混凝土矩形贮液结构动力响应的影响，将 X 轴方向 PGA 分别调整为 0.40g、0.50g、0.60g、0.70g 和 0.80g，X、Y、Z 轴方向 PGA 的比值为 1∶0.85∶0.65。大幅晃动下地震幅值对系统动力响应的影响规律如图 6.9 所示。

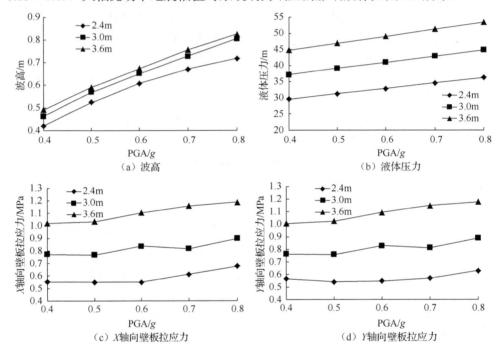

图 6.9　地震幅值对系统动力响应的影响

由图 6.9 得到，在 Kobe 地震作用下，当液体晃动波高处于大幅晃动范围时，最大液体晃动波高和 PGA 呈正相关，并且满足近似线性关系。液体压力和 PGA 基本满足线性关系。采取滑移隔震措施后，尽管总体上结构拉应力随着 PGA 的增加有增大的趋势，但是某些 PGA 下结构拉应力会变小，且 PGA 对结构拉应力的增大效果不是很显著。因此，滑移隔震对混凝土矩形贮液结构在大震和强震下的壁板开裂控制具有重要的意义。

4. 激励频率

隔震能够延长结构的周期，但是其对液体晃动的周期影响很小，因此存在外界作用下液体产生共振响应的情况。耦合系统的特征值问题通过对式（6.35）进行 Lanczos 迭代法求得，为了对比同时采用解析表达式（6.36）计算液体晃动的频率值，三种储液高度对应的液体晃动前 3 阶模态如图 6.10～图 6.12 所示，由于液体晃动以 1 阶为主，表 6.7 仅列出液体 1 阶晃动频率。

$$\left(-\omega_j^2\begin{bmatrix}\boldsymbol{M} & \boldsymbol{0} \\ \boldsymbol{0} & \boldsymbol{M}_{FF}\end{bmatrix}-\omega_j\begin{bmatrix}\boldsymbol{0} & \boldsymbol{C}_{FU}^{\mathrm{T}} \\ \boldsymbol{C}_{FU} & \boldsymbol{0}\end{bmatrix}+\begin{bmatrix}\boldsymbol{K}+\left(\boldsymbol{K}_{UU}\right)_S & \boldsymbol{0} \\ \boldsymbol{0} & \boldsymbol{K}_{FF}\end{bmatrix}\right)\begin{bmatrix}\boldsymbol{U}^{(j)} \\ \boldsymbol{F}^{(j)}\end{bmatrix}=\begin{bmatrix}0 \\ 0\end{bmatrix} \quad (6.35)$$

$$\omega_{mn}=\sqrt{g\sqrt{\left(\frac{m\pi}{a}\right)^2+\left(\frac{n\pi}{b}\right)^2}\tanh\left[\sqrt{\left(\frac{m\pi}{a}\right)^2+\left(\frac{n\pi}{b}\right)^2}h_w\right]}, \quad f_{mn}=\frac{\omega_{mn}}{2\pi} \quad (6.36)$$

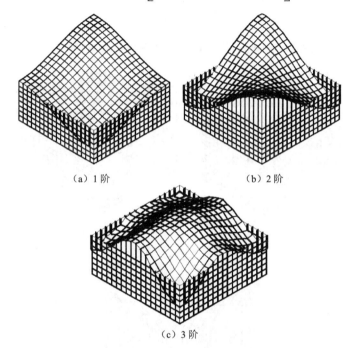

（a）1 阶　　　　　　　　　　（b）2 阶

（c）3 阶

图 6.10　储液高度 2.4m 对应的液体晃动前 3 阶模态

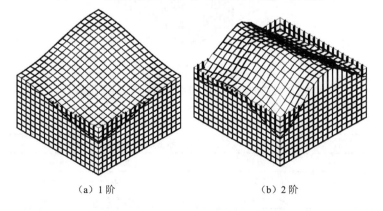

（a）1 阶　　　　　　　　　　（b）2 阶

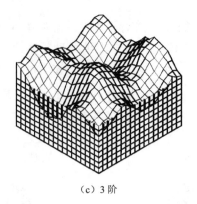

（c）3 阶

图 6.11　储液高度 3.0m 对应的液体晃动前 3 阶模态

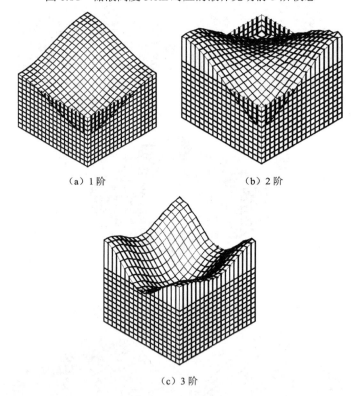

（a）1 阶　　　　　　　　　　　　　　（b）2 阶

（c）3 阶

图 6.12　储液高度 3.6m 对应的液体晃动前 3 阶模态

表 6.7　液体 1 阶晃动频率

参数	不同求解方法对应数值					
	数值解			解析解		
储液高度/m	2.4	3.0	3.6	2.4	3.0	3.6
频率/Hz	0.3580	0.3691	0.3748	0.3576	0.3688	0.3745

假定谐函数为分段函数，即

$$\ddot{u}_g(t) = \begin{cases} A\dfrac{t}{T_1}\sin\dfrac{2\pi t}{T_1}, & t \leqslant T_1 \\[3mm] A\sin\dfrac{2\pi t}{T_1}, & t > T_1 \end{cases} \tag{6.37}$$

式中，A 为幅值，其值为 $0.05g$；T_1 为液体 1 阶晃动周期。

选取谐函数进行动力时程分析，以便探讨外界激励频率对滑移隔震混凝土矩形贮液结构动力响应的影响，激励频率分别取为液体 1 阶晃动频率的 0.8、0.9、1.0、1.1 和 1.2 倍，通过大量动力分析得到激励频率对系统动力响应的影响规律，如图 6.13 所示。

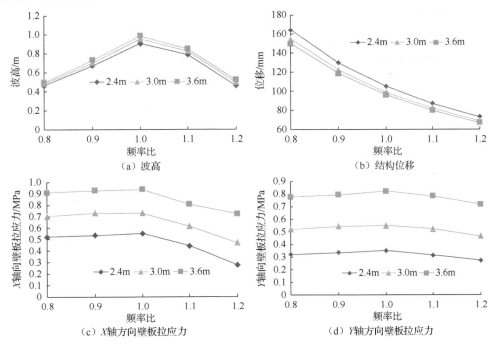

（a）波高　　　　　　　　　　　（b）结构位移

（c）X 轴方向壁板拉应力　　　　　　（d）Y 轴方向壁板拉应力

图 6.13　激励频率对系统动力响应的影响

由图 6.13（a）得到，当外界激励频率越接近液体 1 阶晃动频率时，液体晃动波高幅值会越大；当外界激励频率与液体 1 阶晃动频率相等时，液体晃动将产生共振现象，晃动波高达到最大。由图 6.13（b）得到，滑移隔震贮液结构的位移随着激励频率的增加而减小，并不会产生类似于其他系统响应的共振问题。由图 6.13（c）和（d）得到，当激励频率等于液体 1 阶晃动频率时，结构拉应力会达到最大。

进一步对比以上结果可得，在液体产生共振的情况下，激励频率对液体晃动波高的影响最显著，与之相反，其对结构拉应力的影响较小。因此，对于滑移隔震混凝土矩形贮液结构，应该对液体发生共振响应会引起晃动波高的显著增大这一问题引起足够的重视。

参 考 文 献

[1] 李遇春, 楼梦麟. 渡槽中流体非线性晃动的边界元模拟[J]. 地震工程与工程振动, 2000, 20(2): 51-56.

[2] 陈科, 李俊峰, 王天舒. 矩形贮箱内液体非线性晃动动力学建模与分析[J]. 力学学报, 2005, 37(3): 339-345.

[3] 刘志宏, 黄玉盈. 任意的拉-欧边界元法解大晃动问题[J]. 振动工程学报, 1993, 6(1): 10-19.

[4] 黄德波. 水波理论基础[M]. 北京: 国防工业出版社, 2011.

[5] ADINA R&D, Inc. Theory and Modeling Guide[M]. Vols. I-III. Watertown: ADINA, 2005.

[6] 程选生, 景伟, 李国亮, 等. 微幅晃动下考虑地基效应的矩形贮液结构动力响应研究[J]. 振动与冲击, 2017, 36(7): 164-170.

[7] VOSOUGHIFAR H, NADERI M. Numerical analysis of the base-isolated rectangular storage tanks under bi-directional seismic excitation[J]. British Journal of Mathematics & Computer Science, 2014, 4: 3054-3067.

[8] YOSHIDA S, NISHIDA K, DAIMARUYA M, et al. Effect of initial stress on natural frequency of cylindrical oil storage tanks[J]. American Society of Mechanical Engineers, Pressure Vessels and Piping Division (Publication) PVP, 1997, 349: 147-154.

[9] HIRAYAMA N, BEN G. Design criteria of FRP cylindrical liquid storage tanks for bulging frequencies[J]. Journal of the Japan Society for Composite Materials, 2003, 29: 58-64.

第7章 自由液面晃动对滑移隔震混凝土矩形贮液结构动力响应的影响

7.1 考虑自由液面晃动下的速度势函数

7.1.1 速度势函数基本理论

对于混凝土贮液结构，液面晃动势必会增加结构动力响应的复杂性。假定混凝土矩形贮液结构受到 x 轴方向的水平地震作用，如图 7.1 所示，地震输入速度为 $\dot{u}_g$，经过滑移隔震层的传递后，结构的速度为 $\dot{u}_s$，用 $\phi(x, z, t)$ 表示液体的速度势函数，其应满足 Laplace 方程，即

$$\nabla^2 \phi(x, z, t) = 0 \tag{7.1}$$

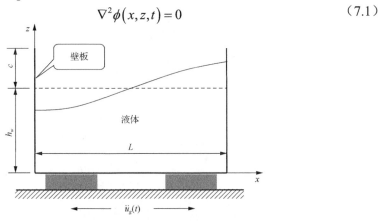

图 7.1 考虑自由液面晃动的滑移隔震贮液结构

当贮液结构受到地震作用时，基本包括三类典型的边界条件，即壁板 Γ_w、底板 Γ_b 和自由液面 Γ_f，在自由液面 Γ_f 需要满足动力和运动条件。该速度势函数需要满足的边界条件与初始条件具体可表示如下：

$$
\begin{cases}
\left. \dfrac{\partial \phi(x, z, t)}{\partial z} \right|_{z=0} = 0, & \Gamma_b \\[3mm]
\left. \dfrac{\partial \phi(x, z, t)}{\partial x} \right|_{x=0,L} = \dot{u}_s(t) + \dot{u}_g(t), & \Gamma_w \\[3mm]
\left. \dfrac{\partial \phi(x, z, t)}{\partial t} \right|_{z=h} + gf = 0, & \Gamma_f \\[3mm]
\phi|_{t=0} = \phi_0, \quad \dot{\phi}|_{t=0} = \dot{\phi}_0
\end{cases}
\tag{7.2}
$$

式中，f 为自由液面的波动方程。

7.1.2　速度势函数求解

为了计算方便，现将液体的总速度势函数进行分解：

$$\phi(x,z,t) = \varphi_1(x,z,t) + \varphi_2(x,z,t) \tag{7.3}$$

且有

$$\nabla^2 \varphi_1(x,z,t) = \nabla^2 \varphi_2(x,z,t) = 0 \tag{7.4}$$

式中，φ_1 为结构运动所产生的速度势；φ_2 为 φ_1 作用下压力不平衡所产生的液动压力势。

速度势 φ_1 和 φ_2 满足以下边界条件：

$$\left.\frac{\partial \varphi_1}{\partial x}\right|_{x=0} = \left.\frac{\partial \varphi_1}{\partial x}\right|_{x=a} = \dot{u}_g(t) + \dot{u}_s(t) \tag{7.5a}$$

$$\left.\frac{\partial \varphi_2}{\partial x}\right|_{x=0} = \left.\frac{\partial \varphi_2}{\partial x}\right|_{x=L} = 0 \tag{7.5b}$$

$$\left.\frac{\partial \varphi_1}{\partial z}\right|_{z=0} = \left.\frac{\partial \varphi_2}{\partial z}\right|_{z=0} = 0 \tag{7.5c}$$

$$\left.\frac{\partial \varphi_2}{\partial t}\right|_{z=h_w} + gf_2 = -\left.\frac{\partial \varphi_1}{\partial t}\right|_{z=h_w} - gf_1 \tag{7.5d}$$

表面波动方程 f 可分解为 f_1 和 f_2，其表达式为

$$f_1 = \int_0^t \left.\frac{\partial \varphi_{11}}{\partial z}\right|_{z=h_w} \mathrm{d}t \tag{7.6}$$

$$f_2 = \int_0^t \left.\frac{\partial \varphi_{12}}{\partial z}\right|_{z=h_w} \mathrm{d}t \tag{7.7}$$

作为结构运动所引起的速度势函数 φ_1 可表示为

$$\varphi_1(x,z,t) = -\left(\frac{L}{2} - x\right)\left[\dot{u}_g(t) + \dot{u}_s(t)\right] \tag{7.8}$$

对于由压力产生的速度势函数的求解采用分离变量法，将液动压力对应的势函数 φ_2 表示为

$$\varphi_2 = \dot{q}(t)H(x)Z(z) \tag{7.9}$$

将式（7.9）代入式（7.4），得到

$$\frac{1}{H(x)}\frac{\mathrm{d}^2 H(x)}{\mathrm{d}x^2} + \frac{1}{Z(z)}\frac{\mathrm{d}^2 Z(z)}{\mathrm{d}z^2} = 0 \tag{7.10}$$

要让式（7.10）成立，必须满足

$$\frac{1}{H(x)}\frac{\mathrm{d}^2H(x)}{\mathrm{d}x^2}=-s^2 \ , \quad \frac{1}{Z(z)}\frac{\mathrm{d}^2Z(z)}{\mathrm{d}z^2}=s^2 \tag{7.11}$$

式中，s 为某一常数。

由式（7.11）得到

$$H(x)=A\sin(sx)+B\cos(sx) \tag{7.12}$$

$$Z(z)=C\sinh(sx)+D\cosh(sx) \tag{7.13}$$

由于 φ_2 要满足边界条件式（7.5b）和式（7.5c），式（7.12）中 $A=0$，式（7.13）中 $C=0$，于是由解的叠加原理可得到

$$\varphi_2=\sum_{n=1}^{\infty}\dot{q}_n(t)\cosh(sz)\cos(sx) \tag{7.14}$$

由 $\left.\dfrac{\partial\varphi_2}{\partial x}\right|_{x=L}=0$，得到 $s=\dfrac{n\pi}{L}$，令 $\dot{q}_n(t)=\dfrac{\dot{f}_n(t)}{\cosh\dfrac{n\pi h_w}{a}}$，则

$$\varphi_{12}=\sum_{n=1}^{\infty}\dot{f}_n(t)\frac{\cosh\dfrac{n\pi z}{L}}{\cosh\dfrac{n\pi h_w}{L}}\cos\frac{n\pi x}{L} \tag{7.15}$$

表面波条件式（7.5d）中的各变量可表示为

$$\frac{\partial\varphi_{11}}{\partial z}=0 \ , \quad f_{11}=0 \tag{7.16}$$

$$f_{12}=\int_0^t\left.\frac{\partial\varphi_{12}}{\partial z}\right|_{z=h}\mathrm{d}t=\int_0^t\sum_{n=1}^{\infty}\dot{f}_n(t)\frac{\dfrac{n\pi}{a}\sinh\dfrac{n\pi z}{L}}{\cosh\dfrac{n\pi h_w}{L}}\cos\frac{n\pi x}{L}\mathrm{d}t$$

$$=\sum_{n=1}^{\infty}f_n(t)\frac{n\pi}{L}\tanh\frac{n\pi h_w}{L}\cos\frac{n\pi x}{L} \tag{7.17}$$

$$\begin{cases}\dfrac{\partial\varphi_{11}}{\partial t}=x\left[\ddot{u}_g(t)+\ddot{u}_s(t)\right]\\[3mm]\dfrac{\partial\varphi_{12}}{\partial t}=\sum_{n=1}^{\infty}\ddot{f}_n(t)\dfrac{\cosh\dfrac{n\pi z}{L}}{\cosh\dfrac{n\pi h_w}{L}}\cos\dfrac{n\pi x}{L}\end{cases} \tag{7.18}$$

将式（7.16）～式（7.18）代入式（7.5d）得到

$$\sum_{n=1}^{\infty}\ddot{f}_n(t)\cos\frac{n\pi x}{L}+g\sum_{n=1}^{\infty}f_n(t)\frac{n\pi}{L}\tanh\frac{n\pi h_w}{L}\cos\frac{n\pi x}{L}$$

$$=-x\left[\ddot{u}_g(t)+\ddot{u}_s(t)\right] \tag{7.19}$$

将 x 在区间$[0,L]$内进行 Fourier 级数展开[1]，得到

$$x = \frac{a_0}{2} + \sum_{n=1}^{\infty} a_n \cos\frac{n\pi x}{L} \qquad (7.20)$$

将式（7.20）在区间$[0, a]$内积分可得到式中系数的表达式：

$$\begin{cases} a_0 = L \\ a_n = \dfrac{2}{L}\displaystyle\int_0^a x\cos\dfrac{n\pi x}{L}\mathrm{d}x = \begin{cases} 0, & n = 2,4,6,\cdots \\ -\dfrac{4L}{n^2\pi^2}, & n = 1,3,5,\cdots \end{cases} \end{cases} \qquad (7.21)$$

将式（7.20）和式（7.21）代入式（7.19）得到

$$\ddot{f}_n(t) + f_n\frac{gn\pi}{L}\tanh\frac{n\pi h_w}{L} = \frac{4L}{n^2\pi^2}\left[\ddot{u}_g(t) + \ddot{u}_s(t)\right] \qquad (7.22)$$

令$f_n(t) = -\dfrac{4L}{n^2\pi^2}q_n(t)$，则式（7.22）可转化为

$$-\frac{4L}{n^2\pi^2}\ddot{q}_n(t) - \frac{4L}{n^2\pi^2}q_n(t)\frac{gn\pi}{L}\tanh\frac{n\pi h_w}{L} = \frac{4L}{n^2\pi^2}\ddot{u}_g(t) \qquad (7.23)$$

即

$$\ddot{q}_n(t) + \omega_n^2 q_n(t) = -\left[\ddot{u}_g(t) + \ddot{u}_s(t)\right] \qquad (7.24)$$

若考虑液体的黏滞阻尼[1]，则式（7.24）可采用如下形式：

$$\ddot{q}_n(t) + 2\xi_n\omega_n\dot{q}_n(t) + \omega_n^2 q_n(t) = -\left[\ddot{u}_g(t) + \ddot{u}_s(t)\right] \qquad (7.25)$$

式中，$\omega_n = \sqrt{\dfrac{gn\pi}{L}\tanh\dfrac{n\pi h_w}{L}}$ 为第 n 阶晃动频率；ξ_n 为液体晃荡的第 n 阶阵型阻尼比。

由以上推导可得考虑自由液面晃动的速度势函数为

$$\phi = \varphi_1 + \varphi_2$$

$$= -\left(\frac{L}{2} - x\right)\left[\dot{u}_g(t) + \dot{u}_s(t)\right]$$

$$- \sum_{n=1,3,5}^{\infty} \frac{4L}{n^2\pi^2}\dot{q}_n(t)\frac{\cosh\dfrac{n\pi z}{L}}{\cosh\dfrac{n\pi h_w}{L}}\cos\frac{n\pi x}{L} \qquad (7.26)$$

7.2　液体晃动问题简化计算

7.2.1　隔震贮液结构壁板液动压力

根据 Bernoulli 方程可得到作用在壁板上的液动压力为

$$p = \left(-\rho_f\frac{\partial\phi}{\partial t}\right)\bigg|_{x=0,L} \qquad (7.27)$$

将式（7.26）代入式（7.27），则作用在壁板上的液动压力可进一步表示为

$$p=-\rho_f\left\{-\sum_{n=1,3,5}^{\infty}\frac{4L}{n^2\pi^2}\ddot{q}_n(t)\frac{\cosh\dfrac{n\pi z}{L}}{\cosh\dfrac{n\pi h_w}{L}}\cos\frac{n\pi x}{L}-\left(\frac{L}{2}-x\right)\left[\ddot{u}_g(t)+\ddot{u}_s(t)\right]\right\}\quad(7.28)$$

从而计算得到作用在左、右壁板上的液动压力分别为

$$\begin{cases}p_{左}=\rho_f\left\{\sum_{n=1,3,5}^{\infty}\frac{4L}{n^2\pi^2}\ddot{q}_n(t)\dfrac{\cosh\dfrac{n\pi z}{L}}{\cosh\dfrac{n\pi h_w}{L}}+\dfrac{L}{2}\left[\ddot{u}_g(t)+\ddot{u}_s(t)\right]\right\}\\[6mm]p_{右}=-\rho_f\left\{\sum_{n=1,3,5}^{\infty}\frac{4L}{n^2\pi^2}\ddot{q}_n(t)\dfrac{\cosh\dfrac{n\pi z}{L}}{\cosh\dfrac{n\pi h_w}{L}}+\dfrac{L}{2}\left[\ddot{u}_g(t)+\ddot{u}_s(t)\right]\right\}\end{cases}\quad(7.29)$$

7.2.2　液体晃动波高

在速度势得到的情况下，考虑重力场作用下的液体晃动波高可表示为

$$h=-\frac{1}{g}\frac{\partial\phi}{\partial t}\bigg|_{z=h}=-\frac{1}{g}\left\{-\sum_{n=1,3,5}^{\infty}\frac{4L}{n^2\pi^2}\ddot{q}_n(t)\cos\frac{n\pi x}{L}-\left(\frac{L}{2}-x\right)\left[\ddot{u}_g(t)+\ddot{u}_s(t)\right]\right\}\quad(7.30)$$

将 x 的展开式代入式（7.30），假定贮液结构在向左或向右运动的瞬间液体晃动波高达到最大值，此时 $x=0$ 或 L，则式（7.30）可简化为

$$\begin{cases}h_{x=0}=\dfrac{1}{g}\left\{\sum_{n=1,3,5}^{\infty}\dfrac{4L}{n^2\pi^2}\left[\ddot{u}_g(t)+\ddot{u}_s(t)\right]+\sum_{n=1,3,5}^{\infty}\dfrac{4L}{n^2\pi^2}\ddot{q}_n(t)\right\}\\[5mm]h_{x=L}=-\dfrac{1}{g}\left\{\sum_{n=1,3,5}^{\infty}\dfrac{4L}{n^2\pi^2}\left[\ddot{u}_g(t)+\ddot{u}_s(t)\right]+\sum_{n=1,3,5}^{\infty}\dfrac{4L}{n^2\pi^2}\ddot{q}_n(t)\right\}\end{cases}\quad(7.31)$$

由于液体晃动以 1 阶为主，取 $n=1$ 即可得到近似的液体晃动波高幅值表达式：

$$h_{\max}=\frac{1}{g}\left\{\frac{4L}{\pi^2}\left[\ddot{u}_g(t)+\ddot{u}_s(t)\right]+\frac{4L}{\pi^2}\ddot{q}_1(t)\right\}\quad(7.32)$$

7.2.3　液体晃动引起的基底剪力及弯矩

在速度势函数 ϕ 已知的情况下，可求得相应的动水压力，通过对动水压力进行积分可得到由液动压力产生的基底剪力 $Q(t)$ 和基底弯矩 $M(t)$：

$$\begin{cases}Q(t)=2\displaystyle\int_0^L\int_0^B\int_0^{h_w}p\big|_{x=L}\,\mathrm{d}x\mathrm{d}y\mathrm{d}z\\[4mm]M(t)=2\displaystyle\int_0^L\int_0^B\int_0^{h_w}p\big|_{x=L}\,z\mathrm{d}x\mathrm{d}y\mathrm{d}z\end{cases}\quad(7.33)$$

7.3　考虑自由液面晃动的动力响应求解

7.3.1　液体控制方程

对于液体晃动的求解采用计算流体动力学方法，对于任何液体单元，由质量守恒定律可得到

$$\frac{\partial \rho_f}{\partial t} = \nabla \cdot \left(\rho_f \dot{\boldsymbol{u}}_f \right) \tag{7.34}$$

式中，ρ_f 为液体密度；$\dot{\boldsymbol{u}}_f$ 为液体运动速度向量；$\nabla = \left(\dfrac{\partial}{\partial x}, \dfrac{\partial}{\partial y}, \dfrac{\partial}{\partial z} \right)$。

考虑液体单元上作用的体积力 $\boldsymbol{F}$ 及表面张力 $\boldsymbol{p}$，由牛顿第二定律可得液体单元的运动方程：

$$\rho_f \frac{\mathrm{d} \dot{\boldsymbol{u}}_f}{\mathrm{d} t} = \rho_f \boldsymbol{F} + \boldsymbol{p} \tag{7.35}$$

式中，$\dfrac{\mathrm{d}}{\mathrm{d} t} = \dfrac{\partial}{\partial t} + \dot{\boldsymbol{u}}_f \cdot \nabla$。

假定 $\lambda = -\dfrac{2}{3} \mu$ 后再对上述方程求解，可得到牛顿黏性液体对应的动量守恒方程：

$$\rho_f \left[\ddot{\boldsymbol{u}}_f + \left(\dot{\boldsymbol{u}}_f \cdot \nabla \right) \dot{\boldsymbol{u}}_f \right] - \left(\lambda + \mu \right) \nabla \left(\nabla \cdot \dot{\boldsymbol{u}}_f \right) - \mu \nabla^2 \dot{\boldsymbol{u}}_f = \rho_f \boldsymbol{F} - \nabla p \tag{7.36}$$

式中，μ 为液体动力黏性系数。

当假定液体不可压缩和无黏性时，可得到 $\dfrac{\partial \rho_f}{\partial t} = 0$ 和 $\mu = 0$，则式（7.34）和式（7.36）可分别简化为

$$\nabla \cdot \dot{\boldsymbol{u}}_f = 0 \tag{7.37}$$

$$\rho_f \ddot{\boldsymbol{u}}_f + \rho_f \left(\dot{\boldsymbol{u}}_f \cdot \nabla \right) \dot{\boldsymbol{u}}_f = \rho_f \boldsymbol{F} - \nabla p \tag{7.38}$$

对式（7.38）中的项 $\left(\dot{\boldsymbol{u}}_f \cdot \nabla \right) \dot{\boldsymbol{u}}_f$ 进行进一步处理可得

$$\left(\dot{\boldsymbol{u}}_f \cdot \nabla \right) \dot{\boldsymbol{u}}_f = \frac{1}{2} \nabla \left| \dot{\boldsymbol{u}}_f \right|^2 + \left(\nabla \cdot \dot{\boldsymbol{u}}_f \right) \dot{\boldsymbol{u}}_f \tag{7.39}$$

由以上推导可得贮液结构中液体运动满足的控制方程为

$$\rho_f \ddot{\boldsymbol{u}}_f + \frac{1}{2} \rho_f \nabla \left| \dot{\boldsymbol{u}}_f \right|^2 + \rho_f \left(\nabla \cdot \dot{\boldsymbol{u}}_f \right) \dot{\boldsymbol{u}}_f = \rho_f \boldsymbol{F} - \nabla p \tag{7.40}$$

7.3.2　动坐标系中的液体晃动边界条件

为了更好地进行数学描述，定义两个笛卡儿坐标系，其中一个假定在空间是

固定的，而另一个随贮液结构产生运动[2]，则可以在任何一个坐标系中对任意的待求量 q 进行表示：$q(x, y, z, t)=q(x', y', z', t)$，如图 7.2 所示。

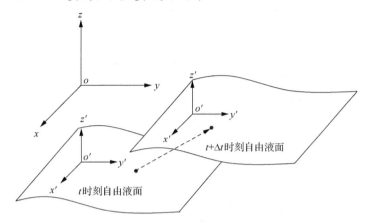

图 7.2　自由液面移动示意图

自由液面为液体和大气之间的分界面，该界面上一般作用着周围压力和表面张力。在固定的笛卡儿坐标系中，自由液面的运动和动力学边界条件分别为

$$\frac{\partial h}{\partial t} + \frac{\partial \phi}{\partial x}\frac{\partial h}{\partial x} - \frac{\partial \phi}{\partial z} = 0 \tag{7.41}$$

$$\frac{\partial \phi}{\partial t} + \frac{1}{2}\nabla\phi \cdot \nabla\phi + gh = 0 \tag{7.42}$$

式中，$h(x, y, t)$ 为自由液面在 $z(x, y, t)$ 处的垂直坐标。

由于滑移隔震贮液结构会产生较大的水平滑移位移，采用动坐标能对问题的求解带来方便，将固定坐标系中的自由液面边界条件转化到动坐标系中为

$$\frac{\partial h'}{\partial t} + \left(\frac{\partial \phi}{\partial x'} - u_s\right)\frac{\partial h'}{\partial x'} - \frac{\partial \phi}{\partial z} = 0 \tag{7.43}$$

$$\frac{\partial \phi}{\partial t} - \boldsymbol{u}_s \cdot \nabla\phi + \frac{1}{2}\nabla\phi \cdot \nabla\phi + gh = 0 \tag{7.44}$$

动坐标系中，势函数 ϕ 由两部分组成：结构运动和内部液体晃动引起的 ϕ_1 和 ϕ_2。

$$\phi = \phi_1 + \phi_2, \quad \phi_1 = -\left(\frac{L}{2} - x'\right)u_s' \tag{7.45}$$

将式（7.45）代入式（7.43）和式（7.44）得

$$\frac{\partial h'}{\partial t} + \frac{\partial \phi_2}{\partial x'}\frac{\partial h'}{\partial x'} - \frac{\partial \phi_2}{\partial z'} = 0 \tag{7.46}$$

$$\frac{\partial \phi_2}{\partial t} + \frac{1}{2}\nabla\phi_2 \cdot \nabla\phi_2 + gh' + x'\frac{\mathrm{d}u_s'}{\mathrm{d}t} = \frac{1}{2}\left|\boldsymbol{u}_s\right|^2 \tag{7.47}$$

通过推导可得到在动坐标系中表示的液体晃动初始边界条件：

$$
\begin{cases}
\phi_1 = -\left(\dfrac{L}{2} - x'\right)u'_s(0), \ \text{整个液体域} \\
h = 0 \ (t = 0), \ \text{自由液面}
\end{cases} \tag{7.48}
$$

$$
\begin{cases}
\nabla \phi_2 \cdot \boldsymbol{n} = 0, \ \Gamma_b \text{和} \Gamma_w \\
\dfrac{\partial h'}{\partial t} = -\dfrac{\partial \phi_2}{\partial x'}\dfrac{\partial h'}{\partial x'} + \dfrac{\partial \phi_2}{\partial z'} = 0, \ \Gamma_f \\
\dfrac{\partial \phi_2}{\partial t} = -\dfrac{1}{2}\nabla \phi_2 \cdot \nabla \phi_2 - gh' - x\dfrac{\mathrm{d}u'_s}{\mathrm{d}t}, \ \Gamma_f
\end{cases} \tag{7.49}
$$

7.3.3 结构控制方程

结构控制方程表示为

$$
\boldsymbol{M}_s\ddot{\boldsymbol{u}}_s + \boldsymbol{C}_s\dot{\boldsymbol{u}}_s + \boldsymbol{K}_s\boldsymbol{u}_s = -\boldsymbol{M}_s\ddot{\boldsymbol{u}}_g - \boldsymbol{F}_f + \boldsymbol{F}_p \tag{7.50}
$$

式中，$\boldsymbol{u}_s$、$\dot{\boldsymbol{u}}_s$ 和 $\ddot{\boldsymbol{u}}_s$ 分别为贮液结构在地震作用下的位移、速度和加速度响应；$\ddot{\boldsymbol{u}}_g$ 为地震加速度；$\boldsymbol{F}_f$ 为滑移隔震层的摩擦力；$\boldsymbol{F}_p$ 为由液体压力引起的附加力；$\boldsymbol{M}_s$、$\boldsymbol{C}_s$ 和 $\boldsymbol{K}_s$ 分别为混凝土矩形贮液结构的质量、阻尼和刚度矩阵。

$$
\begin{cases}
\boldsymbol{M}_s = \sum\int_V \boldsymbol{B}^\mathrm{T}\boldsymbol{D}\boldsymbol{B}\mathrm{d}V, \ \boldsymbol{K}_s = \sum\int_V \boldsymbol{N}^\mathrm{T}\rho_s\boldsymbol{N}\mathrm{d}V, \ \boldsymbol{C}_s = \alpha\boldsymbol{M}_s + \beta\boldsymbol{K}_s \\
\alpha = 2\dfrac{\omega_i\omega_j}{\omega_i + \omega_j}\xi_s, \ \beta = \dfrac{2}{\omega_i + \omega_j}\xi_s
\end{cases} \tag{7.51}
$$

式中，$\boldsymbol{B}$ 应变矩阵；$\boldsymbol{D}$ 为弹性矩阵；$\boldsymbol{N}$ 为形函数矩阵；ρ_s 为结构的密度；α、β 为质量和刚度阻尼系数；ξ_s 为结构阻尼比，取 0.05；ω_i、ω_j 为混凝土矩形贮液结构的第 i 和第 j 阶模态圆频率。

7.4　数　值　算　例

7.4.1 计算模型

混凝土矩形贮液结构的长×宽×高为 6m×6m×4.8m，贮液结构壁板的厚度为 0.3m，混凝土被假定为线弹性材料，其密度为 2500kg/m³，弹性模量为 3×10¹⁰Pa，泊松比为 0.2；液体密度为 1000kg/m³，体积模量为 2.3×10⁹Pa；滑移层的摩擦系数为 0.10。采用 3-D Solid 单元模拟贮液结构，运用 3-D Fluid 单元模拟储存的液体。选取 El-Centro（NS）和 Chi-Chi（TCU045）地震波用于动力分析，调整其 PGA 为 0.40g，分别计算得到考虑自由液面晃动与否情况下贮液结构的动力响应，对于不考虑自由液面晃动的情况通过约束自由液面法向的位移自由度来实现，两种情况下的计算模型如图 7.3 所示。

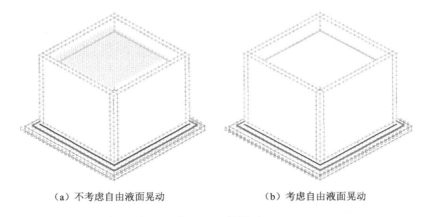

（a）不考虑自由液面晃动　　　　　　　　　（b）考虑自由液面晃动

图 7.3　计算模型

7.4.2　考虑自由液面晃动与否的动力响应对比

目前为了简化，一些研究者忽略了液体表面的晃动[3,4]，且广泛采用的集中质量模型无法考虑自由液面的晃动效应，但是真实贮液结构在地震作用下是存在液面晃动的。为了更合理地进行贮液结构的设计，从安全性角度出发，有必要研究自由液面晃动对滑移隔震贮液结构动力响应的影响。限于篇幅，该部分只列出储液高度为 3.6m 情况下自由液面晃动效应对滑移隔震贮液结构动力响应影响的分析结果，具体如图 7.4 和图 7.5 所示。

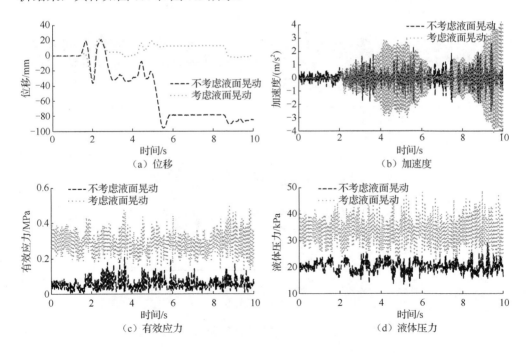

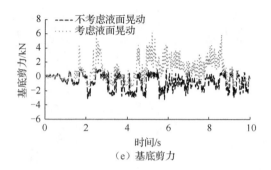

（e）基底剪力

图 7.4　El-Centro 地震作用下液面晃动效应的影响

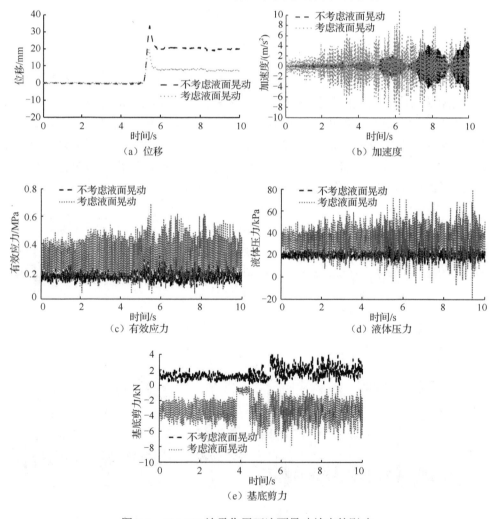

图 7.5　Chi-Chi 地震作用下液面晃动效应的影响

由图 7.4（a）和图 7.5（a）得到，在地震作用的初始考虑液面晃动效应与否，结构位移的差别较小，但是当地震作用逐渐增强时，忽略液面晃动对应的结构位移将明显大于考虑液面晃动的情况，考虑液面晃动与否情况下 El-Centro 波对应的最大结构滑移位移分别为 31.2mm 和 95.8mm，而 Chi-Chi 波对应的最大结构滑移位移分别为 19.8mm 和 33.6mm。由图 7.4（b）和图 7.5（b）得到，考虑液面晃动与否情况下 El-Centro 波对应的最大结构加速度分别为 4.36m/s² 和 2.56m/s²，而 Chi-Chi 波对应的最大结构加速度分别为 8.88m/s² 和 4.98/m/s²，由此看出自由液面晃动造成结构最大加速度响应的增大幅度非常大。由图 7.4（c）和图 7.5（c）得到，考虑自由液面晃动与否情况下 El-Centro 波对应的最大结构有效应力分别为 0.496MPa 和 0.207MPa，而 Chi-Chi 波对应的最大结构有效应力分别为 0.691MPa 和 0.239MPa，由此看出液面晃动会引起贮液结构壁板有效应力的明显增大，即地震作用下自由液面晃动会增加混凝土贮液结构壁板开裂的概率。由图 7.4（d）和图 7.5（d）得到，有无自由液面晃动下 El-Centro 波对应的最大液体压力分别为 49.1kPa 和 29.1kPa，而 Chi-Chi 波对应的最大液体压力分别为 87.4kPa 和 28kPa，贮液结构的特殊性在于外界激励下液体对壁板会施加压力，而考虑自由液面的晃动后，其所引起的液体压力会更大，对壁板的失效破坏更不利。由图 7.4（e）和图 7.5（e）得到，考虑自由液面的晃动后，体系基底剪力明显大于不考虑自由液面晃动的情况。

图 7.6～图 7.9 列出了两类地震作用下结构加速度和壁板位移随高度的变化规律，图 7.10 和图 7.11 为贮液结构壁板拉应力云图，图 7.12 和图 7.13 为液体运动速度矢量图，以进一步研究分析自由液面晃动对滑移隔震混凝土矩形贮液结构动力响应的影响。

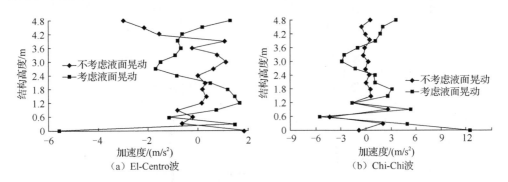

（a）El-Centro波　（b）Chi-Chi波

图 7.6　结构加速度响应随壁板高度的变化

由图 7.6 得到，滑移隔震贮液结构在考虑自由液面晃动与否情况下，结构加速度响应沿高度分布有较大的差别。考虑液面晃动后，两类地震作用下结构的最大加速度响应都出现在底部，同时在结构中部的某些位置加速度响应也出现了较大的值，原因在于液体的脉冲效应，同时结构最顶部的加速度也较大，原因在于液体表面的晃动造成结构顶部的摆动响应加大；当不考虑液面的晃动时，加速度响应沿壁板高度的变化规律性不是很明显。

（a）不考虑液面晃动　　　　　　　　　（b）考虑液面晃动

图 7.7　El-Centro 地震作用下壁板位移云图

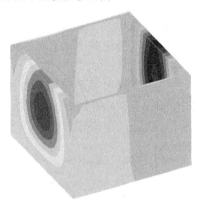

（a）不考虑液面晃动　　　　　　　　　（b）考虑液面晃动

图 7.8　Chi-Chi 地震作用下壁板位移云图

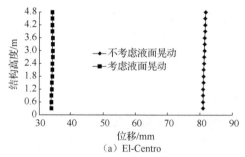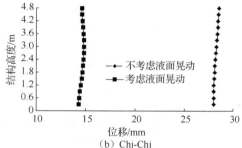

（a）El-Centro　　　　　　　　　　　　（b）Chi-Chi

图 7.9　壁板位移随高度的变化

（a）不考虑液面晃动　　　　　　　　　　（b）考虑液面晃动

图 7.10　El-Centro 地震作用下 X 轴方向的拉应力

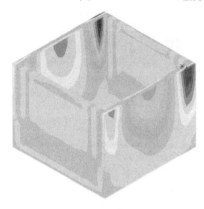

（a）不考虑液面晃动　　　　　　　　　　（b）考虑液面晃动

图 7.11　Chi-Chi 地震作用下 Y 轴方向的拉应力

由图 7.7～图 7.9 得到，考虑自由液面晃动效应与否，结构壁板水平位移沿高度的分布差别较大，当不考虑液面晃动时，两类地震作用下结构的最大位移都出现在壁板的顶部；而考虑自由液面晃动后，贮液结构的最大位移出现在壁板中间位置。总体来看，采取滑移隔震后，贮液结构壁板的水平位移在高度方向相差较小，即滑移隔震能使贮液结构在地震作用下基本以平动的形式发生运动，从而减小壁板开裂的概率，能够有效改善混凝土贮液结构的抗震能力。

由图 7.10 和图 7.11 得到，考虑自由液面晃动与否对壁板拉应力的分布也有较大的影响。不考虑液面晃动时，最大拉应力出现在结构壁板顶部的外侧，而且较大拉应力分布区较小，但是考虑自由液面晃动后，最大拉应力的位置由壁板顶部向下移动，且位于壁板内侧，同时较大拉应力的分布区变得更大，即考虑自由液面晃动与否会改变裂缝出现的位置，其对混凝土矩形贮液结构壁板的裂缝控制研究具有重要的影响。

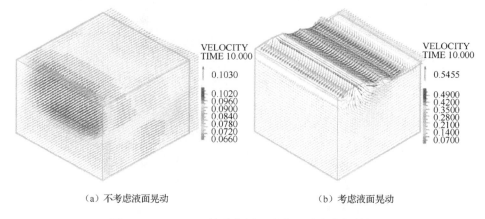

（a）不考虑液面晃动　　　　　　　（b）考虑液面晃动

图 7.12　El-Centro 地震作用下液体运动速度矢量图

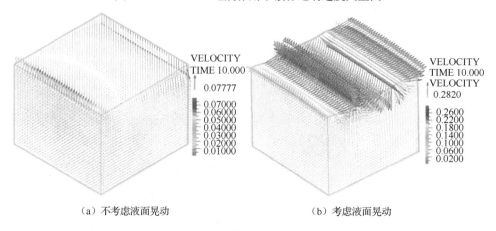

（a）不考虑液面晃动　　　　　　　（b）考虑液面晃动

图 7.13　Chi-Chi 地震作用下液体运动速度矢量图

由图 7.12 和图 7.13 可知，两类地震作用下，不考虑自由液面晃动和考虑自由液面晃动对应的液体运动速度场有很大的差别，同时速度峰值相差也很大，El-Centro 地震作用下，考虑自由液面晃动下液体运动速度峰值是不考虑自由液面晃动速度峰值的 5.296 倍，Chi-Chi 地震作用下，考虑液面晃动对应的速度峰值是不考虑液面晃动速度峰值的 3.626 倍。考虑自由液面晃动后，液体晃动速度峰值出现在自由液面，且液体运动速度场变得更加紊乱，即自由液面晃动会使液体的晃动响应变得更剧烈。

7.4.3　考虑自由液面晃动与否的峰值响应参数影响研究

1. 储液高度

储液高度是贮液结构设计时需要考虑的重要参数之一，并且在不同时刻，由于使用情况储液高度会随时发生变化，因此有必要探讨不同贮液高度下自由液面晃动对系统动力响应的影响，具体内容如图 7.14 和图 7.15 所示。

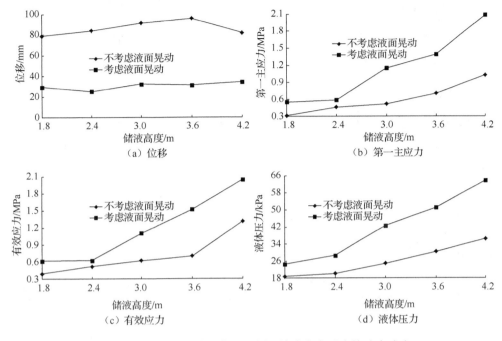

图 7.14　El-Centro 地震作用下不同储液高度对应的动力响应

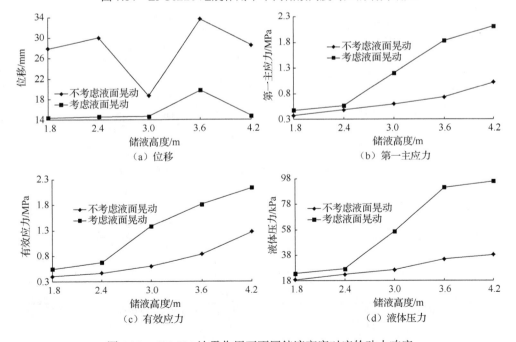

图 7.15　Chi-Chi 地震作用下不同储液高度对应的动力响应

2. 摩擦系数

摩擦系数是滑移隔震的重要设计参数,图 7.16 和图 7.17 列出了不同摩擦系数下自由液面晃动对系统动力响应的影响。

3. PGA

PGA 作为地震三要素之一,其大小会影响液体晃动效应的大小,并且幅值越大,对结构安全性的影响越大,图 7.18 和图 7.19 列出了不同 PGA 下自由液面晃动对系统动力响应的影响。

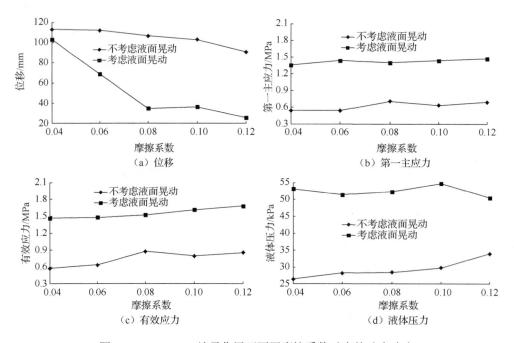

图 7.16　El-Centro 地震作用下不同摩擦系数对应的动力响应

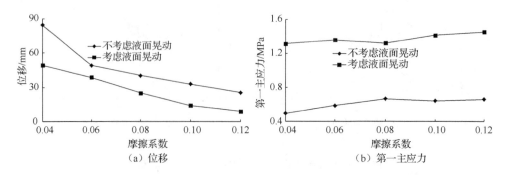

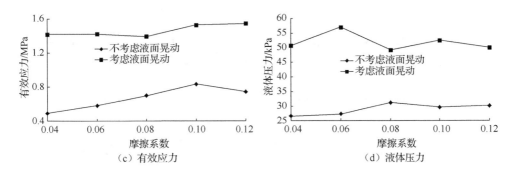

（c）有效应力　　　　　　　　　　（d）液体压力

图 7.17　Chi-Chi 地震作用下不同摩擦系数对应的动力响应

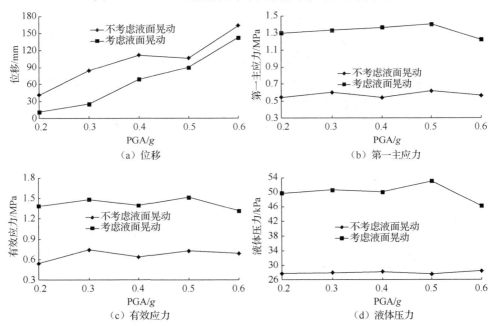

（a）位移　　　　　　　　　　（b）第一主应力

（c）有效应力　　　　　　　　　　（d）液体压力

图 7.18　El-Centro 地震作用下不同 PGA 对应的动力响应

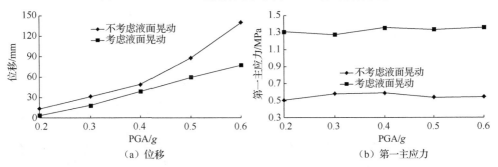

（a）位移　　　　　　　　　　（b）第一主应力

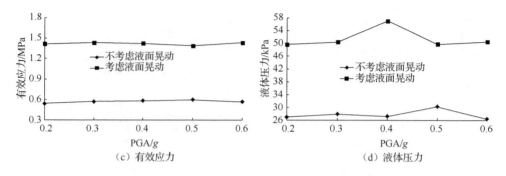

图 7.19　Chi-Chi 地震作用下不同 PGA 对应的动力响应

　　通过对不同参数下滑移隔震混凝土矩形贮液结构动力响应的研究，并且由图 7.14～图 7.19 计算结果的对比进一步得到，不同参数下考虑自由液面晃动与否对滑移隔震混凝土矩形贮液结构动力响应的影响比较大，再次表明在滑移隔震混凝土贮液结构的研究和工程设计应用中需要采用正确的方式考虑自由液面晃动效应的影响，否则得到的结果将不能满足工程精度需求。

参 考 文 献

[1] 居荣初, 曾心传. 弹性结构与液体的耦联振动理论[M]. 北京: 地震出版社, 1983.

[2] CHO J R, LEE H W. Non-linear finite element analysis of large amplitude sloshing flow in two-dimensional tank[J]. International Journal for Numerical Methods in Engineering, 2004, 61(4): 514-531.

[3] 程选生. 钢筋混凝土矩形贮液结构的液-固耦合振动[J]. 煤炭学报, 2009, 34(3): 340-344.

[4] HAROUN M A, TEMRAZ M K. Effects of soil-structure interaction on seismic response of elevated tanks[J]. Soil Dynamics and Earthquake Engineering, 1992, 11(2): 73-86.

第8章 滑移隔震混凝土矩形贮液结构的碰撞动力响应和缓减碰撞措施研究

基于接触单元法,运用 Hertz-damp 非线性模型模拟贮液结构与限位墙的瞬间碰撞效应,运用集中参数模型模拟弹性地基,基于弹簧-质量模型分别建立不考虑和考虑地基效应下摩擦滑移隔震混凝土矩形贮液结构的碰撞简化力学模型,并运用 MATLAB 对非线性碰撞问题进行数值模拟,研究碰撞对贮液结构动力响应的影响以及影响碰撞响应的主要因素(如初始间隔、碰撞刚度、储液高度、峰值地震速度、隔震周期、结构高度与边长比),同时,为了减轻碰撞对贮液结构的不利影响,在限位墙表面设置了缓冲层,在碰撞模型中考虑了缓冲层的非线性,研究缓冲层对碰撞恢复系数以及结构动力响应的影响。

8.1 计 算 模 型

8.1.1 碰撞模拟

滑移隔震贮液结构的特殊性在于地震作用下会产生较大的位移,与限位墙产生碰撞后贮液结构动力响应的变化是值得进行研究的课题。接触单元法作为一种用于模拟碰撞问题的有效手段被广泛采用,常用的碰撞模型包括线性模型、Kelvin 模型、Hertz 模型及 Hertz-damp 模型[1-4]。Muthukumar 等[1]研究表明,在取相同参数时不同模型计算的位移和加速度响应差别在 12%以内。Chau 等[2]、Jankowski[4]较为系统地比较了不同材料碰撞工况下各碰撞模型的数值和试验计算结果,结果表明线性和非线性碰撞模型都能满足工程分析的精度要求。

已有试验研究表明,碰撞中的能量损失主要集中在两物体接近过程中,而碰撞恢复(回弹)阶段的能量损失相对较小[5]。Jankowski[4]提出了修正的 Hertz 模型,即 Hertz-damp 模型(图 8.1),该模型由非线性弹簧和非线性阻尼单元组成,认为全部能量损失发生在碰撞接近过程中,不考虑碰撞恢复阶段的能量损失,其能够最有效地模拟结构的碰撞,特别适合于中震和大震下结构的碰撞研究。撞击和恢复阶段的接触力可表示为

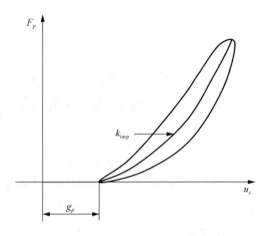

$$图 8.1\quad \text{Hertz-damp 碰撞模型}$$

左碰撞：

$$
\begin{cases}
F_p = k_{\text{imp}}\left(-u_s - g_p\right)^{1.5} + c_{\text{imp}}\dot{u}_s, & -u_s - g_p > 0, \dot{u}_s < 0 \\
F_p = k_{\text{imp}}\left(-u_s - g_p\right)^{1.5}, & -u_s - g_p > 0, \dot{u}_s > 0 \\
F_p = 0, & -u_s - g_p \leqslant 0
\end{cases}
\tag{8.1}
$$

右碰撞：

$$
\begin{cases}
F_p = -k_{\text{imp}}\left(u_s - g_p\right)^{1.5} - c_{\text{imp}}\dot{u}_b, & u_s - g_p > 0, \dot{u}_s > 0 \\
F_p = -k_{\text{imp}}\left(u_s - g_p\right)^{1.5}, & u_s - g_p > 0, \dot{u}_s \leqslant 0 \\
F_p = 0, & u_s - g_p \leqslant 0
\end{cases}
\tag{8.2}
$$

式中，u_s 为贮液结构水平位移；g_p 为结构与周围限位墙或限位墙的间隙；$\dot{u}_s$ 为碰撞过程中结构的速度；k_{imp} 为碰撞刚度；c_{imp} 为碰撞阻尼，k_{imp} 和 c_{imp} 的计算见式（8.3）~式（8.6）[6]：

$$
\begin{cases}
k_{\text{imp},2} = \dfrac{4}{3\pi}\left(\dfrac{1}{\lambda_1 + \lambda_2}\right)\sqrt{\dfrac{R_1 R_2}{R_1 + R_2}} \\[2mm]
\lambda_i = \dfrac{1 - v_i^2}{\pi E_i}, \quad i = 1, 2 \\[2mm]
R_i = \sqrt[3]{\dfrac{3 m_i}{4\pi \rho_i}}, \quad i = 1, 2
\end{cases}
\tag{8.3}
$$

式中，λ_1 和 λ_2 为两碰撞物体的材料参数；v_i 和 E_i 为碰撞物体的泊松比和弹性模量；R_i 为碰撞物体的等效半径；m_i、ρ_i 为碰撞物体的质量和密度。

左碰撞：

$$c_{\text{imp}} = 2\xi_{\text{imp}} \sqrt{k_{\text{imp}} \sqrt{-u_s - g_p}\left(m_c + m_0 + m\right)} \tag{8.4}$$

右碰撞：

$$c_{\text{imp}} = 2\xi_{\text{imp}} \sqrt{k_{\text{imp}} \sqrt{u_s - g_p}\left(m_c + m_0 + m\right)} \tag{8.5}$$

式中，ξ_{imp} 为碰撞阻尼比，可表示为恢复系数 COR 的函数[7]：

$$\xi_{\text{imp}} = \frac{9\sqrt{5}}{2} \frac{1 - \text{COR}^2}{\text{COR}[\text{COR}(9\pi - 16) + 16]} \tag{8.6}$$

在两物体发生碰撞后，合理的恢复系数 COR 取值对碰撞模型的合理性有很大的影响，对于大多数工程结构的碰撞问题，恢复系数 COR 的取值范围为 0.5～0.75[8]。

8.1.2　土-结构相互作用模拟

由于土-结构相互作用（soil and structure interaction，SSI）对隔震结构有较大的影响，因此 SSI 是研究人员在隔震结构研究中考虑的重要因素之一。于旭等[9]对比研究了考虑 SSI 下隔震结构的振动台模型试验与数值模拟结果，得到刚性地基假定与考虑 SSI 下隔震结构的地震响应差别较大，假定地基为刚性进行隔震结构的设计是不合理的。刘伟兵等[10]通过数值模拟得到考虑 SSI 效应后储液罐动力响应减小了，并且指出在软土场地不考虑 SSI 效应会使设计偏于保守。刘伟庆等[11]通过振动台模型试验研究得到考虑 SSI 隔震结构的频率均小于不考虑 SSI 的频率的结论。Zhuang 等[12]通过振动台试验得到考虑 SSI 后，隔震结构体系的阻尼比将增大的结论。Krishnamoorthy 等[13]将土体假定为弹性连续体，并用平面应变单元来模拟土体，数值结果表明 SSI 会增大摩擦摆隔震结构的动力响应。Karabork 等[14]指出，SSI 是软土场地上合理选择隔震支座时需要考虑的一个重要因素。

目前关于 SSI 对结构碰撞动力响应的影响研究更是非常有限[15]。Chouw 等[16]指出碰撞能够放大结构的振动响应，而 SSI 对振动响应可以起到抑制作用；Mahmoud 等[17]指出 SSI 对位于软土场地的隔震结构会产生更加显著的影响，且 SSI 能够增加建筑结构与周围限位墙的碰撞次数。Shakya 等[18]考虑 SSI 并运用间隙单元和 Kelvin-Voigt 模型模拟碰撞问题，得到考虑下部土体后结构的动力响应一般会减小的结论。

为了研究 SSI 对系统碰撞动力响应的影响，运用集总参数模型模拟结构下部的弹性地基，该离散模型基于均匀、各向同性和弹性半空间理论，对于地基的平动和转动力学行为运用弹簧和阻尼单元模拟，模型中弹簧及阻尼单元的刚度及阻尼参数可由式（8.7）计算得到[19]：

$$\begin{cases} k_h = 2(1-v)G\beta_x\sqrt{bl}, \quad c_h = 0.576k_hr_h\sqrt{\dfrac{\rho}{G}} \\[3mm] k_r = \dfrac{G}{1-v}\beta_\varphi bl^2, \quad c_r = \dfrac{0.3}{1+\beta_\varphi}k_rr_r\sqrt{\dfrac{\rho}{G}} \end{cases} \qquad (8.7)$$

式中，v 为泊松比；G 为剪切模量；β_x、β_φ 为弹簧的平动和转动修正常数，β_x 和 β_φ 与地基的长宽比有很大的关系，当贮液结构长宽比基本相等时，得到 β_x 和 β_φ 的近似值等于 1；l、b 分别为矩形地基的长度和宽度，其中 l 平行于地震作用方向，b 垂直于地震作用方向；ρ 为土的密度；r_h、r_r 为地基弹簧的平动和转动等效半径。最大剪切模量 $G_{\max}$ 出现在低应变情况下，可表示为剪切波速 V_s 和土体密度 ρ 的函数：

$$G_{\max} = \rho V_s^2 \qquad (8.8)$$

当土体进入非弹性阶段时，剪切模量 G 显著减小。为了较真实地模拟 SSI，用于分析的剪切模量 G 需要折减，可用剪切模量折减曲线（$G/G_{\max}-1$）解决当剪切应变 γ 受动力作用超越土的弹性范围时 G 的变化问题[19]，剪切应变 γ 可表示为

$$\gamma = \frac{V}{4}\left(\frac{2}{\pi}\right)^{0.5}\left(\frac{3}{4r^2 6V_s^2\rho}\right)\left(0.061+\frac{0.18r}{8}+0.3026\right)+\frac{M}{4}\left(\frac{2}{\pi}\right)^{0.5}\left(\frac{13.840r}{32r^2 6V_s^2\rho}\right) \qquad (8.9)$$

式中，V 为水平剪力；M 为倾覆力矩；r 为地基等效半径。

8.1.3　考虑碰撞效应的滑移隔震矩形贮液结构简化模型

1. 未考虑 SSI

设置限位墙的摩擦滑移隔震混凝土矩形贮液结构（图 8.2）在较大地震作用下，一旦结构位移超越初始间隔，结构会和限位墙产生碰撞，为了研究碰撞效应对混凝土矩形贮液结构动力响应的影响，首先需要建立合理的简化计算模型，对于液体和结构的简化思路同第 4 章 4.2.1 小节。

假定滑移隔震混凝土矩形贮液结构在水平单向地震作用下会和两侧限位墙产生碰撞，以 Hertz-damp 模型模拟非线性碰撞问题，该模型包含碰撞刚度、碰撞阻尼及初始间隔等重要参数，可得到碰撞发生下不考虑地基效应的滑移隔震混凝土矩形贮液结构的简化力学模型，如图 8.3 所示。

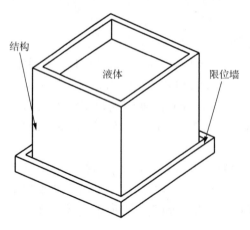

图 8.2　设置限位墙的滑移隔震矩形贮液结构

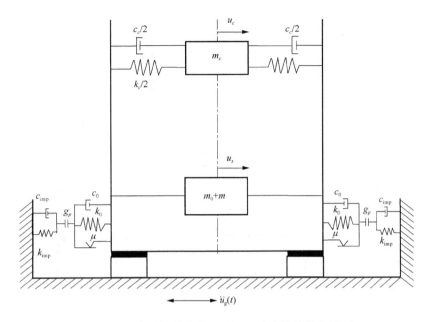

图 8.3　考虑碰撞效应的隔震矩形贮液结构简化模型

2. 考虑 SSI

无质量地基采用集总参数 SR（Sway-Rocking，摇摆）模型，该模型基于各向均匀、各向同性弹性半空间理论（图 8.4），运用二维黏弹性人工边界模拟地基效应，模型中的水平阻抗分别为 k_h 和 c_h，摇摆阻抗分别为 k_φ 和 c_φ[19]。碰撞发生下考虑 SSI 的滑移隔震混凝土矩形贮液结构两质点四自由度力学模型如图 8.5 所示。

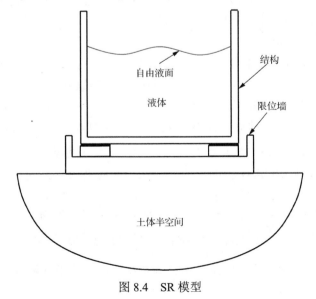

图 8.4　SR 模型

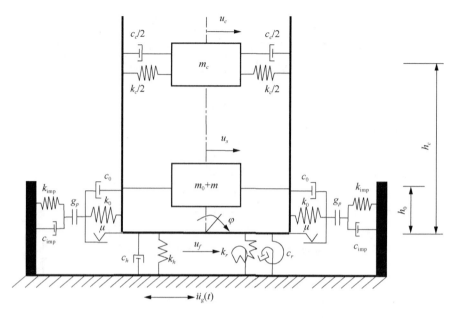

图 8.5　考虑 SSI 的两质点四自由度力学模型

8.2　碰撞动力方程及求解

对于图 8.3 所示系统的动力方程可表示为

$$\begin{bmatrix} m_c & \\ & m+m_0 \end{bmatrix}\begin{Bmatrix} \ddot{u}_c \\ \ddot{u}_s \end{Bmatrix} + \begin{bmatrix} c_c & -c_c \\ -c_c & c_0+c_c \end{bmatrix}\begin{Bmatrix} \dot{u}_c \\ \dot{u}_s \end{Bmatrix} + \begin{bmatrix} k_c & -k_c \\ -k_c & k_0+k_c \end{bmatrix}\begin{Bmatrix} u_c \\ u_s \end{Bmatrix} =$$

$$-\ddot{u}_g\begin{Bmatrix} m_c \\ m+m_0 \end{Bmatrix} - F_f\begin{Bmatrix} 0 \\ 1 \end{Bmatrix} - F_p\begin{Bmatrix} 0 \\ 1 \end{Bmatrix} \qquad (8.10)$$

式中，m_c、m_0 分别为液体对流质量和随贮液结构一起运动的质量；k_0、c_0 分别为隔震结构的刚度和阻尼；u_c、$\dot{u}_c$、$\ddot{u}_c$ 分别为液体对流质点的位移、速度、加速度；u_s、$\dot{u}_s$、$\ddot{u}_s$ 分别为结构的位移、速度、加速度；k_c、c_c 分别为液体对流分量对应的刚度和阻尼；$\ddot{u}_g$ 为地震加速度；F_f 为隔震层摩擦力；F_p 为体系碰撞力。简化计算模型的主要参数可借助式（4.11）～式（4.16）得到。

液体晃动波高是贮液结构的重要特征动力响应之一，因此在贮液结构的碰撞动力响应研究中仍然是需要考虑的因素之一，可由式（4.17）计算得到。

对于图 8.5 所示系统的动力方程可由 Hamilton 原理得到：

$$\delta\int_{t_1}^{t_2}(T-V)\mathrm{d}t + \int_{t_1}^{t_2}\delta W_{nc}\mathrm{d}t = 0 \qquad (8.11)$$

式中，T、V 为系统的动能和势能；W_{nc} 为系统阻尼、摩擦和碰撞耗散的能量。

由图 8.5 可知

$$T = \frac{1}{2}m_c\left(\dot{u}_g + \dot{u}_f + \dot{u}_c + h_c\dot{\varphi}\right)^2 + \frac{1}{2}(m_0 + m)\left(\dot{u}_g + \dot{u}_f + h_0\dot{\varphi}\right)^2$$
$$+ \frac{1}{2}(m_0 + m)\left(\dot{u}_g + \dot{u}_f\right)^2 + \frac{1}{2}I_0\left(\dot{\varphi}\right)^2 \tag{8.12}$$

$$V = \frac{1}{2}k_c u_c^2 + \frac{1}{2}k_0 u_s^2 + \frac{1}{2}k_h u_f^2 + \frac{1}{2}k_\varphi \varphi^2 \tag{8.13}$$

$$\delta W_{nc} = -c_c\dot{u}_c\delta u_c - c_0\dot{u}_s\delta u_s - c_h\dot{u}_f\delta u_f - c_\varphi\dot{\varphi}\delta\varphi - F_f\delta u_s - F_p\delta u_s \tag{8.14}$$

将式（8.12）～式（8.14）代入式（8.11）得到系统动力方程为

$$\boldsymbol{M\ddot{U}} + \boldsymbol{C\dot{U}} + \boldsymbol{KU} + \boldsymbol{F}_f + \boldsymbol{F}_p = -\boldsymbol{M}'\ddot{u}_g \tag{8.15}$$

式中，$\boldsymbol{M} = \begin{bmatrix} m_c & 0 & m_c & m_c h_c \\ 0 & m + m_0 & m + m_0 & 0 \\ m_c & m + m_0 & m_c + m + m_0 & m_c h_c \\ m_c h_c & 0 & m_c h_c & m_c h_c^2 + m h_0^2 + m_0 h_0^2 + I_0 \end{bmatrix}$，

$$\boldsymbol{C} = \begin{bmatrix} c_c & -c_c & 0 & 0 \\ -c_c & c_c + c_0 & 0 & 0 \\ 0 & 0 & c_h & 0 \\ 0 & 0 & 0 & c_r \end{bmatrix}, \quad \boldsymbol{K} = \begin{bmatrix} k_c & -k_c & 0 & 0 \\ -k_c & k_c + k_0 & 0 & 0 \\ 0 & 0 & k_h & 0 \\ 0 & 0 & 0 & k_r \end{bmatrix}, \quad \boldsymbol{M}' = \begin{Bmatrix} m_c \\ m + m_0 \\ m + m_c + m_0 \\ m_c h_c \end{Bmatrix},$$

$$\boldsymbol{\ddot{U}} = \begin{Bmatrix} \ddot{u}_c \\ \ddot{u}_s \\ \ddot{u}_f \\ \ddot{\varphi} \end{Bmatrix}, \quad \boldsymbol{\dot{U}} = \begin{Bmatrix} \dot{u}_c \\ \dot{u}_s \\ \dot{u}_f \\ \dot{\varphi} \end{Bmatrix}, \quad \boldsymbol{U} = \begin{Bmatrix} u_c \\ u_s \\ u_f \\ \varphi \end{Bmatrix}, \quad \boldsymbol{F}_f = \begin{Bmatrix} 0 \\ F_f \\ 0 \\ 0 \end{Bmatrix}, \quad \boldsymbol{F}_p = \begin{Bmatrix} 0 \\ F_p \\ 0 \\ 0 \end{Bmatrix}$$

式中，u_f、φ 分别为混凝土贮液结构基础重心相对地基的水平位移和转角；I_0 为结构绕中心的转动惯量。

对动力方程的求解以考虑 SSI 的情况为例，令地震力 $\boldsymbol{F}_e = -\boldsymbol{M}'\ddot{u}_g$，将式（8.15）转化为以下形式：

$$\boldsymbol{M\ddot{U}} + \boldsymbol{C\dot{U}} + \boldsymbol{KU} = \boldsymbol{F}_e - \boldsymbol{F}_f - \boldsymbol{F}_p \tag{8.16}$$

对动力方程（8.16）的求解可采用 Newmark-β 法，该方法是在线性加速度法基础上发展而来的一种逐步积分方法，能够适用于各类非线性问题的求解，首先假定

$$\dot{\boldsymbol{U}}_{i+1} = \dot{\boldsymbol{U}}_i + \left[(1 - \beta)\ddot{\boldsymbol{U}}_i + \beta\ddot{\boldsymbol{U}}_{i+1}\right]\Delta t \tag{8.17}$$

$$\boldsymbol{U}_{i+1} = \boldsymbol{U}_i + \dot{\boldsymbol{U}}_i\Delta t + \left[\left(\frac{1}{2} - \gamma\right)\ddot{\boldsymbol{U}}_i + \gamma\ddot{\boldsymbol{U}}_{i+1}\right]\Delta t^2 \tag{8.18}$$

式中，β、γ 为考虑精度和稳定性而引入的调整系数。当 β=0.5，γ=0.25 时，相当于

加速度保持不变，即当时间由 t 增加到 $t+\Delta t$ 的过程中速度保持不变，其表达式为 $\left(\ddot{U}_i + \ddot{U}_{i+1}\right)/2$。已有研究表明，当 $\beta \geqslant 0.5$ 和 $\gamma \geqslant 0.25(0.5+\beta^2)$ 时，Newmark-β 法是无条件稳定的。

由式（8.17）和式（8.18）可得到速度 $\dot{U}$ 和位移 U 的增量形式 $\Delta\dot{U}$ 和 ΔU 分别为

$$\Delta\dot{U}_i = \dot{U}_{i+1} - \dot{U}_i = \left(\ddot{U}_i + \beta\Delta\ddot{U}_i\right)\Delta t \tag{8.19}$$

$$\Delta U_i = U_{i+1} - U_i = \dot{U}_i \Delta t + \frac{1}{2}\ddot{U}_i \Delta t^2 + \gamma\Delta\ddot{U}_i \tag{8.20}$$

将式（8.20）进行转化可得到加速度增量 $\Delta\ddot{U}_i$，再将 $\Delta\ddot{U}_i$ 代入式（8.19）可得到

$$\Delta\ddot{U}_i = \frac{1}{\gamma\Delta t^2}\Delta U_i - \frac{1}{\gamma\Delta t}\dot{U}_t - \left(\frac{1}{2\gamma}-1\right)\ddot{U}_t \tag{8.21}$$

$$\Delta\dot{U}_i = \frac{\beta}{\gamma\Delta t}\Delta U_i + \left(1-\frac{\beta}{\gamma}\right)\dot{U}_t + \left(1-\frac{\beta}{2\gamma}\right)\Delta t\ddot{U}_t \tag{8.22}$$

结构动力方程（8.16）对应的增量形式为

$$\boldsymbol{M}\Delta\ddot{\boldsymbol{U}}_i + \boldsymbol{C}\Delta\dot{\boldsymbol{U}}_i + \boldsymbol{K}\Delta\boldsymbol{U}_i = \Delta\boldsymbol{F}_{e(i)} - \Delta\boldsymbol{F}_{f(i)} - \Delta\boldsymbol{F}_{p(i)} \tag{8.23}$$

将式（8.20）～式（8.22）代入式（8.23）可得到

$$\overline{\boldsymbol{K}}\Delta\boldsymbol{U}_i = \overline{\boldsymbol{F}} \tag{8.24}$$

式中，

$$\overline{\boldsymbol{K}} = \boldsymbol{K} + \frac{1}{\gamma\Delta t^2}\boldsymbol{M} + \frac{\beta}{\gamma\Delta t}\boldsymbol{C}$$

$$\overline{\boldsymbol{F}} = \Delta\boldsymbol{F}_{e(i)} - \Delta\boldsymbol{F}_{f(i)} - \Delta\boldsymbol{F}_{p(i)} + \boldsymbol{M}\left[\frac{1}{\gamma\Delta t}\dot{\boldsymbol{U}}_i + \left(\frac{1}{2\gamma}-1\right)\ddot{\boldsymbol{U}}_i\right]$$

$$+ \boldsymbol{C}\left[\left(\frac{\beta}{\gamma}-1\right)\dot{\boldsymbol{U}}_i + \left(\frac{\beta}{2\gamma}-1\right)\Delta t\ddot{\boldsymbol{U}}_i\right]$$

由式（8.24）即可得到位移增量 ΔU_i，将位移增量 ΔU_i 代入式（8.22）即可求得速度增量 $\Delta\dot{U}_i$。由此可以得到第 $i+1$ 时间步的位移 U_{i+1} 和速度 $\dot{U}_{i+1}$：

$$U_{i+1} = U_i + \Delta U_i \tag{8.25}$$

$$\dot{U}_{i+1} = \dot{U}_i + \Delta\dot{U}_i \tag{8.26}$$

将式（8.25）和式（8.26）代入式（8.16）可得到第 $i+1$ 时间步的加速度 $\ddot{U}_{i+1}$：

$$\ddot{U}_{i+1} = \boldsymbol{M}^{-1}\left(\boldsymbol{F}_e - \boldsymbol{F}_f - \boldsymbol{F}_p - \boldsymbol{C}\dot{U}_{i+1} - \boldsymbol{K}U_{i+1}\right) \tag{8.27}$$

对式（8.10）不考虑 SSI 动力方程的求解采用相同的求解步骤，只需要在上述各项中略去与地基相关的参数即可。

8.3　碰撞能量方程及求解

由动力方程（8.16）对位移进行积分可得到体系的能量平衡方程：

$$\int_0^{t_0} \ddot{U}^\mathrm{T} M \dot{U} \mathrm{d}t + \int_0^{t_0} \dot{U}^\mathrm{T} C \dot{U} \mathrm{d}t + \int_0^{t_0} U^\mathrm{T} K \dot{U} \mathrm{d}t + \int_0^{t_0} F_f \dot{U} \mathrm{d}t + \int_0^{t_0} F_p \dot{U} \mathrm{d}t$$

$$= -\int_0^{t_0} \left(M' \ddot{u}_g \right)^\mathrm{T} \dot{U} \mathrm{d}t \tag{8.28}$$

对于滑移隔震贮液结构，地震输入能量主要由阻尼、摩擦和碰撞耗散，由系统阻尼、摩擦和碰撞消耗的能量 E_D、E_F 和 E_P 可分别表示为

$$\begin{cases} E_D = \int_0^{t_0} \dot{U}^\mathrm{T} C \dot{U} \mathrm{d}t \\ E_F = \int_0^{t_0} F_f \dot{U} \mathrm{d}t \\ E_P = \int_0^{t_0} F_p \dot{U} \mathrm{d}t \end{cases} \tag{8.29}$$

8.4　碰撞动力响应

8.4.1　计算参数

混凝土矩形贮液结构的长×宽×高为 6m×6m×4.8m，储存的液体高度为 3.6m，液体密度为 1000kg/m³，体积模量为 2.3×10⁹Pa；壁板和限位墙厚度为 0.2m，混凝土强度等级为 C30；定义滑移隔震层的摩擦系数 μ 为 0.06。为了研究碰撞对混凝土贮液结构动力响应的影响，选取 10 条地震波，见表 8.1，调整地震波持时为 15s，当地震较小时结构最大水平位移较小，超越初始间隔的概率小，因此将 10 条地震波的 PGA 调整为 1.0g，其相当于强震[20]，地震波对应的反应谱如图 8.6 所示。

表 8.1　地震信息

地震序号	地震名称	地点	站点	时间	PGA/g
1	ChiChi	中国台湾	TCU045	1999.9.20	0.361
2	Northridge	美国	090 CDMG 24278	1994.1.17	0.568
3	Loma Prieta	美国	090 CDMG 47381	1989.10.18	0.360
4	Imperial Valley	美国	USGS 5115	1979.10.15	0.315
5	Kobe	日本	Kakogawa (CUE 90)	1995.1.16	0.345
6	ChiChi	中国台湾	TCU036	1999.9.20	0.118
7	Hollister	美国	USGS 1028	1961.4.9	0.195
8	Darfield	新西兰	TPLC	2010.9.3	0.287
9	ChiChi	中国台湾	TCU056	1999.9.20	0.134
10	ChiChi	中国台湾	TCU051	1999.9.20	0.149

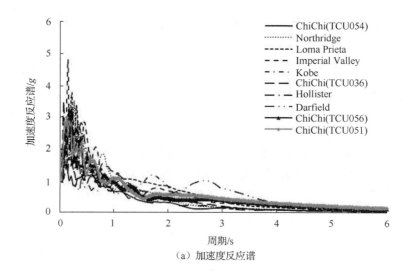

（a）加速度反应谱

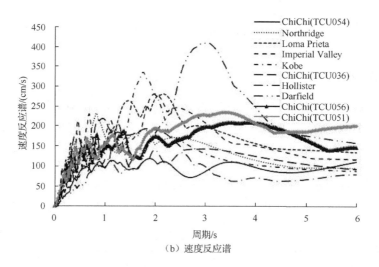

（b）速度反应谱

图 8.6　地震波反应谱

8.4.2　碰撞对动力响应的影响

k_{imp} 和 COR 可分别取为 $2.75×10^{9}\mathrm{N/m}^{3/2}$、$0.65^{[4,21]}$，运用 MATALB 对非线性碰撞问题进行数值模拟。限于篇幅，仅列出 ChiChi-TCU045 和 Northridge 地震下结构动力响应时程曲线，如图 8.7 所示，通过对有碰撞和无碰撞情况下动力响应的对比来研究碰撞对系统的影响。

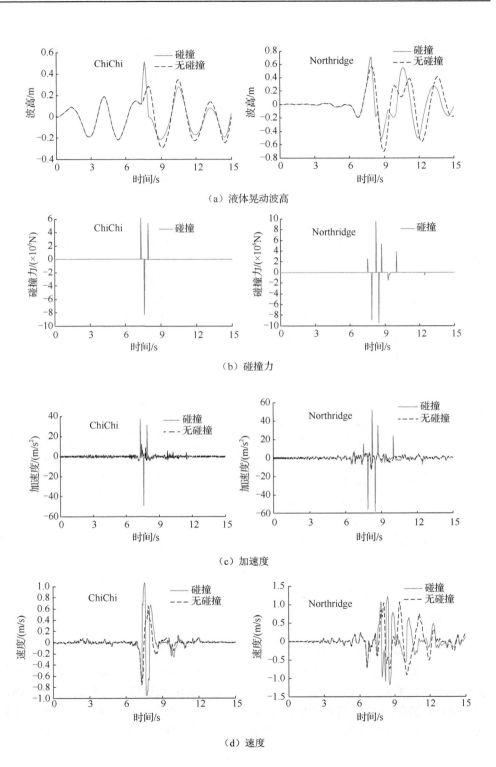

（a）液体晃动波高

（b）碰撞力

（c）加速度

（d）速度

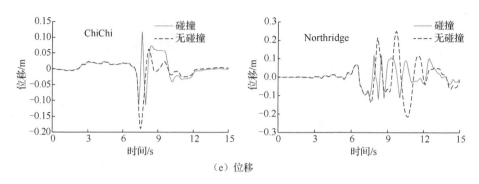

（e）位移

图 8.7　碰撞对贮液结构动力响应的影响

由图 8.7 得到，当滑移隔震贮液结构的位移量较大且超越初始间隔时，碰撞会在贮液结构的壁板和限位墙之间发生，较大的碰撞力会导致结构加速度出现大幅值和短持时的脉冲现象，相应造成体系其他动力响应的放大。在 ChiChi-TCU045 波作用下，最大加速度和速度响应被分别放大 298.12%和 43.41%，在 Northridge 波作用下，最大加速度和速度响应被分别放大 342.06%和 13.56%；由于周围限位墙的作用，结构本身的位移响应被显著减小，在 ChiChi-TCU045 波和 Northridge 波作用下，最大结构位移分别被减小 49.35%和 52.13%，因此限位墙能够确保贮液结构在大震下位移不超限，从而避免贮液结构附属管线不发生撕裂破坏；在碰撞的瞬间，贮液晃动高度被显著放大，在 ChiChi-TCU045 波和 Northridge 波作用下，液体最大晃动波高分别被放大 93.85%和 26.46%。在 ChiChi 波和 Northridge 波作用下，最大碰撞力分别为 8.234×10^6N 和 9.494×10^6N，较大的碰撞力有可能会导致结构和限位墙的破坏，因此相应的碰撞缓冲措施研究很有必要。综上所述，碰撞效应对贮液结构加速度响应的放大作用最明显，贮液结构在碰撞的瞬间可能会发生破坏。此外，碰撞会造成液体晃动波高的增大，对于有顶盖贮液结构，液体的冲击力会造成顶盖的破坏，而对于无顶盖贮液结构，若预留的干弦高度不足，则液体会流出贮液结构，对于化工行业使用的贮液结构，最终将造成环境污染及火灾等严重后果。

8.4.3　碰撞动力响应的影响因素

1. 预留宽度

为了研究混凝土贮液结构与限位墙之间预留宽度对碰撞动力响应的影响，首先进行 10 条地震波作用下滑移隔震混凝土贮液结构在无限位墙时的最大水平位移 D_{max} 计算，其值分别为 0.1887m、0.2486m、0.4351m、0.2339m、0.4259m、0.2638m、0.1243m、0.2050m、0.1062m 和 0.1718m，接着 g_p/D_{max} 分别取 0.5、0.6、0.7、0.8、0.9、1.0 和 1.1，研究结构在不同间隔下的加速度和碰撞力响应，具体结果如图 8.8 所示。

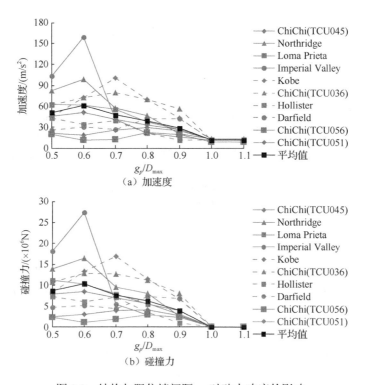

图 8.8　结构与限位墙间隔 g_p 对动力响应的影响

由图 8.8 得到，在 10 条地震波作用下，结构加速度和碰撞力总体上随 g_p/D_{max} 的增大首先增大，然后又开始减小。当 g_p/D_{max} 等于 0.6 或 0.7 时，碰撞引起动力响应的增大效果更加明显。因此，在实际隔震贮液结构的限位墙设计中，要注意存在某一个 g_p/D_{max} 值，使隔震贮液结构与限位墙发生碰撞后引起贮液结构动力响应的增大效果最明显，从而使贮液结构处于更不利的受力状态。

2. 碰撞刚度

Muthukumar 等[1]通过式（8.3）得到 Hertz 模型的碰撞刚度可取为 888kN/mm；Mahmoud 等[3]指出碰撞刚度可假定为 2500～5800kN/mm；Jankowski[4]采用的碰撞刚度为 2750kN/mm；Mier 等[22]通过试验得到混凝土之间的碰撞刚度为 40～80kN/mm；Polycarpou 等[23]假定混凝土之间的碰撞刚度为 1500kN/mm；Masroor 等[24]在 Hertz-damp 模型中采用的碰撞刚度为 4400kN/mm。为了研究碰撞刚度对混凝土贮液结构动力响应的影响，假定碰撞刚度的取值范围为 300～3000kN/mm，得到不同碰撞刚度下贮液结构的动力响应如图 8.9 所示。

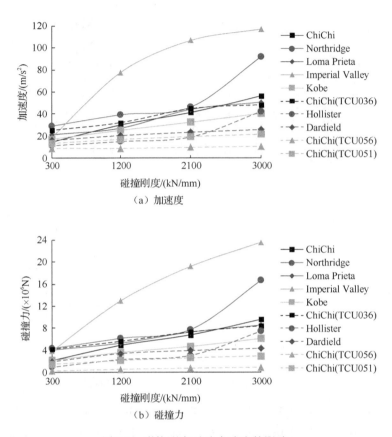

（a）加速度

（b）碰撞力

图 8.9　碰撞刚度对动力响应的影响

由图 8.9 可知，总体上结构加速度及碰撞力都随碰撞刚度取值的增大而增大。但是目前在混凝土与混凝土碰撞刚度的选取上，各学者所采用的数值相差 10 甚至 10^2 数量级，刚度的取值差异无疑会影响分析结果的可靠性。因此，关于碰撞刚度的合理取值，在今后有必要借助试验或数值仿真方法进行进一步的研究。

3. 储液高度

贮液结构在不同使用阶段所储存的液体高度会随时变化，而储液高度是贮液结构设计时需要考虑的重要参数之一，因此，有必要研究储液高度变化时对贮液结构碰撞动力响应的影响。假定储液高度 h_w 分别为 0m、2.4m、3.6m 和 4.6m，10 条地震波作用下贮液结构由于碰撞引起的液体晃动波高、碰撞力、结构加速度计算结果如表 8.2 所示。

表 8.2　贮液高度对贮液结构碰撞动力响应的影响

参数	不同地震对应数值									
	1	2	3	4	5	6	7	8	9	10
储液高度	h_w=0 m									
晃动波高/m	0	0	0	0	0	0	0	0	0	0
碰撞力/（×10⁶N）	6.812	7.948	6.852	15.246	6.552	6.421	4.633	2.963	2.222	3.136
加速度/（m/s²）	61.26	59.26	51.23	105.28	53.28	60.91	64.41	23.06	24.49	29.97
储液高度	h_w=2.4 m									
晃动波高/m	0.561	0.658	1.051	0.940	0.376	0.564	0.502	0.209	0.368	0.251
碰撞力/（×10⁶N）	5.957	7.232	5.128	10.09	3.981	5.501	4.132	3.410	0.155	2.306
加速度/（m/s²）	38.59	40.25	44.90	99.89	47.86	54.89	40.26	20.71	18.77	22.75
储液高度	h_w=3.6 m									
晃动波高/m	0.632	0.707	1.377	1.025	0.469	0.678	0.726	0.252	0.481	0.498
碰撞力/（×10⁶N）	6.826	8.151	7.929	16.290	4.608	7.536	4.811	3.788	0.207	2.811
加速度/（m/s²）	42.31	47.66	52.87	109.50	66.52	55.05	61.32	21.69	19.74	28.46
储液高度	h_w=4.6 m									
晃动波高/m	0.516	0.713	1.435	1.098	0.512	0.715	0.754	0.274	0.541	0.561
碰撞力/（×10⁶N）	8.234	9.493	8.918	18.440	7.043	8.026	5.608	4.353	0.857	2.929
加速度/（m/s²）	48.77	57.91	58.49	110.52	46.08	56.59	72.03	22.66	20.24	31.28

由表 8.2 可得到，在 10 条地震波作用下，碰撞发生的情况下液体晃动波高幅值都随储液高度的增大而增大。当储液高度由 0m 增加到 2.4m 和由 2.4m 增加到 3.6m 时，液体晃动波高增加很显著，但是当储液高度由 3.6m 增加到 4.6m 时，液体晃动波高增加缓慢。尽管贮液结构充满状态有助于达到结构的充分利用，但是当液体晃动波高超过预留的干弦高度时，容易造成液体溢出，而碰撞的发生无疑会增加液体溢出的概率，在实际工程中，考虑碰撞发生的可能性，预留的干弦高度要更大一些。贮液结构在空置状态，结构最大加速度和碰撞力有可能大于某些充液状态对应的响应，但当储液高度为 2.4m、3.6m 和 4.6m 时，结构最大加速度和碰撞力都随储液高度的增大而增大，较大的储液率会使贮液结构在碰撞作用下处于更不利的状态。

4. 峰值地震速度

地震速度反应谱对应于隔震结构周期的值较大，地震动峰值速度（peak ground velocity，PGV）是地震记录的主要特征参数之一，因此有必要研究 PGV 对滑移隔震混凝土矩形贮液结构碰撞动力响应的影响，主要计算结果如图 8.10 所示。

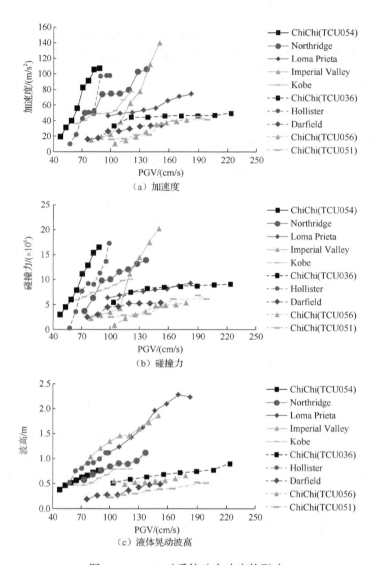

图 8.10　PGV 对系统动力响应的影响

　　由图 8.10 得到，在 10 条地震波作用下，碰撞发生的情况下贮液结构加速度、碰撞力及液体晃动波高都随 PGV 的增大而增大，且 PGV 对贮液结构加速度和碰撞力的影响程度明显大于对液体晃动波高的影响。此外，在每条地震波作用下，液体晃动波高幅值与 PGV 满足近似的线性关系。地震波的速度直接影响隔震结构的速度，因此可以得到碰撞前的结构瞬间速度对系统的动力响应有很大的影响。即可以预测到隔震贮液结构的运动速度越大，碰撞动力响应将越大，结构壁板及限位墙在较大碰撞力作用下的破坏程度会更加严重，因此更大的 PGV 对隔震贮液结构将带来更不利的影响。

5. 隔震周期

隔震周期是影响减震效果和进行隔震结构设计时需要控制的重要参数之一，隔震周期对系统碰撞响应的影响如图 8.11 所示。由图 8.11 得到，碰撞作用发生的情况下，隔震周期对结构加速度和碰撞力的影响规律基本一致，它们都先随隔震周期的增加而增加，然后又开始减小。此外，碰撞作用下隔震周期对液体晃动波高的影响比较小。

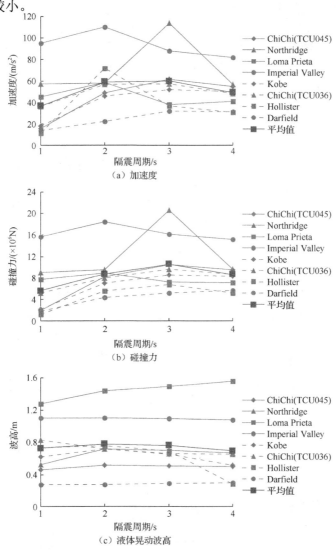

图 8.11　隔震周期对系统碰撞响应的影响

6. 结构高度

贮液结构的高度一方面会使其在节约土地的基础上实现储液量的增加，另一方面会响应高宽比，而高宽比是矩形贮液结构的重要设计参数之一。贮液结构高度对系统碰撞动力响应的影响如图 8.12 所示。由图 8.12 得到，结构高度对碰撞加速度和碰撞力的影响规律基本一致，即碰撞加速度和碰撞力首先随着结构高度的增加而增加，然后又开始减小；而贮液结构高度对液体晃动波高的影响很小。

7. 结构长宽比

贮液结构长宽比也是重要的设计参数之一，它能够显著增加系统的质量，同时对液体晃动也有较大的影响，贮液结构长宽比对系统碰撞动力响应的影响如图 8.13 所示。由图 8.13 得到，当碰撞发生时，结构加速度会随着结构长宽比的增大而减小，碰撞力会随着结构长宽比的增大而增大，液体晃动波高会随着结构长宽比的增大而减小。

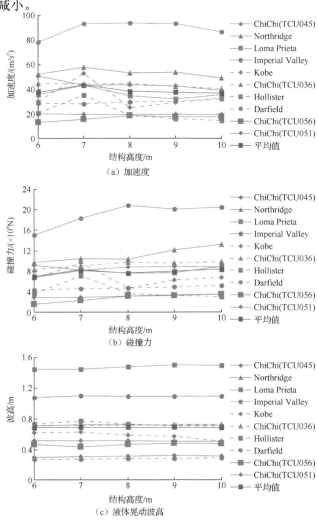

（a）加速度

（b）碰撞力

（c）液体晃动波高

图 8.12　结构高度对系统动力响应的影响

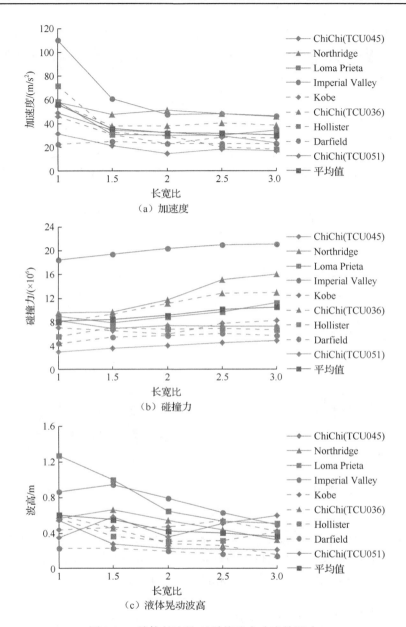

图 8.13 结构长宽比对系统动力响应的影响

8. SSI

为了研究 SSI 对贮液结构碰撞动力响应的影响，取初始间隔 g_p 为 0.10m，滑移层摩擦系数为 0.06，大量研究表明软土对隔震结构动力响应的影响更显著，为了研究 SSI 对滑移隔震混凝土矩形贮液结构碰撞动力响应的影响，依据《统一建筑规范》（Uniform Building Code，UBC2007）选取软土作为地基，土体对应的材料参数如表 8.3 所示，用于考虑地基效应的动剪切模量 G 取为最大剪切模量 $G_{\max}$ 的 60%。地基平动和转动对应的等效半径 r_h 和 r_r 都为 4m[25]，截取的地基长 l 和宽 b 都为 66m。

表 8.3　地基土参数

土体类型	剪切速度/（m/s）	土体密度/（kg/m³）	泊松比	弹性模量/MPa	阻尼比/%
软土	150	1900	0.30	6.12	5

　　选取近场脉冲 ChiChi-TCU036 地震波和远场 Imperial Valley-06 地震波用于时程分析，地震波信息如表 8.4 所示，地震波来源于美国太平洋地震研究中心强震观测数据库，将上述两类地震波的 PGA 都调整为 1.0g，调整后的加速度时程曲线如图 8.14 所示。

表 8.4　地震波信息

地震名称	站点	PGA/g	PGV/（cm/s）	PGD/m	脉冲持时 T_p/s
ChiChi-TCU036	TCU036	0.134	11.508	0.023	5.341
Imperial Valley-06	Westmorland Fire Sta	0.076	4.245	0.0084	—

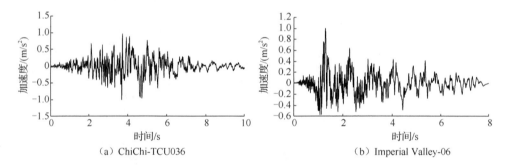

（a）ChiChi-TCU036　　　　　　　（b）Imperial Valley-06

图 8.14　地震加速度时程曲线

　　ChiChi-TCU036 和 Imperial Valley 地震作用下，在考虑和不考虑 SSI 的情况下分别计算滑移隔震混凝土矩形贮液结构的主要碰撞动力响应，两种情况下液体晃动波高、贮液结构加速度、碰撞力和结构位移的对比如图 8.15 所示。

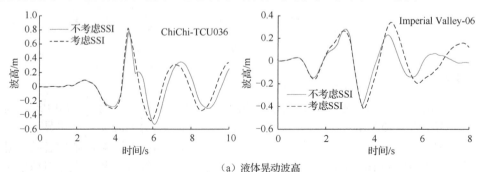

（a）液体晃动波高

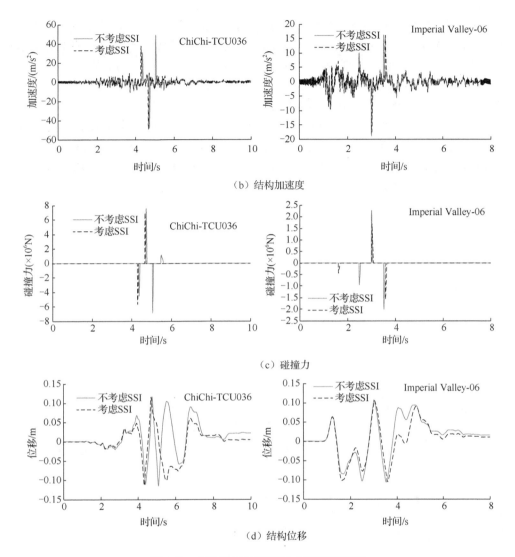

图 8.15　SSI 对系统碰撞动力响应的影响

由图 8.15 得到，碰撞的瞬间会造成碰撞力和结构加速度出现脉冲现象。考虑 SSI 后最大液体晃动波高会增大，原因在于 SSI 效应会使隔震体系的周期延长，而液体的晃动周期较长，SSI 效应使隔震体系的周期和液体晃动的周期相差较小，从而使液体晃动波高出现增大的现象；考虑 SSI 后，结构最大加速度和碰撞力响应会被减小，主要原因在于地基在碰撞的瞬间会对结构起到缓冲作用。近场脉冲 ChiChi-TCU036 和远场 Imperial Valley-06 大震作用下，结构位移超越碰撞间隔，由于周围限位墙的作用，结构的滑动受到限位墙的限制，使 SSI 效应对结构最大位移响应的影响比较小。除了贮液结构滑移位移外，近场 ChiChi-TCU036 地震引起的结构动力响应明显大于远场 Imperial Valley-06 地震，考虑 SSI 后，ChiChi-TCU036 和 Imperial Valley-06 地震对应的最大液体晃动波高分别为 0.822m 和 0.266m，最大加速度分别为 49.36m/s^2 和 17.59m/s^2，最大碰撞力分别为 7.02×10^{6}N 和 1.70×10^{6}N，由这些数据可知近场脉冲性地震会使滑移隔震贮液结构处于更不利的受力状态并严重影响其正常功能的发挥。

摩擦滑移隔震的显著特点在于，当结构滑动时，摩擦效应会消耗大量的能量，此外系统的阻尼会耗散一部分能量，当碰撞发生时，碰撞效应也会耗散能量。两类地震作用下考虑和不考虑 SSI 的摩擦耗能 E_F、碰撞耗能 E_P 和阻尼耗能 E_D 的计算结果如图 8.16 所示。

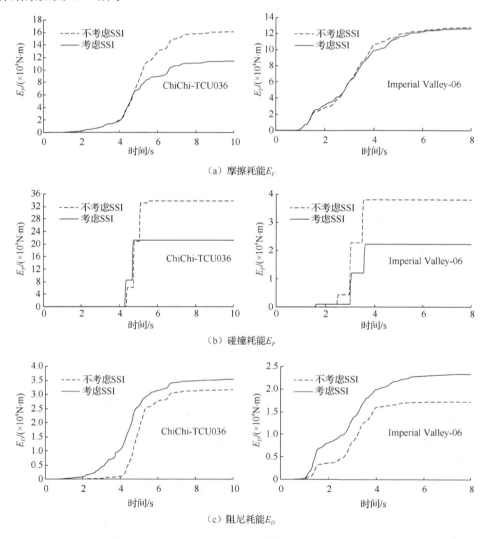

（a）摩擦耗能 E_F

（b）碰撞耗能 E_P

（c）阻尼耗能 E_D

图 8.16　SSI 对系统耗能的影响

由图 8.16 得到，考虑 SSI 后体系的摩擦耗能和碰撞耗能减小了，而阻尼耗能增加了。由摩擦和阻尼耗散的能量都随着时间的增加而逐渐增加，最后趋于平缓；碰撞耗能出现在每一次碰撞发生的瞬间，在无碰撞发生的情况下，碰撞耗能不再增加，对应的曲线处于水平状态，总体来看，碰撞耗能随着时间呈现阶梯型增长的现象。滑移隔震结构由于滑动摩擦而消耗的能量远大于阻尼耗能，因此在无碰撞情况下，滑移隔震层摩擦系数的合理选取对滑移隔震结构的减震设计具有重要的影响。对比近场脉冲 ChiChi-TCU036 地震和远场 Imperial Valley-06 地震下的能量响应，可以看出近场脉冲 ChiChi-TCU036 地震作用下，体系的摩擦耗能、碰撞耗能和阻尼耗能都远远大于远场 Imperial Valley-06 地震作用情况，为了确保滑移隔震贮液结构在强震下继续有效发挥作用，近场脉冲地震作用对结构各部分的设计有更高的要求，体系各组成部分需要消耗更多的地震能量。

8.5　缓冲碰撞措施

橡胶减震层能够缓冲碰撞期间体系的刚度突变问题[26]，且取材容易，价格低廉。在贮液结构周围的限位墙加设多个橡胶缓冲块，如图 8.17 所示。通过数值模拟说明运用缓冲材料减小碰撞响应的有效性，缓冲材料参数如表 8.5 所示。

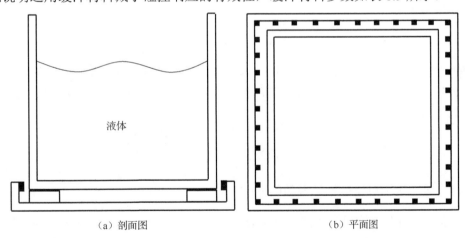

| （a）剖面图　　　　　　　　　　　（b）平面图 |

（a）剖面图　　　　　　　　　　　　　（b）平面图

图 8.17　缓冲碰撞响应的措施

表 8.5　缓冲材料参数

参数	弹性模量/MPa	阻尼比	密度/（kg/m³）	伸长率/%	回弹率/%
取值	4.421	0.14	900	800～1000	70～90

由已有试验结果可知，橡胶在碰撞力作用下应力-应变会表现出非线性[27]，因此有必要采用非线性碰撞模型模拟加入橡胶缓冲层的效应，设置缓冲材料后的碰撞力可表示为[28]

左碰撞：

$$F_P = \begin{cases} K_{imp}\left(-u_s - g_p\right)^n, & \left(-u_s - g_p\right) > 0, \quad \left(-u_s - g_p\right) < \delta_\mu, \dot{u}_s < 0 \\ K_{imp}\delta_\mu^n + k_{imp\_PY}\left(-u_s - g_p - \delta_\mu\right), & \left(-u_s - g_p\right) > 0, \left(-u_s - g_p\right) > \delta_\mu, \dot{u}_s < 0 \\ K_{imp}\left(-u_s - g_p\right)^n\left(1 + C_{imp} \cdot \dot{u}_s\right), & \left(-u_s - g_p\right) > 0, \dot{u}_s > 0 \\ 0, & \left(-u_s - g_p\right) \leqslant 0 \end{cases} \quad (8.30)$$

右碰撞：

$$F_P = \begin{cases} -K_{imp}\left(u_s - g_p\right)^n, & \left(u_s - g_p\right) > 0, \left(u_s - g_p\right) < \delta_\mu, \dot{u}_s > 0 \\ -K_{imp}\delta_\mu^n - k_{imp\_PY}\left(u_s - g_p - \delta_\mu\right), & \left(u_s - g_p\right) > 0, \left(u_s - g_p\right) > \delta_\mu, \dot{u}_s > 0 \\ -K_{imp}\left(u_s - g_p\right)^n\left(1 + C_{imp} \cdot \dot{u}_s\right), & \left(u_s - g_p\right) > 0, \dot{u}_s < 0 \\ 0, & \left(u_0 - g_p\right) \leqslant 0 \end{cases} \quad (8.31)$$

式中，K_{imp} 和 C_{imp} 为设置缓冲层后的碰撞刚度和碰撞阻尼；k_{imp_PY} 为缓冲材料屈服前碰撞刚度；δ_μ 为缓冲材料达到极限压应变时对应的位移。

设置缓冲块后考虑材料非线性的碰撞刚度和碰撞阻尼可表示为式（8.32）和式（8.33）[28]：

$$K_{imp} = N\alpha\frac{A \cdot K_r}{d^n} \quad (8.32)$$

式中，N 为碰撞一侧缓冲块的数目；α 为碰撞引起的刚度放大系数，其取值范围为 2～2.5；A、K_r 和 d 分别为缓冲材料的接触面积、刚度及厚度；n 为考虑非线性的指数，可取为 2.65。

$$C_{imp} = \frac{1 - COR^2}{2\dot{u}_s}\frac{\ln^3 COR}{COR\left(2 + \ln^2 COR - 2\ln COR\right) - 2} \quad (8.33)$$

8.5.1　缓冲措施对碰撞恢复系数的影响

恢复系数对碰撞引起的能量损失评估有较大的影响，然而目前大量关于碰撞恢复系数的研究都是基于混凝土碰撞试验，即使如此，目前大多数情况下碰撞恢复系数的选取仍然存在一定的缺陷，而在混凝土表面附加缓冲材料后，碰撞恢复系数的取值将进一步存在不确定性，而恢复系数是除了碰撞刚度以外影响动力响应计算结果的另一重要因素[29]。为了解决特殊问题碰撞恢复系数的合理选取，设计了带有缓冲材料碰撞恢复系数的测试方法，如图 8.18 所示，可将混凝土小球从一定高度 H 处落下，测得撞击带有缓冲材料混凝土板后的回弹高度 h'，通过式（8.34）可计算得到更接近实际状态的碰撞恢复系数[28]。

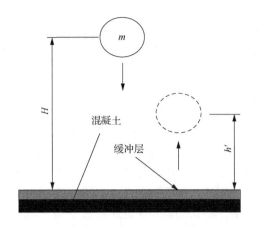

图 8.18　设置缓冲层后测定碰撞恢复系数的模型

$$\mathrm{COR} = \sqrt{h' / H} \tag{8.34}$$

假定图 8.18 中缓冲层和混凝土限位墙的厚度分别为 t_1、t_2，为了研究缓冲措施对碰撞模型中恢复系数的影响，$t_1/(t_1+t_2)$ 分别取值为 0.1、0.2、0.3、0.4、0.5、0.6、0.7、0.8，为了对比，同时假定 $t_1=0$，即混凝土与混凝土之间发生碰撞。小球的直径为 0.5m，$H=0.75$m。采用 Mooney-Rivlin 模拟橡胶缓冲层，运用 ADINA 建立了图 8.18 对应的数值仿真模型，采用显示动力分析方法求解该非线性问题，得到缓冲层对碰撞恢复系数的影响，如图 8.19 所示。

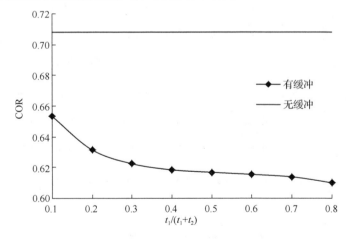

图 8.19　缓冲层对碰撞恢复系数的影响

常见工程结构的碰撞恢复系数 COR 为 0.5～0.75[30]，而图 8.19 中的计算结果处在该范围内，间接表明了数值仿真的合理性。由图 8.19 得到，混凝土与混凝土之间的 COR 为 0.708，设置缓冲材料后，各种缓冲材料厚度对应的 COR 都小于混凝土与混凝土之间的 COR，同时随着 $t_1/(t_1+t_2)$ 的增大，COR 在逐渐减小。采取缓冲措施后，$t_1/(t_1+t_2)$ 等于 0.8 时对应的恢复系数为 0.610，与无缓冲对应的 0.708 相差较多，因此在今后结构的碰撞动力响应研究中，需要根据问题的特殊性选用较合理的 COR。

8.5.2　缓冲措施对动力响应的影响

为了研究缓冲层对混凝土矩形贮液结构动力响应的影响，在限位墙的每边设计 10 个缓冲块，其尺寸为 200mm×200mm×40mm，K_r 等于 55.835kN/m^2，碰撞引起的刚度放大系数 α 为 2.25，为了研究缓冲措施的效果，同时研究了无碰撞、混凝土-缓冲材料碰撞和混凝土-混凝土碰撞三种情况的动力响应，有缓冲和无缓冲对应的 COR 分别为 0.622 和 0.708，10 条地震波作用下混凝土矩形贮液结构最大动力响应的对比如表 8.6 所示，限于篇幅，仅列出设置缓冲层后 ChiChi-TCU045 和 Northridge 地震作用下的碰撞力，如图 8.20 所示。

表 8.6　缓冲层对贮液结构动力响应的影响

响应	类别	地震序号									
		1	2	3	4	5	6	7	8	9	10
结构加速度/（m/s^2）	无碰撞	12.25	13.10	11.90	11.22	11.66	10.97	11.21	11.92	8.71	12.24
	有缓冲碰撞	12.26	13.15	12.47	11.21	12.09	11.2	11.21	11.92	8.71	12.25
	无缓冲碰撞	48.77	57.91	58.49	110.52	46.08	56.59	72.03	22.66	20.24	31.28
结构速度/（m/s）	无碰撞	0.743	1.069	0.852	1.079	0.697	0.841	0.595	0.584	0.534	0.625
	有缓冲碰撞	0.754	1.074	1.037	1.096	0.811	0.972	0.642	0.652	0.534	0.625
	无缓冲碰撞	1.066	1.214	1.111	1.874	1.006	1.045	0.695	0.694	0.600	0.731
液体晃动波高/m	无碰撞	0.346	0.564	1.274	0.865	0.439	0.597	0.565	0.226	0.511	0.544
	有缓冲碰撞	0.348	0.564	1.237	0.892	0.459	0.608	0.565	0.235	0.511	0.547
	无缓冲碰撞	0.516	0.713	1.435	1.098	0.512	0.715	0.754	0.274	0.541	0.561
碰撞力/（×10^{5}N）	无碰撞	—	—	—	—	—	—	—	—	—	—
	有缓冲碰撞	0.11	0.43	34.85	0.31	43.86	0.54	0.34	0.17	0.09	0.06
	无缓冲碰撞	82.34	94.93	89.18	184.40	70.43	80.26	56.08	43.53	8.57	29.29

由表 8.6 得到，混凝土和混凝土之间产生碰撞后会产生较大的碰撞力，进而导致大幅值的贮液结构加速度响应，而在贮液结构与限位墙之间设置缓冲层后，结构加速度响应被明显减小，从而由碰撞引起的结构速度及液体晃动等响应也被

减小。合理选用缓冲材料后，能够使碰撞引起结构动力响应的增加减小，甚至接近无碰撞的计算结果。合理的限位墙缓冲设计能够控制滑移隔震贮液结构的最大水平位移，起到良好的限位作用，从而尽量避免附属管线发生撕裂破坏造成液体泄漏，能够减小火灾及环境污染等次生灾害发生的可能性，同时可以缓解贮液结构碰撞瞬间较大的碰撞力，进而减小贮液结构发生破坏的概率。

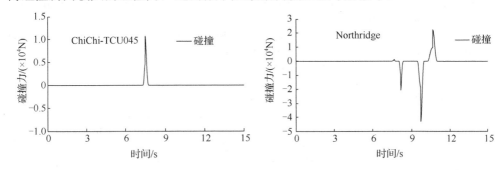

图 8.20　设置缓冲层后的碰撞力响应

由图 8.20 得到，与无缓冲措施图 8.7（b）中的碰撞力时程曲线相比，采取缓冲措施后，除了碰撞力被明显减小外，碰撞的次数也得到了减少，进一步表明缓冲措施能够有效减小混凝土贮液结构的破坏概率，其对大震下滑移隔震矩形混凝土贮液结构的灾变控制具有重要的意义。

参 考 文 献

[1] MUTHUKUMAR S, DESROCHES R. Evaluation of impact models for seismic pounding[C]. Proceedings of the 13th World Conference on Earthquake Engineering, Vancouver B.C., 2004.

[2] CHAU K T, WEI X X, GUO X, et al. Experimental and theoretical simulations of seismic poundings between two adjacent structures[J]. Earthquake Engineering & Structural Dynamics, 2003, 32(4): 537-554.

[3] MAHMOUD S, JANKOWSKI R. Modified linear viscoelastic model of earthquake-induced structure pounding[J]. Journal of Civil & Environmental Engineering, 2011, 11: 35-51.

[4] JANKOWSKI R. Non-linear viscoelastic modelling of earthquake-induced structural pounding[J]. Earthquake Engineering & Structural Dynamics, 2005, 34(6): 595-611.

[5] GOLDSMITH W. Impact: The Theory and Physical Behavior of Colliding Solids [M]. London: Edward Arnold, 1960.

[6] MUTHUKUMAR S, DESROCHES R. A hertz contact model with non-linear damping for pounding simulation[J]. Earthquake Engineering & Structural Dynamics, 2006, 35(7): 811-828.

[7] 居荣初, 曾心传. 弹性结构与液体的耦联振动理论[M]. 北京: 地震出版社, 1983.

[8] JANKOWSKI R. Analytical expression between the impact damping ratio and the coefficient of restitution in the non-linear viscoelastic model of structural pounding[J]. Earthquake Engineering & Structural Dynamics, 2006, 35(4): 517-524.

[9] 于旭, 陈亚东. 考虑 SSI 效应的隔震结构体系振动台模型试验与数值模拟对比研究[J]. 世界地震工程, 2011, 27(2): 100-106.

[10] 刘伟兵, 孙建刚, 崔利富, 等. 考虑SSI效应的$15\times10^4\text{m}^3$储罐基础隔震数值仿真分析[J]. 地震工程与工程振动, 2012, 32(6): 153-158.

[11] 刘伟庆, 李昌平, 王曙光, 等. 不同土性地基上高层隔震结构振动台试验对比研究[J]. 振动与冲击, 2013, 32(16): 128-133.

[12] ZHUANG H Y, YU X, ZHU C, et al. Shaking table tests for the seismic response of a base-isolated structure with the SSI effect[J]. Soil Dynamics and Earthquake Engineering, 2014, 67: 208-218.

[13] KRISHNAMOORTHY A, ANITA S. Soil-structure interaction analysis of a FPS-isolated structure using finite element model[J]. Structures, 2016, 5: 44-57.

[14] KARABORK T, DENEME I O, BILGEHAN R P. A comparison of the effect of SSI on base isolation systems and fixed-base structures for soft soil[J]. Geomechanics & Engineering, 2014, 7(1): 87-103.

[15] KOMODROMOS P, POLYCARPOU P C, PAPALOIZOU L, et al. Response of seismically isolated buildings considering poundings[J]. Earthquake Engineering & Structural Dynamics, 2007, 36(12): 1605-1622.

[16] CHOUW N, HAO H. Significance of SSI and non-uniform near-fault ground motions in bridge response II: Effect on response with modular expansion joint[J]. Engineering Structures, 2008, 30(1): 154-162.

[17] MAHMOUD S, GUTUB S A. Earthquake induced pounding-involved response of base-isolated buildings incorporating soil flexibility[J]. Advances in Structural Engineering, 2013, 16(12): 71-90.

[18] SHAKYA K, WIJEYEWICKREMA A C. Mid-column pounding of multistory reinforced concrete buildings considering soil effects[J]. Advances in Structural Engineering, 2009, 12(1): 71-85.

[19] WHITMAN R V, RICHART F E. Design procedures for dynamically loaded foundations[J]. Journal of Soil Mechanics & Foundations Division, 1967, 92(6): 169-193.

[20] KOMODROMOS P, POLYCARPOU P C, PAPALOIZOU L, et al. Response of seismically isolated buildings considering poundings[J]. Earthquake Engineering & Structural Dynamics, 2007, 36(12): 1605-1622.

[21] AZEVEDO J, BENTO R. Design criteria for buildings subjected to pounding[C]. Eleventh World Conference on Earthquake Engineering, Acapulco, 1996: 23-28.

[22] MIER J G M V, PRUIJSSERS A F, REINHARDT H W, et al. Load-time response of colliding concrete bodies[J]. Journal of Structural Engineering, 1991, 117(2): 354-374.

[23] POLYCARPOU P, KOMODROMOS P. Numerical investigation of potential mitigation measures for poundings of seismically isolated buildings[J]. Earthquakes & Structures, 2011, 2(1): 1-24.

[24] MASROOR A, MOSQUEDA G. Impact model for simulation of base isolated buildings impacting flexible moat walls[J]. Earthquake Engineering & Structural Dynamics, 2013, 42(3): 357-376.

[25] TAKEWAKI I. Bound of earthquake input energy to soil-structure interaction systems[J]. Soil Dynamics and Earthquake Engineering, 2005, 25(7): 741-752.

[26] RAHEEM S E A. Pounding mitigation and unseating prevention at expansion joints of isolated multi-span bridges[J]. Engineering Structures, 2010, 31(10): 2345-2356.

[27] KAJITA Y, NISHIMOTO Y, ISHIKAWA N, et al. Energy absorption capacity of the laminated fiber reinforced rubber installed at girder ends[J]. American Society of Civil Engineers, 2003: 183-192.

[28] POLYCARPOU P, KOMODROMOS P, POLYCARPOU A C. A nonlinear impact model for simulating the use of rubber shock absorbers for mitigating the effects of structural pounding during earthquakes[J]. Earthquake Engineering & Structural Dynamics, 2013, 42(1): 81-100.

[29] PANT D R, WIJEYEWICKREMA A C. Structural performance of base-isolated reinforced concrete buildings under bidirectional seismic excitation considering pounding with retaining walls including friction effects[J]. Earthquake Engineering & Structural Dynamics, 2014, 43(10): 1521-1541.

[30] LOPEZ G D. Separation distance nessesary to prvent seismic pounding between adjacent structures[D]. Buffalo: The State University of New York at Buffalo, 2004.

第9章 基于易损性的滑移隔震混凝土矩形贮液结构减震性能

IDA 可以弥补传统时程分析在评估结构动力响应中存在的不确定性，此外，以概率为基础的易损性分析能够使地震随机性和不确定的影响得到减弱。以能够反映液体非线性晃动特性的亚音速势流理论模拟液体，采用非线性材料模型模拟混凝土，考虑 FSI 建立滑移隔震混凝土矩形贮液结构的非线性三维数值计算模型。根据已有研究成果给出能够用于滑移隔震混凝土贮液结构的失效判据，分别选取近场脉冲型地震动、近场无脉冲型地震动及远场地震动，提出能有效评估滑移隔震混凝土贮液结构减震性能的方法。

9.1 混凝土非线性模型

由于本章时程分析所用的地震动由弱变强，而混凝土贮液结构在强震下无疑会表现出非线性，因此在 ADINA 中选用 Concrete 材料模型模拟混凝土，该模型基于正交本构理论、非线性弹性理论和断裂力学理论，可以模拟混凝土材料的一些重要属性，例如，当主应力超越拉应力允许限值时，混凝土会发生受拉破坏；当混凝土受到较大压力时会被压溃，并伴随应变软化的特点，当混凝土达到极限压应变时会发生完全破坏[1]。

9.1.1 混凝土单轴应力-应变曲线

典型的 Saenz 应力-应变关系曲线如图 9.1 所示[2]。

如果 $\varepsilon_t \geqslant 0$，则材料受拉，直到达到受拉破坏应力 σ_t，应力-应变满足线性关系，可采用常弹性模量 E_0：

$$\sigma_t = E_0 \varepsilon_t \tag{9.1}$$

如果 $\varepsilon_t < 0$，则将采用如下公式：

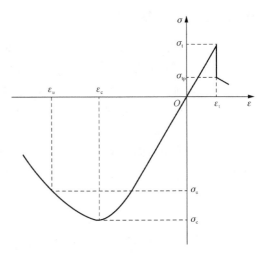

图 9.1 Saenz 应力-应变关系

$$\frac{\sigma_t}{\sigma_c} = \frac{\dfrac{E_0}{E_s}\dfrac{\varepsilon_t}{\varepsilon_c}}{1 + A\dfrac{\varepsilon_t}{\varepsilon_c} + B\left(\dfrac{\varepsilon_t}{\varepsilon_c}\right)^2 + C\left(\dfrac{\varepsilon_t}{\varepsilon_c}\right)^3} \tag{9.2}$$

$$E = \frac{E_0\left[1 - B\left(\dfrac{\varepsilon_t}{\varepsilon_c}\right)^2 - 2C\left(\dfrac{\varepsilon_t}{\varepsilon_c}\right)^3\right]}{\left[1 + A\left(\dfrac{\varepsilon_t}{\varepsilon_c}\right) + B\left(\dfrac{\varepsilon_t}{\varepsilon_c}\right)^2 + C\left(\dfrac{\varepsilon_t}{\varepsilon_c}\right)^3\right]^2} \tag{9.3}$$

$$A = \frac{\dfrac{E_0}{E_u} + (p^3 - 2p^2)\dfrac{E_0}{E_s} - (2p^3 - 3p^2 + 1)}{(p^2 - 2p + 1)p} \tag{9.4}$$

$$B = 2\frac{E_0}{E_s} - 3 - 2A \tag{9.5}$$

$$C = 2 - \frac{E_0}{E_s} + A \tag{9.6}$$

式中，参数 E_0、σ_c、ε_c、$E_c = \dfrac{\sigma_c}{\varepsilon_c}$、$\sigma_u$、$\varepsilon_u$、$p = \dfrac{\varepsilon_u}{\varepsilon_c}$、$E_u = \dfrac{\sigma_u}{\varepsilon_u}$ 可由单轴试验获得。E_0 为单轴常弹性模量；σ_c 为单轴最大压应力；ε_c 为 σ_c 对应的单轴压应变；E_s 为达到单轴最大应变时的割线模量；σ_u 为单轴极限压应力；ε_u 为 σ_u 对应的单轴极限压应变；E_u 为达到单轴极限压应变时的割线模量[1]。

9.1.2　混凝土多轴应力-应变曲线

虽然由混凝土多轴试验能够得到更准确的力学参数，但是鉴于进行三轴试验存在一定的困难和条件限制，一般采用单轴应力-应变关系的变换形式来近似表示混凝土的多轴应力-应变关系[1]。Peckhold、Darwin 和 Ottosen 等关于混凝土多轴应力-应变进行了研究，且引入了非线性指标以及等效应力应变的概念，从而由单轴的应力-应变曲线可引申到多轴的应力-应变关系。

假设某确定点的主应力为 σ_{pi}（且 $\sigma_{p1} > \sigma_{p2} > \sigma_{p3}$），将 σ_{p1} 和 σ_{p2} 保持不变，而将 σ_{p3} 减小到 σ_c'，使混凝土（$\sigma_{p1} > \sigma_{p2} > \sigma_c'$）达到破坏状态，并定义相应的非线性指标：

$$\gamma_1 = \frac{\sigma_c'}{\sigma_c} \tag{9.7}$$

$$\sigma_u' = \gamma\sigma_u \tag{9.8}$$

$$\varepsilon_c' = \left(C_1\gamma_1^2 + C_2\gamma_1\right)\varepsilon_c \tag{9.9}$$

$$\varepsilon_u' = \left(C_1\gamma_1^2 + C_2\gamma_1\right)\varepsilon_u \qquad (9.10)$$

式中，C_1 和 C_2 为需要输入的参数，一般情况下，C_1=1.4，C_2=0.4，多轴应力作用下的混凝土应力-应变曲线如图 9.2 所示。

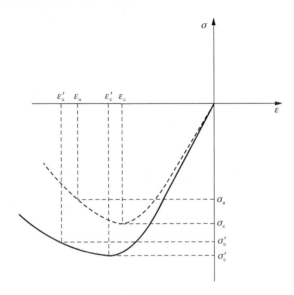

图 9.2　混凝土多轴应力-应变关系曲线

9.1.3　混凝土材料破坏准则

ADINA 中用于表示混凝土破坏准则的二维破坏包络线和三轴压缩破坏包络面如图 9.3 和图 9.4 所示[1]。

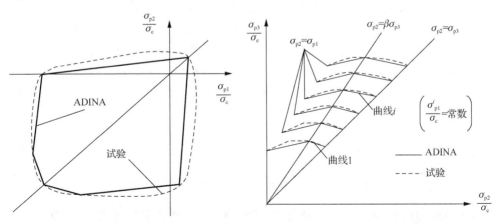

图 9.3　混凝土二维破坏包络线　　　　图 9.4　混凝土三轴压缩破坏包络面

ADINA 中所采用的混凝土材料主要包括受拉开裂、压溃和应变软化等破坏后行为。

（1）受拉破坏。若包络面的拉应变小于破坏时的应变限值或转换为负值，则破坏包络面不会被激活，否则会被激活，总之破坏面会在激活和未激活之间反复变换，可用图 9.5 进行示意。

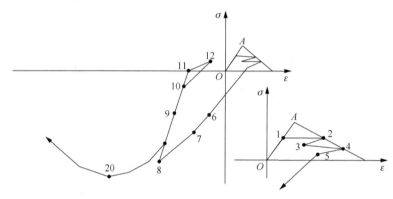

图 9.5　混凝土单轴循环加载应力-应变曲线

（2）压溃。当应力-应变处于 20 点以外时，混凝土材料处于压溃状态，并且随着压应变的进一步增大，材料会软化，表现为应力，应变曲线处在负值象限，即弹性模量为负。

9.2　基于亚音速势流理论的非线性流-固耦合方程

在进行大量的 IDA 时，地震动强度会逐渐增大，为了更加准确地反映液体在大震下的非线性特性，本章采用亚音速势流单元模拟液体，该单元能够考虑伯努利效应，因此其属于非线性单元[3]，其中亚音速势流理论是基于亚音速速度方程的，对于液体域采用连续能量和运动方程可得到相应的速度势方程：

$$\dot{\rho}_f + \nabla\left(\rho_f \nabla\phi\right) = 0 \tag{9.11}$$

和

$$h = \Omega(\boldsymbol{x}) - \dot{\phi} - \frac{1}{2}\nabla\phi \cdot \nabla\phi \tag{9.12}$$

式中，ρ_f 为液体密度；ϕ 为速度势（$v = \nabla\phi$，v 为液体速度）；h 为比焓，且 $h = \int\dfrac{\mathrm{d}p}{p}$；$p$ 为液体压力；$\Omega(\boldsymbol{x})$ 为坐标 x 处的体加速度势能，若体力只包含重力，则 $\nabla\Omega = g$。

若考虑液体的微可压缩性，则液体压力和密度之间的关系可表示为式（9.13），液体的密度-焓关系和压力-焓关系可表示为式（9.14）和式（9.15）[3]：

$$\frac{\rho_f}{\rho_0} = 1 + \frac{p}{\kappa} \tag{9.13}$$

$$\rho = \rho_0 \exp\left(\frac{\rho_0 h}{\kappa}\right) \tag{9.14}$$

$$p = \kappa \left[\exp\left(\frac{\rho_0 h}{\kappa}\right) - 1\right] \tag{9.15}$$

式中，ρ_0为名义密度；κ为体积模量。

液体域连续性方程（9.11）可采用伽辽金法近似获得：

$$\delta F_\phi = \int_V \left(\dot{\rho}\delta\phi - \rho\nabla\phi \cdot \nabla\delta\phi\right) - \int_S \rho\nabla\phi \cdot \boldsymbol{n}\delta\phi \mathrm{d}S \tag{9.16}$$

式中，δF_ϕ为质量流量率的微分；δ为微分符号。式（9.16）可进一步表示为

$$\delta F_\phi = \int_V \left(\dot{\rho}\delta\phi - \rho\nabla\phi \cdot \nabla\delta\phi\right)\mathrm{d}V - \int_S \rho\nabla\phi \cdot \boldsymbol{n}\delta\phi \mathrm{d}S \tag{9.17}$$

式中，V为液体域；S液体域的边界；$\boldsymbol{n}$为S的内法线方向向量。式（9.17）表明，$\rho\nabla\phi \cdot \boldsymbol{n}$为自然边界条件，具体代表质量流量率。

假定边界面S以速度$\dot{\boldsymbol{u}}(x)$运动，S面熵中的流速$\boldsymbol{v}$可分为边界速度$\dot{\boldsymbol{u}}$和内部流体速度$\nabla\phi$，垂直于面S的流速$\boldsymbol{v}_n$代表边界的移动速度，法向速度$\boldsymbol{v}_n$和切向速度$\boldsymbol{v}_\tau$可表示为

$$\boldsymbol{v}_n = \left(\dot{\boldsymbol{u}} \cdot \boldsymbol{n}\right)\boldsymbol{n}, \quad \boldsymbol{v}_\tau = \nabla\phi - \left(\nabla\phi \cdot \boldsymbol{n}\right)\boldsymbol{n}, \quad \boldsymbol{v} = \boldsymbol{v}_n + \boldsymbol{v}_\tau \tag{9.18}$$

由此可得到面S的熵函数：

$$h = \Omega\left(\boldsymbol{x} + \boldsymbol{u}\right) - \phi - \frac{1}{2}\boldsymbol{v}_n \cdot \boldsymbol{v}_n - \frac{1}{2}\boldsymbol{v}_\tau \cdot \boldsymbol{v}_\tau \tag{9.19}$$

对式（9.17）进行转换可得到

$$\delta F_\phi = \int_V \left(\frac{\partial\rho}{\partial h}\dot{h}\delta\phi - \rho\nabla\phi\right)\mathrm{d}V + \int_S -\rho\dot{\boldsymbol{u}} \cdot \boldsymbol{n}\delta\phi \mathrm{d}S \tag{9.20}$$

从式（9.20）可以看出，若界面S上无任何边界条件，则$\rho\dot{\boldsymbol{u}} \cdot \boldsymbol{n} = 0$，意味着液体流动不会通过边界。由结构运动所施加给液体域的边界条件为指定的自然边界条件$\rho\dot{\boldsymbol{u}} \cdot \boldsymbol{n}$，液体在切向的运动不会受到限制，因此不存在液体切向边界条件。

1. 修改结构的运动方程

假定界面S的一部分与结构相邻，将其与结构相邻的边界具体表示为S_1，如图9.6所示。

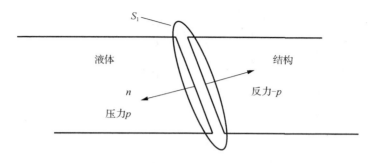

图 9.6　液体与结构的相互作用

面 S_1 上的液压使相邻的贮液结构受到附加的力，可表示为

$$-\delta F_U = -\int_{S_1} p n \cdot \delta u \mathrm{d} S_1 \tag{9.21}$$

式中，δF_U 为由液体引起附加力的微分；n 为相邻界面的法向量。使用式（9.22）计算压力：

$$p = p(h) = p\left[\Omega(x + u) - \dot{\phi} - \frac{1}{2} v_n \cdot v_n - \frac{1}{2} v_\tau \cdot v_\tau\right] \tag{9.22}$$

2. 有限元运动方程

已 $\Delta\phi$ 表示未知速度势向量 ϕ 的增量，以 Δu 表示未知位移向量 u 的增量，单独液体域的有限元方程可表示为

$$
\begin{bmatrix} \mathbf{0} & \mathbf{0} \\ \mathbf{0} & -M_{\mathrm{FF}} \end{bmatrix}
\begin{bmatrix} \Delta\ddot{u} \\ \Delta\ddot{\phi} \end{bmatrix}
+
\begin{bmatrix} C_{\mathrm{UU}} & C_{\mathrm{UF}} \\ C_{\mathrm{FU}} & -\left(C_{\mathrm{FF}} + (C_{\mathrm{FF}})_S\right) \end{bmatrix}
\begin{bmatrix} \Delta\dot{u} \\ \Delta\dot{\phi} \end{bmatrix}
$$
$$
+
\begin{bmatrix} K_{\mathrm{UU}} & K_{\mathrm{UF}} \\ K_{\mathrm{FU}} & -\left(K_{\mathrm{FF}} + (K_{\mathrm{FF}})_S\right) \end{bmatrix}
\begin{bmatrix} \Delta u \\ \Delta\phi \end{bmatrix}
=
\begin{bmatrix} \mathbf{0} \\ \mathbf{0} \end{bmatrix}
-
\begin{bmatrix} F_{\mathrm{U}} \\ F_{\mathrm{F}} + (F_{\mathrm{F}})_S \end{bmatrix}
\tag{9.23}
$$

式中，M_{FF} 为液体质量矩阵；C_{UU}、C_{FU}、C_{UF} 和 C_{FF} 分别为相邻界面上固体自身的、液体由固体造成的、固体由液体造成的和液体自身的阻尼矩阵；K_{UU}、K_{FU}、K_{UF} 和 K_{FF} 分别为相邻界面上固体自身的、液体由固体造成的、固体由液体造成的和液体自身的刚度矩阵；F_{U}、F_{F} 和 $(F_{\mathrm{F}})_S$ 分别为贮液结构在边界所受到的液体压力、液体连续性方程对应的体积力与面积力，F_{F} 通过式（9.24）的体积积分得到，$(F_{\mathrm{F}})_S$ 通过式（9.25）的面积积分得到[3]：

$$F_{\mathrm{F}} = \int_V \left(\frac{\partial \rho}{\partial h} \dot{h} \delta\phi - \rho \nabla\phi\right) \mathrm{d}V \tag{9.24}$$

$$(F_{\mathrm{F}})_S = \int_S -\rho u \cdot n \delta\phi \mathrm{d}S \tag{9.25}$$

式中，V 为液体域；S 液体域的边界；n 为 S 的内法线方向向量；u 为边界面 S 的

运动速度。

数值计算模型包含大量的非线性，因此通过多次平衡迭代才能得到各响应的精确解，基于亚音速势流体理论的流-固耦合有限元方程为

$$
\begin{bmatrix} M_{SS} & 0 \\ 0 & M_{FF} \end{bmatrix} \begin{bmatrix} \Delta\ddot{u} \\ \Delta\ddot{\phi} \end{bmatrix} + \begin{bmatrix} C_{UU}+C_{SS} & C_{UF} \\ C_{FU} & -\left(C_{FF}+(C_{FF})_S\right) \end{bmatrix} \begin{bmatrix} \Delta\dot{u} \\ \Delta\dot{\phi} \end{bmatrix}
$$

$$
+ \begin{bmatrix} K_{UU}+K_{SS} & K_{FU} \\ K_{UF} & -\left(K_{FF}+(K_{FF})_S\right) \end{bmatrix} \begin{bmatrix} \Delta u \\ \Delta\phi \end{bmatrix} = \begin{bmatrix} F_{SS} \\ 0 \end{bmatrix} - \begin{bmatrix} F_U \\ F_F+(F_F)_S \end{bmatrix} \quad (9.26)
$$

式中，M_{SS}、C_{SS}、K_{SS} 分别为结构的质量、阻尼、刚度矩阵；F_{SS} 为结构荷载矢量。

由于式（9.12）中含有非线性 $-\dfrac{1}{2}\nabla\phi\cdot\nabla\phi$ 项（伯努利效应），再加上式（9.14）和式（9.15）所示的密度、压力和焓之间存在关系，因此式（9.23）和式（9.26）可反映液体的非线性特性。

9.3　滑移隔震混凝土贮液结构失效判据

考虑滑移隔震混凝土贮液结构的特殊性，可定义合理的失效判据：

（1）失效判据 I——裂缝宽度限值 ω_{limit}。当混凝土采用离散裂缝模型时，裂缝宽度 ω 可以直接提取，且可以通过裂缝宽度值的大小判断混凝土贮液结构是否失效，一旦裂缝宽度 ω 超越裂缝限值 ω_{limit}，就意味着混凝土贮液结构失效，如对于储水池，ω_{limit} 可取为 0.2～0.25mm[4]。

$$
\omega \leqslant \omega_{limit} \quad (9.27)
$$

（2）失效判据 II——波高限值 h_{limit}。贮液结构的重要特征在于地震作用下液体会产生晃动，若预留的干弦高度不满足要求，液体将会冲击顶盖或直接溢出，根据液体性质的不同，造成的损失也不尽相同，有可能与结构本身破坏产生的后果一样，因此将液体晃动波高作为失效判据是必要的，液体波高对应的失效判据为

$$
h \leqslant h_{limit} \quad (9.28)
$$

式中，h 为液体晃动高度；h_{limit} 为静止液面到池壁顶端的距离，即干弦高度。

（3）失效判据III——开裂拉应力限值 σ_{limit}（或开裂应变限值 ε_{limit}）。混凝土贮液结构作为特种结构，常年处于充液状态，在使用阶段要求混凝土不能产生开裂破坏[5]，所以可用混凝土贮液结构实际拉应力（或拉应变）与混凝土抗拉强度 σ_{limit}（或开裂应变 ε_{limit}）的对比来反映结构的抗震能力。

$$
\sigma \leqslant \sigma_{limit} \quad (9.29)
$$

（4）失效判据IV——结构滑移位移限值 S_{limit}。滑移隔震贮液结构的显著特点

是在地震作用下会产生较大的水平位移 S，当受到某些地震作用且摩擦系数较小时，滑移位移 S 将更大，根据本书已有研究成果，选取滑移隔震贮液结构位移限值 S_{limit} 作为失效判据具有重要的意义。

$$S \leqslant S_{limit} \tag{9.30}$$

（5）失效判据 V——整体失效判据。考虑到滑移隔震混凝土矩形贮液结构的特殊性，综合考虑各种失效模式可进行整体易损性分析。在进行整体易损性分析时采用一阶可靠度理论来评估结构的失效概率，即假定贮液结构的可靠度体系属于串联体系，这时只要某一个变量超越限值就意味着体系失效。

$$\max_{i=1}^{n}\left[P\left(F_i\right)\right] \leqslant P_{system} \leqslant 1 - \prod_{i=1}^{n}\left[1 - P\left(F_i\right)\right] \tag{9.31}$$

式中，n 为系统失效模式的数目；$P(F_i)$ 为单个失效变量对应的失效概率；P_{system} 为系统的整体失效概率。

混凝土裂缝宽度虽然能够反映混凝土贮液结构的失效，但是其具体结果只有在采用混凝土分离裂缝模型时才能够得到，而本书使用混凝土弥散裂缝模型，因此不能将混凝土裂缝宽度作为失效判据，本章采用由式（9.27）～式（9.31）所定义的失效判据评估滑移隔震混凝土矩形贮液结构的减震性能。

9.4　基于易损性的结构减震性能

1. IDA 方法

IDA 方法是目前结构动力响应评估研究中最常用的方法之一，该方法是常见动力时程分析的延伸，需要通过对地震动强度水平进行不断调整，从而能够使研究对象经历弹性、弹塑性、破坏及毁坏等几个重要阶段，克服了单一时程分析在结构抗震能力评估中不能体现响应不确定性的缺点，最终能够全面反映结构在地震作用下的动力响应。IDA 方法的主要流程如下：

（1）考虑所研究对象的特点，建立尽量能够反映实际问题的非线性计算模型。

（2）选取一定数量的地震动。

（3）对所选的地震动时程记录进行调幅，得到具有不同幅值的地震动，计算结构在不同幅值地震作用下的非线性动力响应。

（4）选取合理的地震动强度指标以及相应的动力响应计算结果，得到一系列坐标点，并采用合理的数据处理方法绘制单条地震动作用下的 IDA 曲线。

（5）对于各条地震动进行类似（3）和（4）的操作，可形成多条地震作用下的 IDA 曲线簇。

（6）根据 IDA 曲线簇评估结构的抗震能力。

2. 易损性方法

易损性是指结构在不同强度地震作用下达到或超越某种极限状态（limit state，LS）的概率，或由于地震的发生而导致结构出现某种程度破坏的可能性。易损性分析由于能够预估结构的地震灾害，从而使其成为预测地震破坏和损失的关键方法，其对结构地震安全性和抗震能力的评估以及各类抗震规范的修订都能够发挥不可替代的作用。

目前可用于进行结构易损性分析的方法主要包括专家判别法、经验分析法、解析法和混合法。专家判别法和经验分析法通过对大量震害资料进行统计的基础上定义破坏等级，需要建立不同类型结构震害与地面运动之间的关系来评估结构在遭遇不同强度地震作用时的抗震能力；解析法一般需要借助数值模拟对研究对象进行大量的非线性动力时程分析，建立地震动强度指标与结构破坏之间的关系，从而得到结构在不同强度地震作用下超越某种状态的概率。由于震害资料的缺乏，解析法成为进行结构易损性分析的重要工具，基于解析法的结构易损性分析主要步骤如下：

（1）选取一定数量的地震记录，逐步增大地震强度，依次对结构进行 IDA。

（2）确定能够反映结构破坏（失效）状态的指标 PI，并定义合理的取值 PI_i。

（3）计算具有不同强度 IM_i 的地震作用下结构破坏 DM 超越破坏指标 PI_i 的概率 $P(DM \geqslant PI_i | IM = IM_i)$，已有研究表明，结构破坏 DM 的概率分布符合对数正态分布[6,7]，该假定的优点在于能为结构抗震能力和地震需求的不确定性及随机性提供数学上的方便[8]，具体可表示如下：

$$P(DM \geqslant PI_i | IM = IM_i) = 1 - P(DM < PI_i | IM = IM_i)$$
$$= 1 - \Phi\left[\frac{\ln PI_i - \mu_{\ln DM | IM = IM_i}}{\sigma_{\ln DM | IM = IM_i}}\right] \quad (9.32)$$

式中，$\mu_{\ln DM | IM = IM_i}$ 和 $\sigma_{\ln DM | IM = IM_i}$ 为当 $IM = IM_i$ 时结构破坏 DM 的对数均值和对数标准差；$\Phi(\cdot)$ 为标准正态累计分布函数。

（4）将地震动强度指标 IM 作为横坐标，以超越概率 P 作为纵坐标，采用统计方法（如对数正态分布函数）对数据点进行拟合即可得到结构的地震易损性曲线。

（5）借助地震易损性曲线完成对结构抗震能力的评估。

3. 滑移隔震贮液结构的易损性分析流程

在已有结构易损性研究的基础上，建立适用于滑移隔震混凝土矩形贮液结构减震性能的研究流程。

（1）选取多条地震记录，并依据 IDA 要求对所选的地震波进行调幅。

（2）考虑流-固耦合、材料非线性、液体晃动非线性、接触非线性等因素建立滑移隔震混凝土贮液结构非线性计算模型。

（3）根据滑移隔震混凝土矩形贮液结构的特殊性，汇总和定义合理的失效判据。

（4）进行 IDA 直至混凝土矩形贮液结构失效，从分析结果中提取关键部位的结构位移、晃动波高和壁板拉应力的最大值。

（5）绘制贮液结构最大动力响应 DR 与地震动强度指标 IM 的关系曲线，即IDA 曲线：

$$F\left(\mathrm{DR}\left(t\right)\right)=\max\left\{\mathrm{Abs}\left(\mathrm{DR}\left(\mathrm{IM}\left(t\right)\right)\right)\right\} \tag{9.33}$$

式中，IM 可定义如下：

$$\mathrm{IM}(t)=\begin{cases} \mathrm{PGA}=\max\left(\left|a\left(t\right)\right|\right) \\ \mathrm{PGV}=\max\left(\left|v\left(t\right)\right|\right) \\ \mathrm{PGD}=\max\left(\left|u\left(t\right)\right|\right) \\ S_a\left(T_1\right) \\ I_A\left(t\right)=\dfrac{\pi}{2g}\displaystyle\int_0^t a^2\left(t\right)\mathrm{d}t \\ \mathrm{CAV}\left(t\right)=\displaystyle\int_0^t\left|a\left(t\right)\right|\mathrm{d}t,\ 累计绝对速度 \end{cases}$$

（6）基于概率分布函数绘制系统超越概率 P 与地震动强度指标 IM 之间的易损性曲线，由易损性曲线评估滑移隔震混凝土矩形贮液结构的减震性能。

9.5　数　值　算　例

9.5.1　计算模型

混凝土矩形贮液结构的长×宽×高为 6m×6m×4.8m，贮液结构的壁板厚 0.3m，假定混凝土为非线性材料，参数如表 9.1～表 9.3 所示[9]，材料模型如图 9.1～图 9.5 所示；液体密度为 1000kg/m³，体积模量为 2.3×10⁹Pa；在贮液结构底部共设置 8 个钢棒限位装置，材料参数同前述章节；采用 3D Solid 单元模拟结构，运用 3D Fluid 单元模拟液体，采用 Beam 单元模拟限位装置；结构中钢筋直径为 12mm，间距为 200mm，材料参数如表 9.4 所示，材料模型为双线性，如图 9.7 所示，滑移隔震混凝土矩形贮液结构抗震能力评估的非线性数值计算模型如图 9.8 所示。

表9.1 混凝土单轴应力-应变关系参数

参数	泊松比	密度/（kg/m³）	弹性模量/Pa	单轴极限拉应力/MPa	开裂屈服拉应力/MPa
数值	0.2	2500	3×10^{10}	2.01	1.5
参数	单轴最大压应力/MPa	单轴极限压应变	单轴极限压应力/MPa	单轴极限压应变	
数值	20.1	0.0018	10.05	0.0033	

表9.2 混凝土多轴应力-应变关系参数

参数	C1	C2	受拉失效时0应力处的拉应变	刚度折减因子	剪力折减因子
数值	1.4	−0.4	8	0.0001	0.5

表9.3 受压失效包络面参数（Kupfer失效准则）

i	SP1 (i)	SP3 $(i, 1)$	SP3 $(i, 2)$	SP3 $(i, 3)$
1	0	1.0	1.3	1.25
2	0.25	1.4	1.5	1.45
3	0.50	1.7	2.0	1.95
4	0.75	2.2	2.3	2.25
5	1.00	2.5	2.7	2.65
6	1.20	2.8	3.2	3.15

表9.4 钢筋材料参数

弹性模量/Pa	泊松比	屈服强度/MPa	密度/(kg/m³)	应变硬化模量/Pa	屈服应变	最大塑性应变
2×10^{11}	0.3	400	7850	2×10^{9}	0.001	0.01

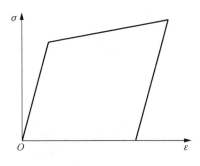

图9.7 钢筋应力-应变关系

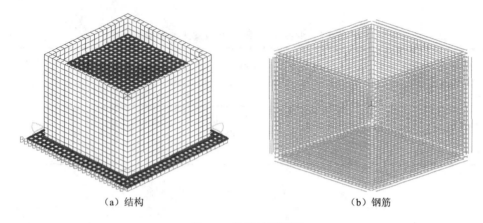

（a）结构　　　　　　　　　　　　　　　　（b）钢筋

图 9.8　数值计算模型

9.5.2　地震动

在进行 IDA 时，需要不断对所选地震动的强度峰值进行调整，因此选择地震波时需要考虑的主要因素包括频谱特性、持时及数量，具体选取原则如下：

（1）所选地震动记录的卓越周期、震中距等应尽量与拟评估结构的场地一致。

（2）基于全面性要求选取地震动记录，且一般要求持续时间为结构基本周期的 5～10 倍。

（3）当对非线性结构进行地震作用下的概率需求研究时，选取 10～20 条地震动记录便能达到工程精度要求[10]。

本章为了全面研究滑移隔震-限位混凝土矩形贮液结构的减震性能，从 PEER 数据库中选取了包括近场脉冲、近场无脉冲及远场地震波，每种类型包含 12 条地震记录，总共选取 36 条地震动记录进行结构抗震能力评估，如表 9.5 所示。以 PGA 作为地震动强度指标，对每条地震动进行等步长调幅，使其 PGA 的变化范围为 $0.1g$～$1.0g$，增幅为 $0.1g$。

表 9.5　地震动信息

近场脉冲			近场无脉冲			远场		
地震序号	地震名称	站点名称	地震序号	地震名称	站点名称	地震序号	地震名称	站点名称
1	Chi-Chi	CHY101	13	Chi-Chi	TCU106	25	Chi-Chi	CHY027
2	Chi-Chi	TCU036	14	Chi-Chi	TCU110	26	Chi-Chi	CHY032
3	Chi-Chi	TCU046	15	Chi-Chi	TCU116	27	Chi-Chi	CHY033
4	Chi-Chi	TCU051	16	Chi-Chi	TCU122	28	Chi-Chi	CHY044
5	Darfield	DSLC	17	Darfield	DFHS	29	Darfield	CSHS
6	Darfield	LINC	18	Darfield	LRSC	30	Darfield	MYAC

续表

近场脉冲			近场无脉冲			远场		
地震序号	地震名称	站点名称	地震序号	地震名称	站点名称	地震序号	地震名称	站点名称
7	Darfield	TPLC	19	Darfield	RKAC	31	Darfield	PEEC
8	Loma	Gilory array #3	20	Loma	Capitola	32	Loma	Calaveras Reservoir
9	Loma	Gilory array #2	21	Loma	Gilory array #6	33	Loma	Fremont-Emerson Court
10	Loma	Saratoga-W valley coll	22	Loma	Gilory array #4	34	Loma	SAGO South - Surface
11	Imperial Valley-06	Brawley Airport	23	Imperial Valley-06	Calexico Fire Station	35	Imperial Valley-06	Niland Fire Station
12	Imperial Valley-06	EC County Center FF	24	Imperial Valley-06	El Centro Array #12	36	Imperial Valley-06	Victoria

9.5.3　贮液结构易损性研究

为了对滑移隔震在改善混凝土矩形贮液结构抗震能力方面的作用进行全面的了解，并评估限位装置对滑移隔震混凝土矩形贮液结构位移的控制效果，基于 IDA 完成非隔震贮液结构、滑移隔震贮液结构及滑移隔震-限位贮液结构的易损性分析，通过对三类贮液结构易损性分析结果的对比达到研究滑移隔震-限位混凝土矩形贮液结构减震性能的目的，并对一些重要控制参数的选取给出建议。

1. 非隔震贮液结构

通过大量的 IDA 得到，当预留壁板的干弦高度为 0.9m 时，非隔震混凝土矩形贮液结构的壁板受拉破坏基本上发生在液体溢出失效之前，因此对于非隔震混凝土矩形贮液结构只列出三类地震作用下壁板发生开裂破坏的概率曲线，如图 9.9 所示。

由图 9.9 得到，非隔震

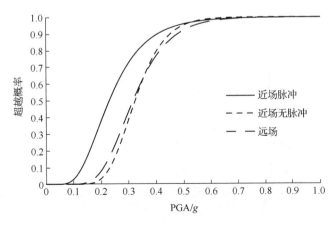

图 9.9　非隔震贮液结构壁板开裂失效概率

混凝土矩形贮液结构拉应力在近场脉冲地震作用下发生 50%超越概率所对应的 PGA 近似等于 0.2g，在近场无脉冲和远场地震作用下发生 50%超越概率所对应的 PGA 近似等于 0.3g，近场脉冲型地震作用下混凝土矩形贮液结构拉应力的超越概率最大，而近场无脉冲和远场地震作用下混凝土矩形贮液结构拉应力的超越概率相近；在三类地震作用下，当 PGA 达到和超过 0.5g 时，非隔震混凝土矩形贮液结构壁板发生开裂破坏的概率基本为 100%，由此可以看出传统的非隔震混凝土矩形贮液结构在一些罕遇或超大地震作用下很容易发生壁板开裂破坏，为了提高该类特种结构在地震作用下的安全性，进行合理有效的减震研究迫在眉睫。

2. 滑移隔震贮液结构

近场脉冲、近场无脉冲和远场地震作用下单纯滑移隔震混凝土矩形贮液结构的位移、壁板拉应力和液体晃动波高 IDA 曲线簇如图 9.10～图 9.12 所示，滑移隔震混凝土矩形贮液结构位移超越概率如图 9.13 所示。

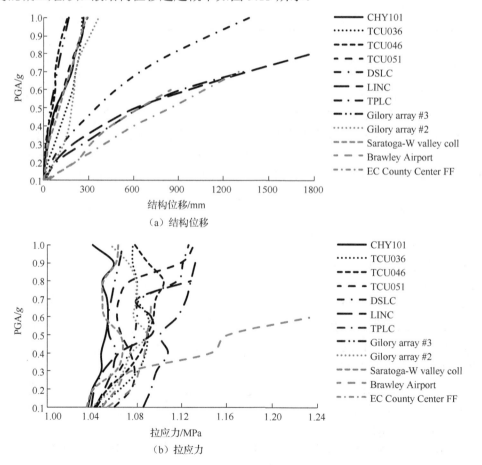

（a）结构位移

（b）拉应力

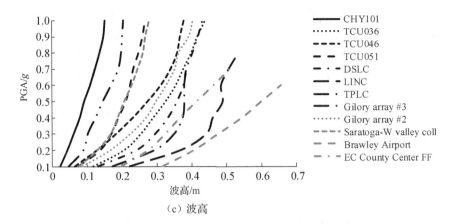

（c）波高

图 9.10　近场脉冲地震作用下滑移隔震贮液结构最大动力响应 IDA 曲线簇

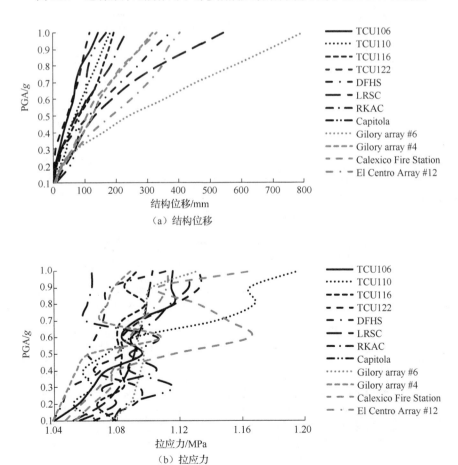

（a）结构位移

（b）拉应力

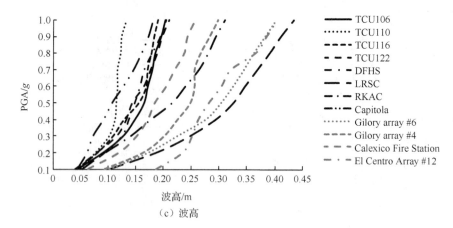

（c）波高

图 9.11 近场无脉冲地震作用下滑移隔震贮液结构最大动力响应 IDA 曲线簇

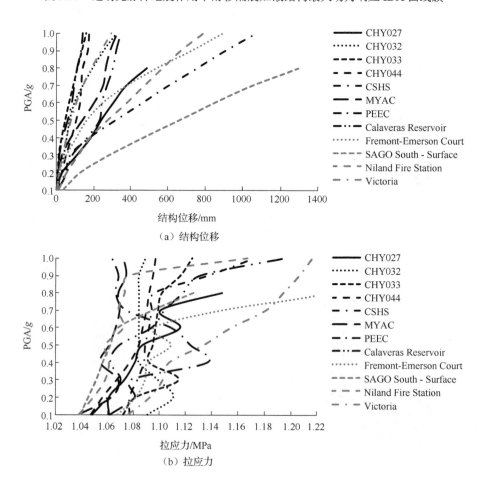

（a）结构位移

（b）拉应力

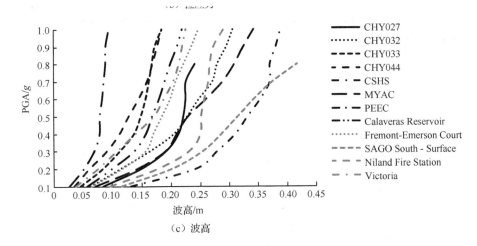

（c）波高

图 9.12　远场地震作用下滑移隔震贮液结构最大动力响应 IDA 曲线簇

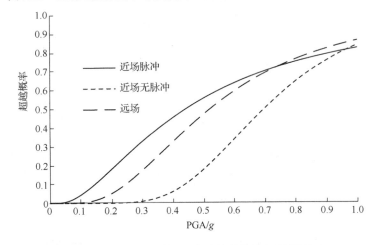

图 9.13　滑移隔震矩形贮液结构位移超越概率

由图 9.10～图 9.12 得到，三类地震作用下单纯滑移隔震贮液结构的壁板拉应力和液体晃动波高超越限值的概率极小，而对于单纯的滑移隔震贮液结构，其缺陷在于地震作用下会产生较大的滑移位移，从而严重影响滑移隔震贮液结构的有效性。由图 9.13 进一步得到，近场脉冲地震作用下贮液结构位移超越概率最大，远场地震作用下贮液结构位移超越概率次之，而近场无脉冲地震作用下贮液结构位移超越概率最小。且对于单纯的滑移隔震贮液结构，当 PGA 较小时贮液结构位移超限的概率仍然较大，因此开展相应的限位研究很有必要。

3. 滑移隔震-限位贮液结构

近场脉冲、近场无脉冲和远场地震作用下滑移隔震-限位贮液结构的位移、壁板拉应力和液体晃动波高 IDA 曲线簇如图 9.14～图 9.16 所示，结构位移对应的易损性曲线如图 9.17 所示。

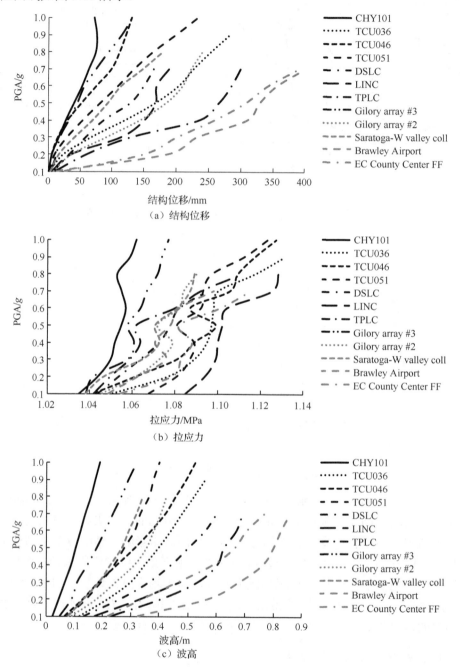

（a）结构位移

（b）拉应力

（c）波高

图 9.14　近场脉冲地震作用下滑移隔震-限位贮液结构最大动力响应 IDA 曲线簇

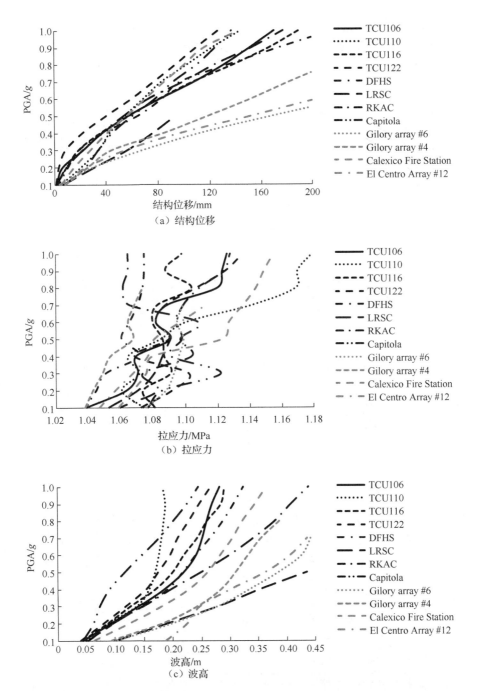

图 9.15　近场无脉冲地震作用下滑移隔震-限位贮液结构最大动力响应 IDA 曲线簇

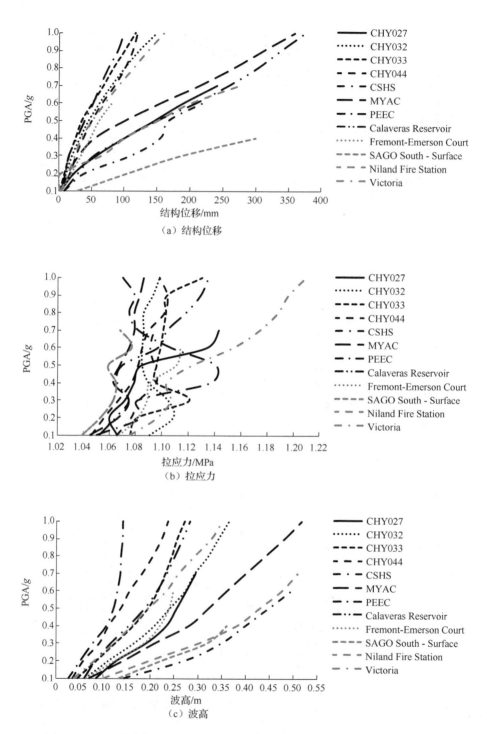

图 9.16　远场地震作用下滑移隔震-限位贮液结构最大动力响应 IDA 曲线簇

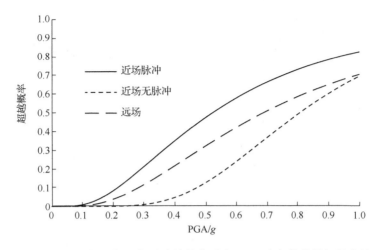

图 9.17　以滑移隔震-限位贮液结构位移和 PGA 为参数的易损性曲线

由图 9.14～图 9.16 得到，当预留的干弦高度为 0.9m 时，三类地震作用下滑移隔震-限位贮液结构壁板拉应力和液体晃动波高超越限值的概率仍然很小，相对于前述的单纯滑移隔震结构，其贮液结构位移得到了有效控制，表明限位装置显著地改善了单纯滑移隔震贮液结构的有效性。由图 9.17 进一步得到，近场脉冲地震作用下贮液结构位移超越概率最大，远场地震作用下贮液结构位移超越概率次之，而近场无脉冲地震作用下贮液结构位移超越概率最小，单纯的滑移隔震贮液结构在采取限位措施后，由滑移位移超限引起的贮液结构失效概率明显降低。

9.5.4　失效判据对易损性研究的影响

当预留干弦高度较小时，系统的失效模式将增加，液体溢出、壁板开裂、结构位移超限或各类失效模式会同时出现，但是无论哪一类变量超限都意味着系统失效，因此可以采用前述定义的整体易损性失效判据，即当某一变量超限则判定滑移隔震贮液结构发生失效。以预留壁板干弦高度 0.3m 为例，图 9.18 列出了采用单项失效判据和整体失效判据（由于采取滑移隔震后壁板拉应力较小，只假定结构位移和波高两者中的任何一项超限，则认为系统失效）来进行贮液结构易损性研究的差异性。

由图 9.18 可知，地震动强度不同时，结构位移过大造成系统失效的概率与液体溢出造成的失效概率不同，当地震动较小时，液体溢出风险大于结构位移超限问题，而当地震动较大时，结构位移超限概率大于液体溢出概率。当假定结构位移和液体晃动波高两者中的任何一项超限就判定系统失效时，系统失效概率明显大于单一因素对应的失效概率。因此，从多个失效模式对滑移隔震混凝土矩形贮液结构进行易损性研究要比单一因素更加合理，更能够反映系统的减震性能。

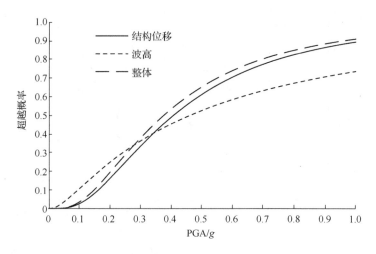

图 9.18　采用不同失效判据下的易损性曲线

9.5.5　易损性的影响参数研究

1. 干弦高度

由上述易损性分析已经得到，当预留干弦高度为 0.9m 时，晃动波高的超越概率很小，而储液高度是贮液结构应用时需要考虑的因素，从提高资源利用率来说，当然是储液量越大越好，但是液位高度的增加无疑会增大液体溢出风险的发生概率，同时液体量的增加会增加晃动效应对系统的影响。为了尽量增大已有贮液结构的储液量，更加合理地利用资源，干弦高度对晃动波高超越概率的影响是值得探讨的问题。以三种预留干弦高度 0.3m、0.6m 和 0.9m 作为分析对象，研究预留干弦高度对系统动力响应的影响。由于采取滑移隔震措施后，壁板基本不会由于拉应力超限而发生开裂，图 9.19 列出近场脉冲地震作用下干弦高度对晃动波高和结构位移超越概率的影响。

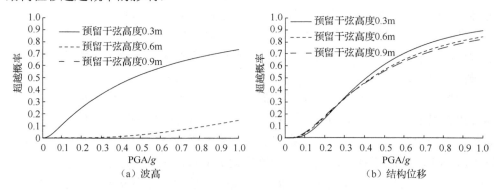

（a）波高　　　　　　　　　　　　（b）结构位移

图 9.19　预留干弦高度对动力响应超越概率的影响

由图 9.19 (a) 得到，当预留干弦高度为 0.3m 时，液体溢出的风险较大；当预留干弦高度为 0.6m 时，液体溢出的风险明显降低；当预留干弦高度为 0.9m 时，液体溢出的概率降为 0。据此可以为该类结构的设计提供建议，可将预留干弦高度设计为 0.6~0.9m。由图 9.19 (b) 得到，预留干弦高度由小增大，结构位移超越概率减小，即储液量越大，结构位移会越大，原因在于储液量越大，其晃动效应会越显著，从而使结构位移相对大一些。

2. 限位装置直径

通过前述分析得到滑移隔震贮液结构的重要缺陷在于位移的超限问题，而限位装置直径是影响贮液结构位移大小的重要因素。虽然当限位装置直径为 60mm 时贮液结构位移相对于纯滑移隔震贮液结构来说得到了有效控制，但是某些地震作用下贮液结构位移还是存在超限的问题，因此限位装置对结构位移超越概率的影响也是值得探讨的问题，12 条近场脉冲地震作用下位移超越概率的具体结果如图 9.20 所示。

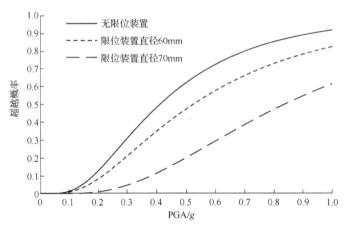

图 9.20　限位装置直径对结构位移超越概率的影响

由图 9.20 得到，当不采取限位措施时，单纯的滑移隔震贮液结构位移很容易超越限值，当 PGA 增加到 1.0g 时，12 条近场脉冲地震作用下贮液结构的滑移位移全部超限，而当采取限位措施后，贮液结构位移超限概率被有效降低，且随着限位装置直径的增大，贮液结构位移超限概率进一步被减小。因此，对于滑移隔震贮液结构，为了控制较大的位移响应，可以通过合理的限位装置设计达到预期的目标，从而改善滑移隔震-限位混凝土贮液结构的有效性。

参　考　文　献

[1] 凌海荣, 林金强. ADINA 在钢筋混凝土非线性有限元分析中的应用[EB/OL] [2011-06-09]. https://wenku. baidu.com/view/f04aff2a915f804d2b16c18e.html.

[2] SAENZ L P. Discussion of equation for the stress strain curves for concrete by Desai and Krishnan[J]. ACI Journal, 1964, 61(9): 1229-1235.

[3] SUSSMAN T, SUNDQVIST J. Fluid-structure interaction analysis with a subsonic potential-based fluid formulation[J]. Computers & Structures, 2003, 81(8): 949-962.

[4] 中华人民共和国建设部. GB 50069—2002: 给水排水工程构筑物结构设计规范[S]. 北京: 中国建筑工业出版社, 2002.

[5] 李杰, 陈华明, 陈建兵, 等. 预应力蛋形消化池振动台试验研究[J]. 土木工程学报, 2006, 39(5): 35-42.

[6] SHINOZUKA M, FENG M Q, LEE J, et al. Statistical analysis of fragility curves[J]. Journal of Engineering Mechanics, 2000, 126(12): 1224-1231.

[7] HANCILAR U. Empirical fragility functions based on remote sensing and field data after the January 12, 2010 Haiti earthquake[J]. Earthquake Spectra, 2013, 29(4): 1275-1310.

[8] STRAUB D, KIUREGHIAN A D. Improved seismic fragility modeling from empirical data[J]. Steel Construction, 2008, 30(4): 320-336.

[9] 高霖. 地面式钢筋混凝土水池自愈、渗漏试验及地震响应分析[D]. 哈尔滨:中国地震局工程力学研究所, 2015.

[10] SHOME N, CORNELL C A. Probabilistic seismic demand analysis of nonlinear structures[R]. Report No. RMS-35, RMS Program, Stanford: Stanford University, 1999.

第10章　滑移隔震混凝土矩形贮液结构的振动台试验

10.1　振动台试验方案设计

10.1.1　试验目标

本章借助振动台原型试验验证滑移隔震对混凝土矩形贮液结构减震的有效性，考虑到滑移隔震贮液结构在地震作用下会产生较大位移和较大震后残余位移的缺陷，同时进行相应的限位措施研究。主要研究目标如下：

（1）设计非隔震、铅芯橡胶隔震、滑移隔震-钢棒限位、滑移隔震-弹簧限位混凝土矩形贮液结构足尺试验模型。

（2）进行隔震和非隔震混凝土矩形贮液结构的振动台扫频试验，研究结构受到地震作用后自振特性的变化情况，初步评估减震方法的有效性。

（3）通过对地震波调幅研究地震动强度对混凝土矩形贮液结构动力响应的影响以及减震方法的有效性，并对比研究近场和远场地震作用下系统动力响应的差异。

（4）研究采用不同限位装置类型后滑移隔震混凝土矩形贮液结构的动力响应，为限位装置的设计提供建议。

（5）观察混凝土矩形贮液结构的振动台试验现象，并探讨各类现象产生的原因。

10.1.2　试验加载及采集系统

（1）振动台。试验在甘肃省地震局黄土地震工程实验室 4m×6m 地震模拟振动台进行，该大型振动台采用伺服电机驱动方式，可在水平方向和垂直方向同时加载，振动台主要参数如表 10.1 所示，振动台概况如图 10.1 所示。

（2）采集系统。振动台试验常用到的测试装置包括加速度传感器、位移传感器、压力传感器、力传感器、应变片等，在传感器通道数量确定的基础上再选定所需的采集系统种类及数量。

考虑试验模型的特征及试验目的，采用两套系统进行数据的采集，分别为亿恒科技 Premax 多通道振动控制与测试仪，其主要参数如表 10.2 所示，以及东华 5922 动态数据采集测试仪。

表 10.1　振动台参数

序号	参数	用户指标范围
1	台重	约 20t
2	最大承载力	X、Z 向单独加载时，X 最大加速度时 20t，Z 最大加速度时 15t X、Z 向联合加载时，X 最大加速度时 20t，Z 最大加速度时 15t
3	最大位移	X、Z 向单独加载时，X：±250mm，Z：±100mm X、Z 向联合加载时，X：±150mm，Z：±100mm
4	最大速度	X、Z 向单独加载时，X：1500mm/s，Z：700mm/s X、Z 向联合加载时，X：1000mm/s，Z：70mm/s
5	最大加速度	X、Z 向单独加载时，X：$1.7g$（25t 时），Z：$1.2g$（15t 时） X、Z 向联合加载时，X：$1.2g$（15t 时），Z：$1.0g$（15t 时）
6	空载最大加速度	X：$4g$，Z：$3g$
7	工作频率范围	X、Z 向单独加载时，X：$0\sim70$Hz，Z：$0\sim50$Hz X、Z 向联合加载时，X：$0\sim50$Hz，Z：$0\sim50$Hz
8	运动方向	水平单向、垂直单向、水平垂直耦合
9	控制形式	全数字控制
10	输入波形	规则波、随机波、地震波、人造波等
11	输入工作信号	加速度时程、速度时程、位移时程；反应谱；功率谱
12	工作方式	伺服电机式驱动
13	位移失真度	小于 1%
14	加速度失真度	小于 5%
15	波形不均匀度	小于 3%
16	非主振方向分量	小于 1%
17	数据采集系统及分析软件	数据采集系统为动态，64 通道；数据采集精度：加速度±5mm/s^2、速度±5mm/s、位移±20mm；中文或英文界面软件，软件可进行功率谱分析、模态分析等

图 10.1　振动台

表 10.2 亿恒科技 Premax 采集系统主要参数

指标	参数
输入通道	单机 64 通道
输出通道	16 通道
数字滤波	独立 160dB/Oct 数字滤
模拟滤波	独立模拟抗混叠滤波器
动态范围	110dB
ADC/DAC 分辨率	24 位
耦合方式	电压，ICP，TEDS（可选）
通道匹配	相位 0.5°，幅值 0.05dB（DC21kHz）

10.1.3 试验模型设计

1. 模型设计原则

试验模型设计依据三个原则：①实验室的试验设备和环境条件；②试验目的；③保证试验模型能够基本体现原有结构的特征。本次试验总共包含四个试验模型：非隔震贮液结构、铅芯橡胶隔震贮液结构、滑移隔震-钢棒限位贮液结构和滑移隔震-弹簧限位贮液结构。通过对非隔震贮液结构、铅芯橡胶隔震贮液结构和滑移隔震-钢棒限位贮液结构的动力响应进行对比，可以评估滑移隔震在混凝土矩形贮液结构中的减震效果，通过对滑移隔震-钢棒限位贮液结构和滑移隔震-弹簧限位贮液结构动力响应的对比，可以探讨限位装置类型对滑移隔震减震性能的影响。

2. 模型设计

（1）上部结构设计。考虑到振动台台面尺寸及承载能力等基本信息，试验所采用的足尺模型几何信息如图 10.2 所示，混凝土贮液结构配筋如图 10.3 所示，选用钢筋为 HRB400，使用商品混凝土 C30 进行结构浇筑。

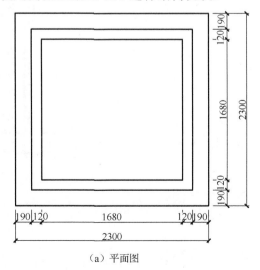

（a）平面图

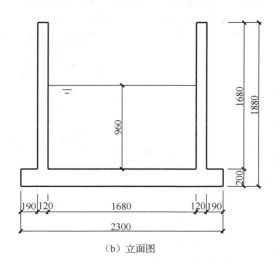

（b）立面图

图 10.2　模型几何信息（单位：mm）

（2）结构底部连接设计。底板要与隔震支座、不锈钢板及振动台分别相连，因此其设计需要考虑诸多因素，具体见图 10.4。

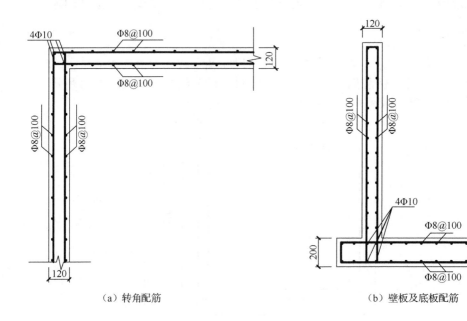

（a）转角配筋　　　　　　　　　　　　（b）壁板及底板配筋

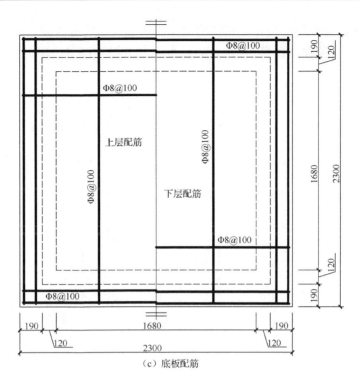

（c）底板配筋

图 10.3 模型配筋（单位：mm）

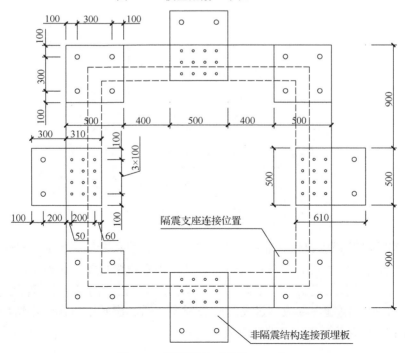

图 10.4 连接设计（单位：mm）

（3）结构吊装预埋件设计。在结构底部周边总共布置 8 个 U 型预埋件，用于结构吊装，U 型预埋件直径为 16mm，其他信息如图 10.5 所示。

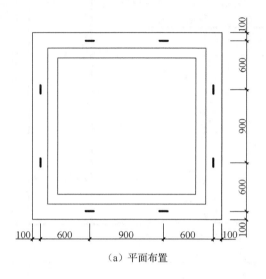

（a）平面布置

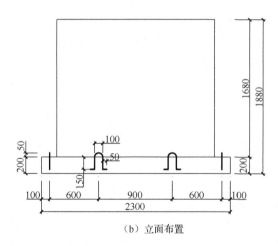

（b）立面布置

图 10.5　结构吊装预埋件（单位：mm）

（4）铅芯橡胶隔震设计。通过对近场 El-Centro 波和远场天津波进行频谱分析得到两类地震的卓越周期分别为 0.56s、0.94s，由数值模拟得到液体 1 阶晃动周期为 1.505s，非隔震贮液结构的 1 阶振动周期为 0.013s，为了避免隔震贮液结构及液体产生共振，隔震周期应该远离这两类周期。铅芯橡胶支座在贮液结构底部的布置如图 10.6 所示，支座参数详见表 10.3。

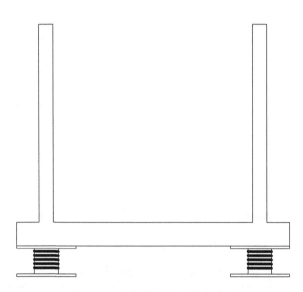

图 10.6　铅芯橡胶隔震支座布置

表 10.3　铅芯橡胶支座参数

参数	单位	值	参数	单位	值
型号	—	LRB-D150	剪切模量	MPa	0.392
外径	mm	150	橡胶外径	mm	140
铅芯直径	mm	26	封钢板厚度	mm	20
封钢板直径	mm	140	橡胶层厚	mm	1.2
橡胶层数	层	18	橡胶总厚	mm	21.6
薄钢板厚度	mm	1.2	薄钢板直径	mm	140
薄钢板层数	层	17	中孔面积	mm^2	530.66
支座有效面积	mm^2	14855.34	支座面积	mm^2	15386
高度	mm	82	第一形状系数	—	29.18
第二形状系数	—	6.44	橡胶硬度修正系数	—	0.9
橡胶标准弹性模量	MPa	1.5	地震作用最大面压	MPa	8～10

（5）滑移隔震设计。总共在贮液结构底部角落布置 4 个滑移隔震支座，如图 10.7 所示，支座具体参数见表 10.4。为了克服滑移隔震混凝土矩形贮液结构位移超限的缺陷，分别安装钢棒和弹簧限位装置，如图 10.8 所示，钢棒限位装置直径为 12mm，其他参数及安装示意如图 10.9 所示，限位弹簧的连接方式如图 10.10 所示，弹簧设计参数如表 10.5 所示。

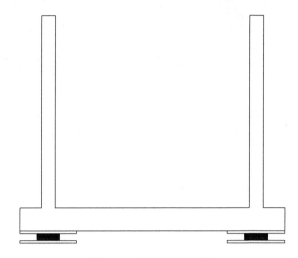

图 10.7　滑移支座布置

表 10.4　滑移隔震支座参数

类型	规格	硬度	拉伸强度/MPa	扯断伸长率/%	橡胶与钢板的剥离强度/（kN/m）	极限抗压强度/MPa	抗压弹性模量/MPa
F4GJZ	150×200×44	61	19	455	11	71	365

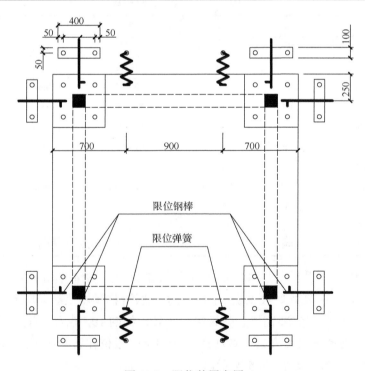

图 10.8　限位装置布置

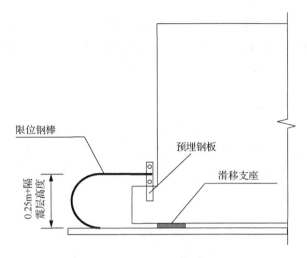

图 10.9　限位钢棒连接示意

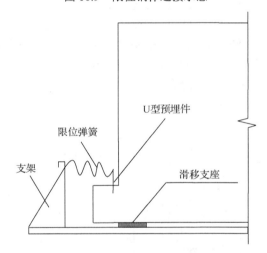

图 10.10　限位弹簧连接示意

表 10.5　限位弹簧参数

参数	单位	值	参数	单位	值
材料	—	65Mn 钢	切变模量	GPa	79
许用切应力	MPa	660	材料直径	mm	16
弹簧中径	Mm	70	有效圈数	圈	11.5
高径比	—	4.786	自由高度	mm	335
总圈数	圈	13	旋绕比	—	4.375
曲度系数	—	1.363	刚度	N/mm	164.1
螺旋角	°	7.19	展开长度	m	2.86
压并高度	Mm	208	节距	mm	27.74

（6）模型重量计算。混凝土工程量计算：壁板=[(1.920-0.120)+(1.920-0.120)]× 2×0.120×1.680=1.45m³，底板=(1.920+2×0.190)×(1.920+2×0.190)×0.200=1.06m³。

贮液结构混凝土总方量=1.45+1.06=2.51m³。

贮液结构自重 G_c 计算：壁板自重 G_1=36.29kN，底板自重 G_2=26.45kN，贮液结构总自重 G_c=G_1+G_2=62.74kN。

结构内储液重 G_w 计算（储液高度为4m）：结构内储液重 G_w=23.71kN。

由此得到混凝土和液体的总重量为8.645t，钢筋约0.3t，再加一些隔震支座的重量，总重量远小于振动台在 X 轴和 Z 轴双向加载下的承载力15t。

10.1.4 试验测试方案

测点的布置主要考虑测试模型的动力特性、结构的地震响应、关键部位的受力情况、弹塑性变形以及液体晃动等，因此在适当位置布置加速度传感器、混凝土防水应变片、高速摄像机及液体压力传感器。

（1）加速度传感器。试验中总共布置7个加速度测点，其中6个加速度测点 A1～A6 位于水平地震作用方向结构的中轴面上，用于测取贮液结构的加速度，另外1个加速度测点 A7 布置在振动台上，用于测取振动台面的加速度，本次试验选用由江苏东华测试技术股份有限公司生产的三向微型电容式加速度传感器 DH301[1]，仪器布置如图10.11所示。

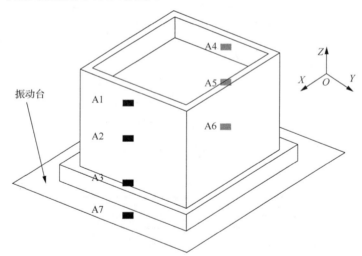

图 10.11 加速度传感器布置

（2）混凝土防水应变片。在结构内部壁板与壁板相交的位置布置24个 X 轴和 Y 轴方向的混凝土防水应变片，以测取平行和垂直于地震作用方向壁板的拉应力，该混凝土防水应变片及相应的防护胶水由中航工业电测仪器股份有限公司制造，应变片布置如图10.12所示。

（3）高速摄像机。为了全方位测定液体晃动的波高，试验采用摄像机实时监测整个液面的晃动情况，该摄像机具有高平衡性及高速的特点，同时配置有用户可设定拍摄速度、分辨组合、变帧率以及分辨率的功能，能够捕捉最大分辨率1024×1024 像素、单色 12 比特、彩色 36 比特的超清晰图像。

（4）液体压力传感器。在垂直于水平地震作用方向的壁板上总共布置 2 个液体压力测点，如图 10.13 所示。液体压力计由西安德威科仪表公司生产，精度为 0.1kPa。

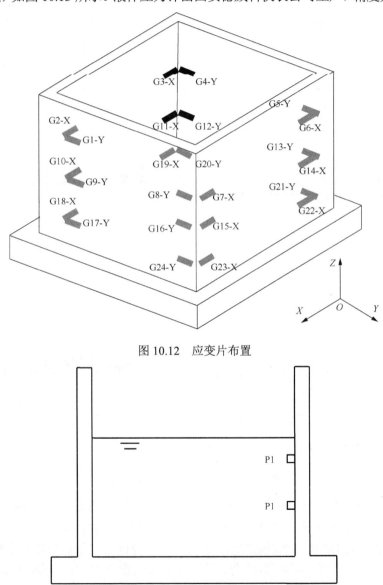

图 10.12　应变片布置

图 10.13　压力传感器布置

10.1.5　试验工况设计

为了测定贮液结构的动力特性变化规律，在试验开始及不同振幅地震作用后输入峰值加速度为 0.05g 的正弦波进行扫频，根据各个测点得到的传递函数求体系的基频，并评判模型动力特性的变化及破坏程度。试验选取两条具有不同频谱特性和由不同发展机理得到的地震波记录，第一条为近场地震记录 El-Centro 波，第二条为远场长周期地震记录天津波，其加速度时程分别如图 10.14 和图 10.15 所示。根据试验工况的要求对两条地震波进行调幅，由于近场地震波的幅值往往较大，而远场地震波由于衰减幅值往往较小，因此调整 El-Centro 波的 PGA 分别为 0.22g、0.40g 和 0.62g，持时选为 30s；调整天津波的 PGA 为 0.22g，持时选为 19s。

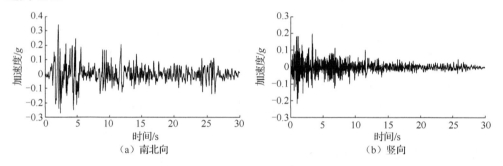

图 10.14　El-Centro 波加速度时程曲线

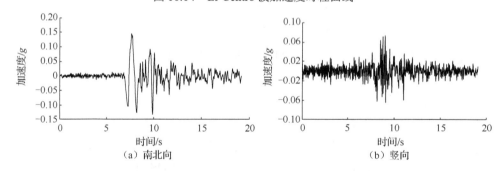

图 10.15　天津波加速度时程曲线

设计一个混凝土矩形贮液结构，通过改变贮液结构底部的边界条件，首先分别进行采用钢棒和弹簧限位装置滑移隔震贮液结构的振动台试验，再通过滑移隔震支座的更换进行铅芯橡胶隔震贮液结构的振动台试验，最后拆除铅芯橡胶隔震支座进行非隔震贮液结构的振动台试验，在各种情况下储液高度都为 0.84m，即储液率为 50%，具体试验工况如表 10.6～表 10.8 所示。

表 10.6　滑移隔震–限位贮液结构试验工况

试验序号	试验工况	地震输入方向	PGA/g
		钢棒限位	
1	正弦波（1～50Hz）	X	0.05
2	El-Centro 波	X	0.22
3	天津波	X	0.22
4	El-Centro 波	$X+Z$	0.22+0.22×0.65
5	天津波	$X+Z$	0.22+0.22×0.65
6	正弦波（1～50Hz）	X	0.05
7	El-Centro 波	X	0.40
8	El-Centro 波	$X+Z$	0.40+0.40×0.65
9	正弦波（1～50Hz）	X	0.05
10	El-Centro 波	X	0.62
11	El-Centro 波	$X+Z$	0.62+0.62×0.65
12	正弦波（1～50Hz）	X	0.05
		弹簧限位	
13	正弦波（1～50Hz）	X	0.05
14	El-Centro 波	X	0.22
15	天津波	X	0.22
16	正弦波（1～50Hz）	X	0.05

表 10.7　铅芯橡胶隔震贮液结构试验工况

试验序号	试验工况	地震输入方向	PGA/g
1	正弦波（1～50Hz）	X	0.05
2	El-Centro 波	X	0.22
3	天津波	X	0.22
4	El-Centro 波	$X+Z$	0.22+0.22×0.65
5	天津波	$X+Z$	0.22+0.22×0.65
6	正弦波（1～50Hz）	X	0.05
7	El-Centro 波	X	0.40
8	El-Centro 波	$X+Z$	0.40+0.40×0.65
9	正弦波（1～50Hz）	X	0.05
10	El-Centro 波	X	0.62
11	El-Centro 波	$X+Z$	0.62+0.62×0.65
12	正弦波（1～50Hz）	X	0.05

表 10.8　非隔震贮液结构试验工况

试验序号	试验工况	地震输入方向	PGA/g
1	正弦波（1～50Hz）	X	0.05
2	El-Centro 波	X	0.22
3	天津波	X	0.22
4	El-Centro 波	$X+Z$	0.22+0.22×0.65
5	天津波	$X+Z$	0.22+0.22×0.65
6	正弦波（1～50Hz）	X	0.05
7	El-Centro 波	X	0.40
8	El-Centro 波	$X+Z$	0.40+0.40×0.65
9	正弦波（1～50Hz）	X	0.05
10	El-Centro 波	X	0.62
11	El-Centro 波	$X+Z$	0.62+0.62×0.65
12	正弦波（1～50Hz）	X	0.05

10.2　试验模型制作及安装

10.2.1　模型制作

在混凝土矩形贮液结构试验模型设计方案完成的基础上，可进行试验模型制作这一关键环节，具体包括连接底板加工、钢筋加工及绑扎、预埋件定位、支模、混凝土浇筑、拆模和混凝土养护等具体过程，主要内容如图 10.16 所示。

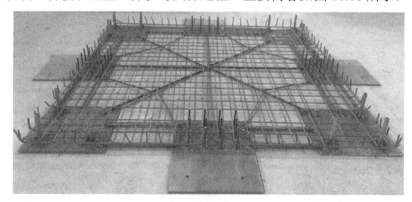

（a）连接底板

（b）钢筋绑扎

（c）支模

（d）混凝土养护

图 10.16　混凝土贮液结构模型制作

10.2.2　模型安装

整个振动台试验过程中的模型安装过程详见图 10.17～图 10.20。

图 10.17　滑移隔震-钢棒限位贮液结构安装

图 10.18　滑移隔震-弹簧限位贮液结构安装

图 10.19　铅芯橡胶隔震贮液结构安装

图 10.20　非隔震贮液结构安装

10.3　试验结果及分析

10.3.1　动力特性

　　为了测定模型结构在不同工况下的动力特性变化,试验在地震前后采用 $0.05g$ 的正弦波对模型进行扫频并对扫频结果进行分析,由振动台输入和结构响应之间的传递函数获得幅频函数,从而求得贮液结构的自振频率。在振动台试验中,以正弦波 $a_g(t)$ 作为台面输入,若第 i 测点采集的加速度为 $a_i(t)$,则第 i 测点的加速度传递函数为

$$H_a(f,z_i) = \frac{G_{xy}(f,z_i)}{G_{xx}(f)} \tag{10.1}$$

式中, $G_{xx}(f)$ 为振动台输入正弦波 $a_g(t)$ 的自功率谱; $G_{xy}(f,z_i)$ 为 $a_g(t)$ 与 $a_i(t)$ 的互功率谱。

　　由式(10.1)得到非隔震、铅芯橡胶隔震、滑移隔震-钢棒限位和滑移隔震-弹簧限位贮液结构的频响函数如图 10.21 所示,贮液结构在不同强度地震作用下的频率变化如图 10.22 所示。

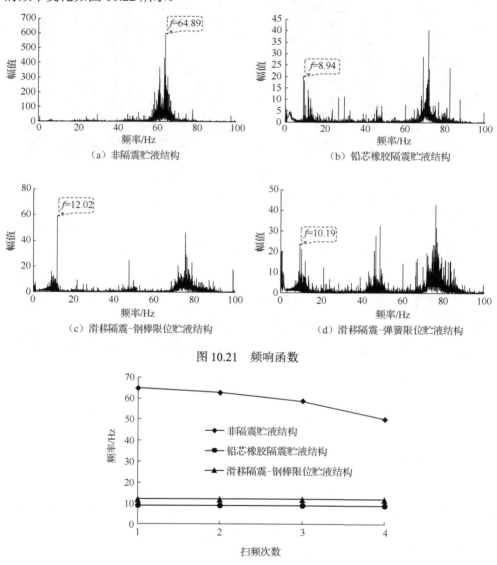

（a）非隔震贮液结构　　　　　　　　（b）铅芯橡胶隔震贮液结构

（c）滑移隔震-钢棒限位贮液结构　　　　（d）滑移隔震-弹簧限位贮液结构

图 10.21　频响函数

图 10.22　模型频率变化

由图 10.21 得到，非隔震混凝土矩形贮液结构的 1 阶振动频率为 64.89Hz，而铅芯橡胶隔震混凝土矩形贮液结构、滑移隔震-钢棒限位混凝土矩形贮液结构和滑移隔震-钢棒限位混凝土矩形贮液结构的 1 阶振动频率被减小到 8.94Hz、12.02Hz 和 10.19Hz，表明非隔震混凝土矩形贮液结构具有非常大的刚度，而进行隔震后，混凝土矩形贮液结构的振动周期被明显延长，从而有助于避免一些共振响应的产生。

由图 10.22 得到，随着地震强度的增大，非隔震贮液结构的 1 阶振动频率下降速度逐渐增大，在 7 度罕遇地震作用下非隔震贮液结构的振动频率下降较小，在 8 度和 9 度罕遇地震作用后非隔震贮液结构的振动频率下降较大；而铅芯橡胶隔震和滑移隔震-钢棒限位贮液结构在遭遇各类强度的地震作用后振动频率基本保持不变，说明隔震贮液结构在地震作用下能够保持弹性状态或只遭受轻微的损伤。从以上可以看出，隔震贮液结构在经历 7 度、8 度和 9 度罕遇地震作用后振动频率基本没有变化，其动力特性稳定，而非隔震贮液结构在地震作用后动力特性变化较大，即与隔震贮液结构相比，非隔震贮液结构在地震作用下的损伤或破坏程度要严重得多。

10.3.2　非隔震与隔震贮液结构动力响应的对比

1. 结构加速度

限于篇幅，图 10.23 仅列出 9 度罕遇 El-Centro 地震在 X 和 Z 向共同作用下非隔震、铅芯橡胶隔震和滑移隔震-钢棒限位混凝土矩形贮液结构的加速度结果，通过对三类贮液结构动力响应的对比以评估滑移隔震对贮液结构加速度的减震效果。为了全面研究滑移隔震贮液结构的加速度响应，表 10.9 列出了不同幅值、不同方向地震作用下不同贮液结构的加速度响应。

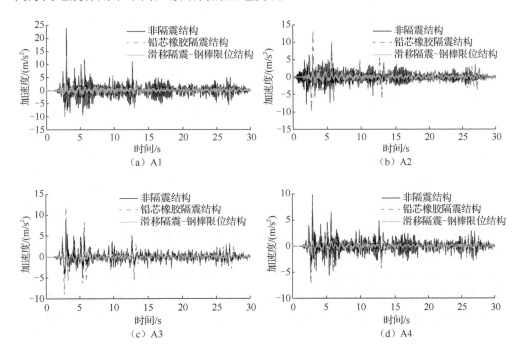

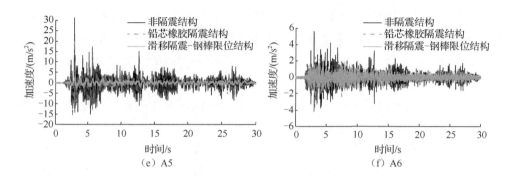

（e）A5　　　　　　　　　　　　　　（f）A6

图 10.23　9 度罕遇双向 El-Centro 地震作用下加速度对比

表 10.9　各工况下最大加速度对比　　　　　（单位：m/s²）

加速度传感器编号	项目	0.22g		0.40g		0.62g	
		X	X+Z	X	X+Z	X	X+Z
A1-X	非隔震结构	5.655	4.188	7.513	8.655	20.988	23.727
	滑移隔震-钢棒限位结构	1.232	1.186	1.324	1.377	1.354	2.283
	减震率/%	78.21	69.29	82.38	84.09	93.55	90.38
A2-X	非隔震结构	2.858	3.279	6.608	7.313	13.497	14.073
	滑移隔震-钢棒限位结构	0.993	1.000	1.261	1.420	1.337	2.028
	减震率/%	65.26	69.50	80.92	80.58	90.09	85.59
A3-X	非隔震结构	2.754	2.473	4.943	4.722	8.546	8.226
	滑移隔震-钢棒限位结构	0.869	0.823	1.045	1.048	1.272	1.513
	减震率/%	68.45	66.72	78.86	77.81	85.12	81.61
A4-X	非隔震结构	2.015	2.156	4.332	4.639	9.024	9.782
	滑移隔震-钢棒限位结构	0.627	0.625	0.845	0.861	0.939	1.005
	减震率/%	68.88	71.01	80.49	81.44	89.59	89.73
A5-X	非隔震结构	5.656	6.074	12.333	13.658	29.438	31.158
	滑移隔震-钢棒限位结构	2.359	1.894	1.992	2.300	2.307	3.543
	减震率/%	58.29	68.82	83.85	83.16	92.45	88.63
A6-X	非隔震结构	1.023	1.435	2.483	2.712	5.362	5.610
	滑移隔震-钢棒限位结构	0.462	0.785	0.369	1.683	0.451	2.460
	减震率/%	54.84	45.30	85.14	37.94	91.59	56.15

　　由图 10.23 得到，虽然铅芯橡胶隔震在整体上减小了贮液结构的加速度响应，在 A1、A5 和 A6 测点使贮液结构的加速度减小了 50%左右，但是 A2、A3 和 A4 测点的加速度变化很小。相比之下，滑移隔震-钢棒限位贮液结构各测点的加速度都远小于非隔震贮液结构的加速度，同时也明显小于铅芯橡胶隔震贮液结构的加速度，因此滑移隔震-钢棒限位贮液结构的减震效果明显优于铅芯橡胶隔震贮液结构。

由表10.9得到，滑移隔震-钢棒限位贮液结构对应的加速度减震率非常大，最大可达93.55%，最小为37.94%，且能够使贮液结构加速度在高度方向的分布趋于均匀化，即减震措施使上部结构的加速度得到有效控制，达到了预期目标。非隔震贮液结构的加速度随着地震幅值的增大而显著增大，而采取减震措施后，贮液结构加速度随着地震幅值的增大变化平缓。在大多数情况下，考虑竖向地震后贮液结构水平加速度响应会有一定程度的增大，但总体来看，竖向地震对贮液结构水平加速度的影响有限。

2. 结构位移

滑移隔震贮液结构的重要特征在于地震作用下会产生较大的位移，对带有附属管线的贮液结构来说，位移过大所带来的威胁将更加严重，为了克服这一缺陷，限位装置的设计及应用很有必要性。以钢棒限位装置为例，重点关注结构的最大位移以及震后的残余位移，钢棒限位装置对滑移隔震结构位移的控制效果如图10.24所示。在图10.24中，以A代表振动台上的一点，以B代表结构上的一点，将A于B相连，通过线段AB的位置可判断钢棒限位装置的有效性。结合试验现场观测及图10.24可得到，进行钢棒限位装置设计后，滑移隔震贮液结构的最大位移能够被控制在合理范围，可确保结构不脱离滑移支座，同时震后的残余位移很小，限位装置处于弹性状态，变形很小，能够使减震系统在震后继续有效发挥作用，而无须更换设备。

（a）初始状态　　　　　　（b）位移最大状态　　　　　　（c）震后状态

图 10.24　9 度罕遇双向 El-Centro 地震作用下的限位效果

3. 壁板应变

混凝土矩形贮液结构会由于较大的拉应变而导致开裂破坏，从而使结构失效，拉应变的变化能够直观地反映减震方法的效果。鉴于一些应变片在试验过程中失效，图10.25 仅列出 9 度罕遇 El-Centro 地震在 X 和 Z 向共同作用下 G2-X、G12-Y、G16-Y 和 G21-Y 应变片所测到的结果，表 10.10 进一步列出各种工况下的拉应变最大值及对应的减震率。

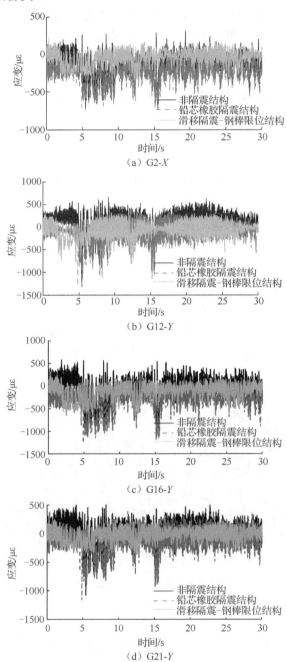

（a）G2-*X*

（b）G12-*Y*

（c）G16-*Y*

（d）G21-*Y*

图 10.25　9 度罕遇双向 El-Centro 地震作用下应变对比

表 10.10 各工况下最大拉应变对比 （单位：$\mu\varepsilon$）

应变片编号	项目	0.22g		0.40g		0.62g	
		X	X+Z	X	X+Z	X	X+Z
G2-X	非隔震结构	529.91	557.66	582.63	554.88	621.47	590.95
	滑移隔震-钢棒限位结构	188.66	147.04	127.62	202.53	69.36	160.92
	减震率/%	64.40	73.63	78.10	63.50	88.84	72.77
G12-Y	非隔震结构	693.60	713.02	615.92	665.86	707.47	660.31
	滑移隔震-钢棒限位结构	307.96	307.96	332.93	327.38	344.03	355.12
	减震率/%	55.60	56.81	45.95	50.83	51.37	46.22
G16-Y	非隔震结构	546.56	563.21	665.86	577.08	654.76	582.63
	滑移隔震-钢棒限位结构	266.34	263.97	213.63	233.05	241.37	316.28
	减震率/%	51.27	53.13	67.92	59.62	63.14	45.72
G21-Y	非隔震结构	604.82	621.47	596.50	610.37	621.47	585.40
	滑移隔震-钢棒限位结构	235.82	213.63	219.18	271.89	246.92	349.58
	减震率/%	61.01	65.63	63.26	55.45	60.27	40.28

由图 10.25 得到，非隔震贮液结构的拉应变最大，铅芯橡胶隔震贮液结构的拉应变次之，而滑移隔震-钢棒限位贮液结构的拉应变最小，且滑移隔震-钢棒限位贮液结构的拉应变明显小于铅芯橡胶隔震贮液结构的拉应变，此外，滑移隔震能使贮液结构的拉压应变更趋于均匀化，再次表明滑移隔震-钢棒限位措施对混凝土矩形贮液结构的减震效果优于铅芯橡胶隔震。

由表 10.10 得到，在不同强度地震作用下，滑移隔震-钢棒限位贮液结构的拉应变都明显小于非隔震贮液结构的拉应变，且各种情况下的拉应变减震率都在 50%以上，最大可达 88.84%。竖向地震作用下非隔震贮液结构拉应变的变化规律不明显，但是滑移隔震-钢棒限位贮液结构的拉应变在大多数情况下都增大了。当 PGA 由 0.22g 增加到 0.62g 时，非隔震贮液结构应变增加较多的情况出现在单向地震作用下的 G2-X 和 G16-Y 侧点上，G2-X 应变片的拉应变由 529.91$\mu\varepsilon$增加到 621.47$\mu\varepsilon$，G16-Y 应变片的拉应变由 546.56$\mu\varepsilon$增加到 654.76$\mu\varepsilon$；而滑移隔震-钢棒限位贮液结构应变增加较多的情况出现在双向地震作用下的 G16-Y 和 G21-Y 侧点上，G16-Y 应变片的拉应变由 263.97$\mu\varepsilon$增加到 316.28$\mu\varepsilon$，G21-Y 应变片的拉应变由 213.63$\mu\varepsilon$增加到 349.58$\mu\varepsilon$。

4. 波高

波高是贮液结构的重要动力响应之一，也是地震作用下需要控制的重要目标之一，波高一旦超越预留的干弦高度，液体将溢出，对于储存化工物品和污水等的贮液结构，液体对环境带来的不利影响是需要严重关注的问题，因此寻求能够减小液体晃动波高的减震方法具有重要的意义，同时评判一种减震方法的好坏也应该考虑其对液体晃动波高的控制效果。9 度罕遇双向 El-Centro 地震作用下非隔震贮液、铅芯橡胶隔震贮液和滑移隔震-钢棒限位贮液结构对应的最大液体晃动波高如图 10.26 所示，其中粗线代表液体晃动的轮廓。

由图 10.26 得到，非隔震贮液结构和铅芯橡胶隔震贮液结构在大震下液体晃动都表现出了很强的非线性，波面破碎，水花飞溅，晃动波高很大，且铅芯橡胶隔震相比于非隔震加剧了液体晃动的非线性，晃动波高明显被放大了，液面破碎现象更加严重，为了更加准确地研究近场强震下非隔震贮液结构和铅芯橡胶隔震贮液结构的动力响应，应该采用非线性液体晃动理论。相比之下，滑移隔震-钢棒限位贮液结构的液体晃动得到了有效控制，液体晃动平缓，液面保持连续，晃动波高很小，采用常用的线性势流理论进行求解即可得到满足精度要求的解，从而使贮液结构流-固耦合问题的分析得到简化。

（a）非隔震贮液结构　　　　（b）铅芯橡胶隔震贮液结构　　　　（c）滑移隔震-钢棒限位贮液结构

图 10.26　9 度罕遇双向 El-Centro 地震作用下液体晃动波高对比

5. 液体压力

除了已有的静压外，液体在地震作用下对贮液结构还会产生附加的液动压力，而液动压力的大小能够反映液体晃动的剧烈程度。9 度罕遇双向 El-Centro 地震作用下，非隔震、铅芯橡胶隔震和滑移隔震-钢棒限位结构对应的液体压力如图 10.27 所示，各工况下的最大液体压力及减震率如表 10.11 所示。

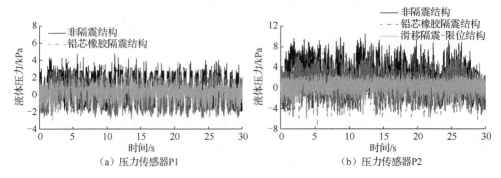

（a）压力传感器P1　　　　　　　　　　（b）压力传感器P2

图 10.27　9 度罕遇双向 El-Centro 地震作用下液体压力对比

表 10.11 液体压力 （单位：kPa）

压力传感器编号	项目	0.22g		0.40g		0.62g	
		X	X+Z	X	X+Z	X	X+Z
P1	非隔震结构	4.287	4.078	4.532	4.584	4.726	4.708
	滑移隔震-钢棒限位结构	2.805	2.599	2.730	2.666	2.814	2.939
	减震率/%	51.36	36.27	39.76	41.84	40.46%	37.57
P2	非隔震结构	9.251	10.158	10.639	10.520	10.760	10.715
	滑移隔震-钢棒限位结构	5.302	4.879	5.412	5.464	5.047	5.640
	减震率/%	42.69	51.97	49.13	48.06	53.09	46.36

由图 10.27 得到，非隔震贮液结构的液体压力最大，铅芯橡胶隔震贮液结构的液体压力次之，滑移隔震-钢棒限位贮液结构的液体压力最小，且滑移隔震-钢棒限位对液体压力的减震效果相比于铅芯橡胶隔震来说更加显著。由于压力传感器 P1 接近液面，而铅芯橡胶隔震贮液结构使自由液面的晃动变得更加剧烈，因此压力传感器 P1 测得的非隔震贮液结构和铅芯橡胶隔震贮液结构对应的液体压力相差较小。P2 压力传感器位于储液高度的中间位置附近，由 P2 所测得的三类结构液体压力的对比可以看出，滑移隔震-钢棒限位贮液结构相比于铅芯橡胶隔震贮液结构能够更加显著地降低液体晃动引起的脉冲压力。

由表 10.11 得到，各种工况下非隔震贮液结构对应的液体压力都明显大于滑移隔震-钢棒限位贮液结构对应的液体压力，采取滑移隔震后的减震率在 40%～50%，最高可达 53.09%，且大多数情况下设置钢棒限位装置的滑移隔震对液体脉冲压力的减震率要大于对流压力对应的减震率，总体来看，贮液结构液体压力随着 PGA 的增大而增大。

10.3.3 远场长周期地震动对贮液结构动力响应的影响

理论研究表明，贮液结构在近场和远场长周期地震作用下动力响应会有很大的差异性，且混凝土矩形贮液结构在近远场地震作用下具有不同的破坏模式，运用振动台试验进一步对比研究非隔震和隔震混凝土矩形贮液结构在近场和远场长周期地震作用下的动力响应很有必要性。7 度罕遇双向近场 El-Centro 波和远场长周期天津波作用下非隔震与隔震混凝土矩形贮液结构动力响应的对比如图 10.28～图 10.30 及表 10.12 所示。

由图 10.28 和图 10.29 得到，非隔震贮液结构在 7 度罕遇双向天津波作用下的液体晃动高度明显大于 El-Centro 波作用的情况，且在天津波作用下非隔震贮液结构的液体晃动波高较大，液面出现破碎现象，表现出了较强的非线性。采取滑移隔震措施后，两类地震作用下的液体晃动都得到了有效控制，波高减小，液面保持连续，但是天津波作用下液体晃动波高仍然大于 El-Centro 波作用的情况。由此可见，远场长周期地震波对液体晃动波高的影响明显大于近场地震波，使液体溢出风险更容易发生。

（a）El-Centro 波　　　　　　　　　　　　（b）天津波

图 10.28　近远场地震作用下非隔震贮液结构波高对比

（a）El-Centro 波　　　　　　　　　　　　（b）天津波

图 10.29　近远场地震作用下滑移隔震-钢棒限位贮液结构波高对比

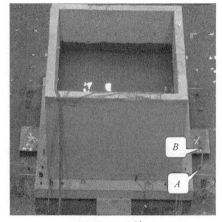 

（a）El-Centro波　　　　　　　　　　　　（b）天津波

图 10.30　近远场地震作用下滑移隔震-钢棒限位结构位移对比

由图 10.30 得到，当地震幅值相同时，远场长周期地震作用下滑移隔震贮液结构的水平位移明显大于近场地震作用的情况，通过试验现场观察，远场长周期地震作用下结构的最大水平位移能够被控制在合理范围，同时震后的残余位移仍然很小，限位装置处于弹性状态。远场长周期地震会造成滑移隔震贮液结构产生更大的水平位移，该类地震作用下需要重点关注限位装置设计能否将结构位移控制在合理范围。

表 10.12　近远场地震作用下最大动力响应的对比

地震	类型	加速度/（m/s^2）	液体压力/kPa	拉应变/με
	非隔震	6.074	10.158	713.02
El-Centro 波	滑移隔震–钢棒限位	1.654	4.879	299.64
	减震率/%	72.77	51.79	57.98
	非隔震	5.823	10.945	649.21
天津波	滑移隔震–钢棒限位	3.126	4.703	360.67
	减震率/%	46.32	57.03	44.44

由表 10.12 得到，近场和远场长周期地震作用下滑移隔震–钢棒限位贮液结构的动力响应明显小于非隔震贮液结构，除了贮液结构的液体压力外，近场地震作用下其他响应对应的减震率都大于远场长周期地震作用的情况。相对于前述液体晃动波高以及贮液结构水平位移来说，远场地震对系统其他动力响应的影响规律不是很明显，因此远场长周期地震作用下，对于滑移隔震混凝土矩形贮液结构需要重点关注液体晃动波高和结构滑移位移两类动力响应。

10.3.4　限位装置类型对滑移隔震减震性能的影响

限位装置是滑移隔震贮液结构的重要组成部分，其不仅会直接影响对结构位移的控制效果，而且也会对系统的其他动力响应产生影响。除了上述的钢棒限位装置外，弹簧也可作为一种限位装置与滑移隔震联合使用。本次试验对采用钢棒限位和弹簧限位两类滑移隔震混凝土贮液结构的动力响应进行了对比，该种情况下为水平单向地震作用，其 PGA 为 0.22g，两类限位装置对应的主要动力响应对比如图 10.31～图 10.38 所示。

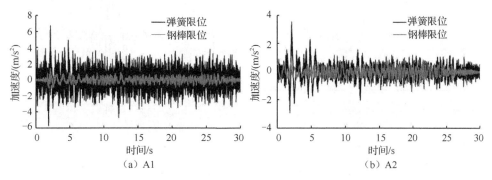

(a) A1　　　　　　　　　　　　　(b) A2

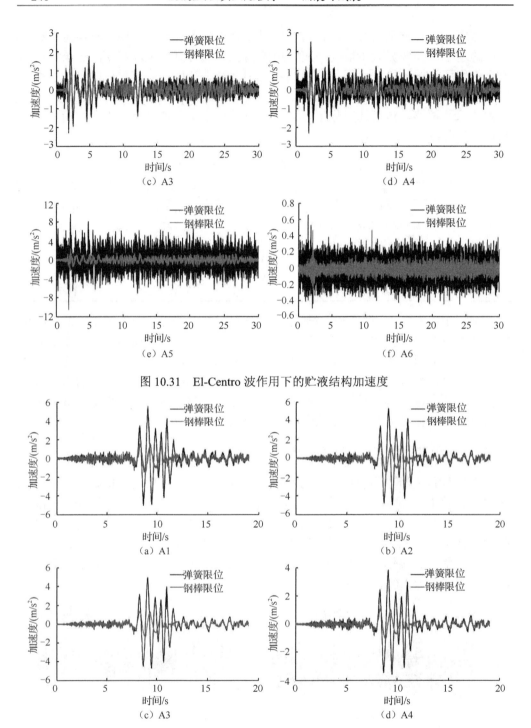

图 10.31　El-Centro 波作用下的贮液结构加速度

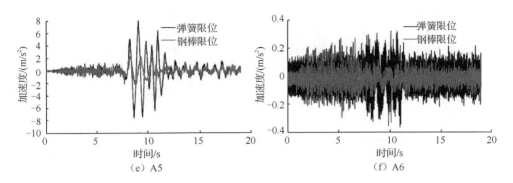

（e）A5　　　　　　　　　　　（f）A6

图 10.32　天津波作用下的贮液结构加速度

（a）弹簧限位装置　　　　　　　　　　　（b）钢棒限位装置

图 10.33　El-Centro 波作用下液体晃动波高

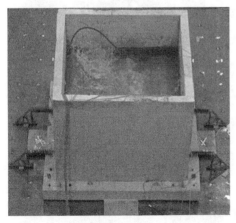

（a）弹簧限位装置　　　　　　　　　　　（b）钢棒限位装置

图 10.34　天津波作用下液体晃动波高

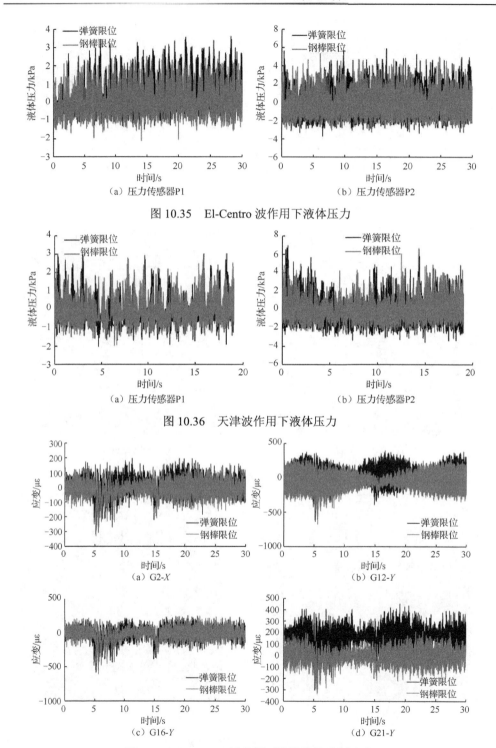

（a）压力传感器P1　　　　　　　　　　（b）压力传感器P2

图 10.35　El-Centro 波作用下液体压力

（a）压力传感器P1　　　　　　　　　　（b）压力传感器P2

图 10.36　天津波作用下液体压力

（a）G2-X　　　　　　　　　　　　　　（b）G12-Y

（c）G16-Y　　　　　　　　　　　　　　（d）G21-Y

图 10.37　El-Centro 波作用下贮液结构壁板应变

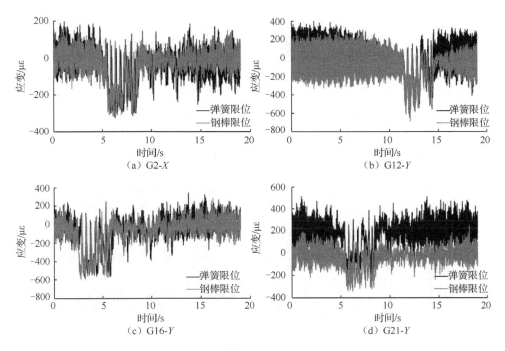

(a) G2-X

(b) G12-Y

(c) G16-Y

(d) G21-Y

图 10.38　天津波作用下贮液结构壁板应变

通过对图 10.31～图 10.38 的分析可得到，El-Centro 波和天津波作用下，弹簧限位贮液结构的加速度、液体晃动波高、液体压力及拉应变都明显大于钢棒限位贮液结构对应的值。弹簧限位相比于钢棒限位使结构加速度响应被放大了好多倍。当 PGA 为 0.22g 时，近场 El-Centro 波作用下弹簧限位贮液结构的液体晃动已经表现出了很强的非线性，液面破碎变得不连续，且晃动波高比较大；而远场天津波作用下弹簧限位贮液结构的液体晃动表现出了更强的非线性，液面破碎变得非常不连续，液体飞溅，晃动波高非常大，已经造成了液体的溢出。相比之下，近场和远场长周期地震作用下采用钢棒限位的混凝土矩形贮液结构液体晃动波高幅度都较小，液面保持连续。对滑移隔震贮液结构采用不同限位装置后，远场长周期地震对液体晃动波高的影响仍然明显大于近场地震作用，且远场长周期地震对采用弹簧限位的贮液结构液体晃动波高带来了更不利的影响，通过对各种动力响应控制效果的分析得到钢棒限位明显好于弹簧限位。

综上所述，限位装置类型会对滑移隔震贮液结构动力响应产生很大的影响，且杨宇等[2]将聚四氟乙烯滑移支座和具有复位消能的部件组合后得到该减震系统对钢储罐液体晃动波高产生了放大效应，原因可能在于复位消能装置影响了滑移隔震对液体晃动波高的控制效果。由此可见，若限位装置设计不合理，会使滑移隔震对贮液结构的减震效果削弱或失去，为了更好地发挥滑移隔震对贮液结构灾变控制的优势，需要进一步对限位装置进行全面的研究。

10.4　试验结束后各组件变化情况

隔震贮液结构在地震作用后若相关构件发生破坏，不仅使其在余震下无法继续发挥作用，而且还需要在震后进行隔震支座及限位装置的更换，这无疑会增加地震后的维修费用。因此，确保滑移隔震贮液结构各组件在地震后的完好具有重要的意义，振动台试验后滑移隔震各组件的变化情况如图 10.39 所示。

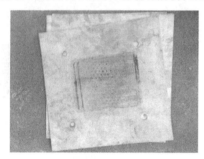

（a）不锈钢板

（b）滑移隔震支座

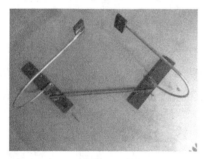

（c）钢棒限位装置

（d）弹簧限位装置

图 10.39　震后滑移隔震系统各组件

由图 10.39 可以看出，滑移隔震贮液结构在地震结束后支座能够保持完好无损，同时合理设计的限位装置没有被损坏而能够继续发挥作用，这有助于确保减震系统能够在余震下对上部结构动力响应的控制仍然起到作用，同时震后也无须进行维修仍可继续使用，从而节约使用成本。

参 考 文 献

[1] 王兰民, 刘琨, 孙军杰, 等. 饱和原状黄土液化基本特征的振动台试验研究[J]. 地震工程学报, 2015, 37(4): 1023-1028.

[2] 杨宇, 孙建刚, 邹德磊, 等. 立式储罐基础滑移隔震研究[J]. 油气田地面工程, 2011, 30(2): 30-32.

第 11 章 混凝土矩形贮液结构的可靠度分析

11.1 概 述

结构在使用过程中有很多随机的不确定因素，如荷载、材料性能的变异，计算模型的不完善等影响着结构的正常使用寿命，因此对这些随机因素应当进行计算分析，获得结构在规定的时间和条件下，能够满足预期的安全性、适用性和耐久性等功能的概率，即结构的可靠度。本章采用 ANSYS 软件分别对抗震性能较差的地上式混凝土矩形贮液结构和埋置式隔震混凝土矩形贮液结构进行相关的可靠度分析。

目前，结构点的可靠度算法主要包括一次二阶矩法、高次高阶矩法、响应面法、蒙特卡罗（Monte-Carlo）法等。一次二阶矩法的应用已经十分广泛，其实质是将非正态随机变量进行正态变换或者是将非线性的功能函数线性化，但是这种方法只是近似地计算，虽然具有很强的适用性，但其计算精度在很大程度上依赖于失效面的具体形状，因此计算具有一定程度的误差。在此基础之上，为了提高计算结果的精度，研究者尝试了高次高阶矩方法对可靠度进行计算，并且提出了遗传算法与神经网技术相结合的结构可靠度分析方法。但即使此种方法无须将非正态随机变量正态化，只需确定概率密度函数，降低了对初始条件的要求，但是计算过程仍然较为复杂。响应面法是通过假设一个包括若干未知量的极限状态变量与基本变量之间的表达式，然后用插值方法来求解未知量的方法。响应面法采用二次多项式代替复杂结构的极限状态函数，具有较高的求解效率，适用于大型复杂结构的可靠度计算分析。

11.2 蒙特卡罗有限元方法

蒙特卡罗有限元法是蒙特卡罗法与随机有限元法相结合而产生的一种可靠度计算方法[1]，是目前最为精确、直观、有效的结构可靠度统计计算方法。

首先，将每个随机变量按照均匀分布形成一系列随机数。对（0,1）区间内均匀分布的随机数采用乘同余法：

$$X_{i+1} = (ax_i + c)(\mathrm{mod}\, m) \tag{11.1}$$

式中，a、c、m 都为正整数；X_{i+1} 为 ax_{i+1} 除以 m 的余数。

在此基础上引入参数 $k_i = \mathrm{INT}\left(\dfrac{ax_i + c}{m}\right)$，INT 表示取整，则

$$x_{i+1} = ax_i + c - mk_i \tag{11.2}$$

将 x_{i+1} 除以 m 后得到（0,1）区间上的均匀随机数：

$$u_{i+1} = \frac{x_{i+1}}{m} \tag{11.3}$$

然后，根据各个随机变量的类型进行变换，从而得出符合相应随机变量分布规律的随机数。

假设 u_n 和 u_{n+1} 为（0,1）区间上两个均匀分布的随机数，μ_x、σ_x 分别为正态分布随机变量 X 的均值和标准差，则

$$x_n = \sqrt{-2\ln u_n}\, \cos(2\pi u_{n+1})\sigma_x + \mu_x \tag{11.4}$$

或

$$x_n = \sqrt{-2\ln u_n}\, \sin(2\pi u_{n+1})\sigma_x + \mu_x \tag{11.5}$$

为一个服从正态分布 $N(\mu_x, \sigma_x)$ 的随机数。

设 μ_y 和 δ_y 为对数正态分布随机变量 Y 的均值和变异系数，则[2]

$$y_n = \exp\left[\sqrt{-2\ln u_n}\, \cos(2\pi u_{n+1})\sqrt{\ln(1+\delta_y{}^2)} + \ln\frac{\mu_y}{\sqrt{1+\delta_y{}^2}}\right] \tag{11.6}$$

是服从对数正态分布的一个随机数。

若假设 μ_z、σ_z 为极值 I 型分布随机变量 Z 的均值和标准差，则

$$Z_n = k - \frac{1}{\alpha}\ln(-\ln u_n) \tag{11.7}$$

是服从极值 I 型分布的一个随机数，其中，

$$k = \mu_z - 0.57722\sqrt{6}\sigma_z/\pi \tag{11.8}$$

$$\alpha = \pi/(\sqrt{6}\sigma_z) \tag{11.9}$$

因此，每一个变量都有相对应的一组随机数，每组随机数的个数就是样本数。然后将每个随机变量的随机数分别代入有限元方程，从而求得一组待求变量的解，再将这组解进行统计后得出该变量的分布特性或计算得到其失效概率。

11.3 不同工况下的贮液结构可靠度分析

11.3.1 地上式贮液结构

与埋置式混凝土贮液结构相比，地上式混凝土贮液结构在抗震性能方面的表现相对较差，所以对地上式混凝土贮液结构进行相关的可靠度分析是十分必要的。

因此，本章以混凝土抗拉强度作为可靠指标[3]，采用有限元软件 ANSYS 建立贮液结构有限元模型，对地上式混凝土贮液结构在 7 度罕遇、8 度罕遇和 9 度罕遇地震作用时，考虑贮液结构壁板厚度和内部液体深度随机变化的影响，进行贮液结构的可靠度分析。其中壁板变异系数为 0.25，液体深度变异系数为 0.3，结构取样数为 200。有限元模型如图 11.1 所示。

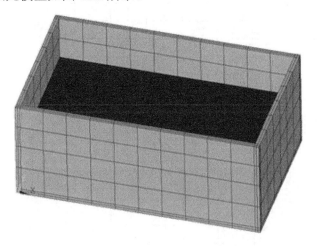

图 11.1　地上式矩形贮液结构可靠度分析模型

在受到地震作用时，贮液结构壁板的厚度变化是影响贮液结构主应力变化趋势的重要因素。因此，要分析贮液结构的可靠度，首先应考虑在壁板厚度随机变化的情况下其主应力所表现出的变化规律。本节通过 200 个抽样总数，分别计算得出在 7 度罕遇、8 度罕遇和 9 度罕遇地震作用下，地上式混凝土矩形贮液结构在不同壁板厚度工况时的主应力值，具体关系如图 11.2 所示。

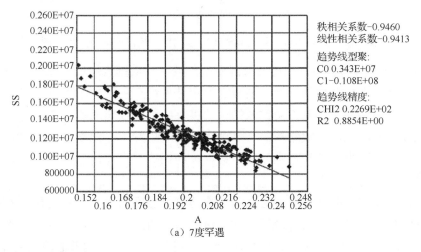

（a）7度罕遇

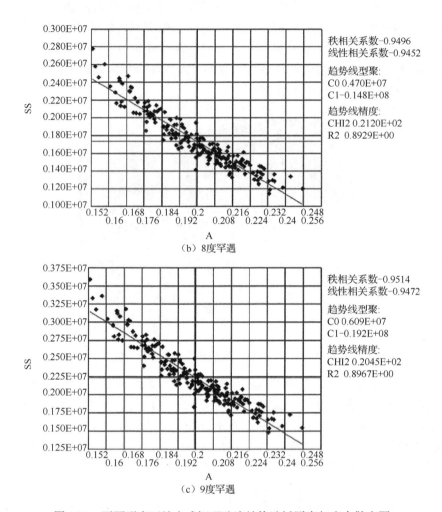

图 11.2　不同烈度下地上式矩形贮液结构壁板厚度与应力散点图

由图 11.1 可以看出，在地上式混凝土贮液结构的壁板厚度变化区间范围内，随着贮液结构壁板厚度的增大，混凝土贮液结构所产生的主应力随之减小，并且变化趋势较为明显。由此说明贮液结构的可靠度对壁板厚度的变化较为敏感，随着壁板厚度的增加，贮液结构的可靠度有明显的提升。在混凝土矩形贮液结构的设计与使用过程中，适当加强贮液结构壁板的保护与设计保守程度将有助于此类结构的耐久性与可靠度。

贮液结构内部的液体深度是影响贮液结构可靠度的另一重要因素，因为液体深度的变化导致了液体对贮液结构壁板液动压力的改变，同时，随着液体深度的增加，液体本身的自重也改变着结构所承受的荷载，从而影响着贮液结构流-固耦合系统的主应力变化情况。因此，为了研究地上式混凝土矩形贮液结构在液体深度随机变化的情况下所表现出的地震动响应规律以及可靠度的变化情况，仍然对 200 个抽样总数进行计算分析，分别计算在 7 度罕遇、8 度罕遇和 9 度罕遇地震作用下贮液结构的主应力值，其具体关系如图 11.3 所示。

　　从图 11.2 和图 11.3 可以得知，在液体深度变化区间范围内，随着液体深度的增加，贮液结构所承受的主应力随之增大。从变化趋势来看，与壁板厚度变化的情况相比，液体深度的改变对贮液结构主应力的影响趋势较为平缓。这表明贮液结构主应力对壁板厚度的变化更为敏感。具体敏感度如图 11.4 所示，其中 A 表示贮液结构壁板厚度的随机变化对结构主应力的影响，B 表示液体深度的随机变化对结构主应力的影响。

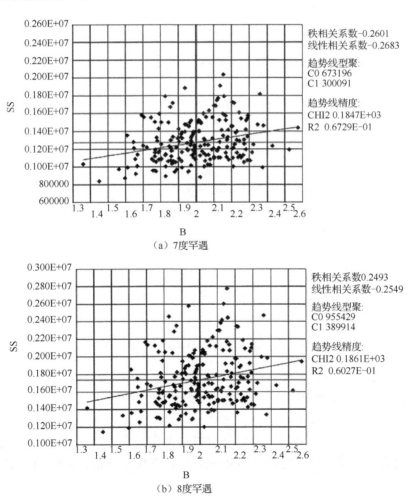

（a）7度罕遇

（b）8度罕遇

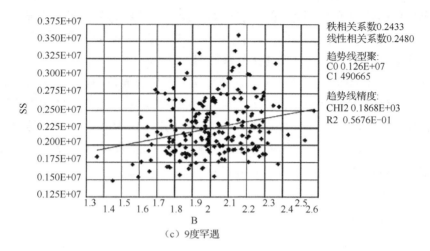

图 11.3　不同烈度下地上式矩形贮液结构液体深度与应力散点图

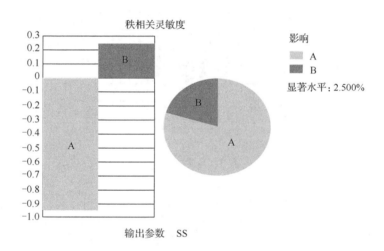

图 11.4　地上式矩形贮液结构应力饼状图

　　将所有计算得到的主应力这一输出变量进行统计分析，可以获得其在 7 度罕遇、8 度罕遇和 9 度罕遇地震作用时的累积分布函数 $F(x)$，从而可以计算出输出变量大于某一规定限值的概率，即失效概率。本章以混凝土抗拉强度标准值作为限值，分别计算出了五种不同强度等级的混凝土贮液结构主应力，并得到其相应的失效概率，具体应力累积分布函数曲线及失效概率如图 11.5 和表 11.1 所示。

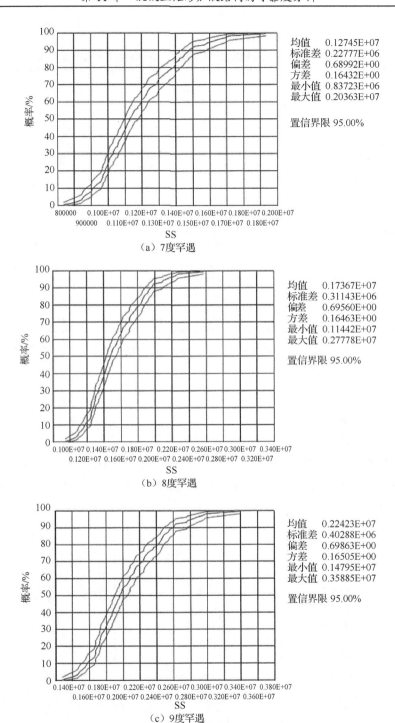

图 11.5 不同烈度下地上式矩形贮液结构应力累积分布函数曲线

表 11.1　不同强度等级混凝土贮液结构失效概率

参数	7 度罕遇				
混凝土标号	C30	C35	C40	C45	C50
可靠指标/(N/mm²)	2.01	2.20	2.39	2.51	2.64
失效概率	0.004	0	0	0	0
参数	8 度罕遇				
混凝土标号	C30	C35	C40	C45	C50
可靠指标/(N/mm²)	2.01	2.20	2.39	2.51	2.64
失效概率	0.2075	0.0766	0.0375	0.0164	0.0073
参数	9 度罕遇				
混凝土标号	C30	C35	C40	C45	C50
可靠指标/(N/mm²)	2.01	2.20	2.39	2.51	2.64
失效概率	0.6730	0.4528	0.3193	0.2444	0.1880

由以上分析可知，对于强度等级相同的贮液结构，随着地震烈度的增大，贮液结构主应力的上升空间不断增大，结构的失效概率也不断增加。当混凝土强度等级逐步提高时，材料的弹性模量随之增大，从而提高了结构的刚度，因此结构的失效概率明显降低。在整个可靠度分析过程中，贮液结构的主应力在壁板厚度和内部液体深度随机变化的影响下时时刻刻地发生着波动，不同地震烈度作用时主应力的平均值与概率分布也不尽相同，为了能够直观地了解贮液结构主应力在整个分析过程中的变化规律，绘制应力平均值变化曲线与应力直方图如图 11.6 和图 11.7 所示。

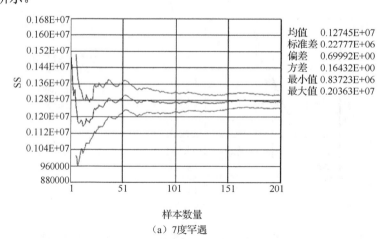

（a）7度罕遇

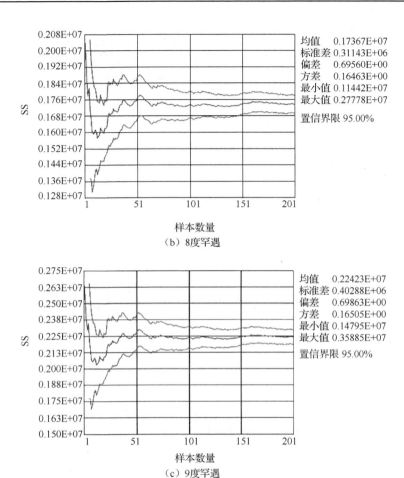

图 11.6 不同烈度下地上式矩形贮液结构应力平均值变化曲线

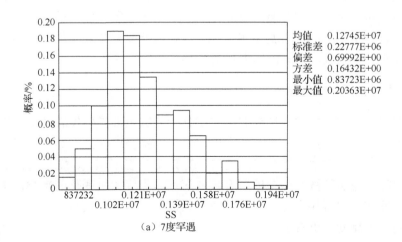

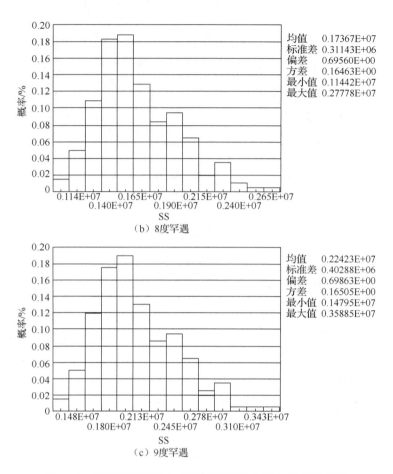

图 11.7　不同烈度下地上式矩形贮液结构应力分布直方图

　　从图 11.5 和图 11.6 可以直观地看出，贮液结构所受到的主应力分布随着地震烈度的增加而变化，结构的整体主应力在不断增大，不同应力的分布比例也有所区别，并且在初始阶段应力变化幅度较大，但随着取样数的增加，应力逐渐趋于稳定，取样总数越大，计算出的失效概率越精确。

11.3.2　埋置式隔震贮液结构

　　埋置式隔震混凝土贮液结构的可靠度分析能够更加具体地表现出隔震措施对贮液结构安全性能的提高。本节同样以混凝土抗拉强度作为可靠指标，建立埋置式隔震贮液结构可靠性分析有限元模型，对其在 7 度罕遇、8 度罕遇和 9 度罕遇地震作用时，考虑贮液结构壁板厚度和内部液体深度随机变化的影响，进行埋置式隔震贮液结构的可靠度分析，其中变异系数和结构取样数与地上式混凝土贮液结构相同。可靠度分析有限元模型如图 11.8 所示。

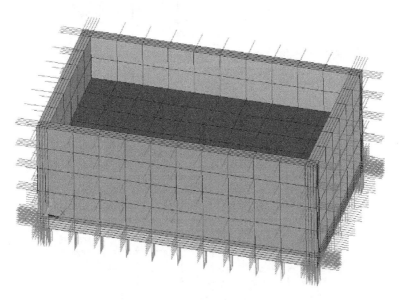

图 11.8　埋置式隔震贮液结构可靠度分析模型

在地震荷载作用下，隔震矩形贮液结构壁板的厚度变化仍然是影响贮液结构主应力变化的重要因素之一。因此，本节首先计算埋置式隔震矩形贮液结构在壁板厚度随机变化的情况下贮液结构主应力所表现出的变化规律，通过对 200 个抽样模型的计算分析，分别得出结构在不同烈度下埋置式隔震贮液结构在不同壁板厚度下的主应力值，具体关系如图 11.9 所示。

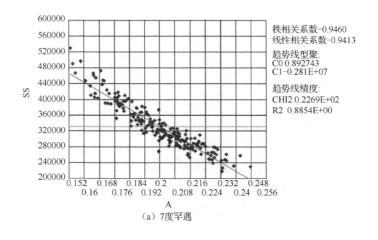

（a）7度罕遇

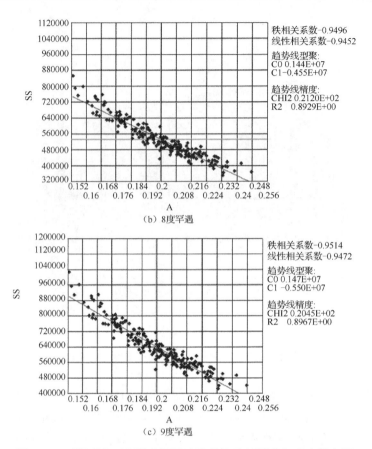

（b）8度罕遇

（c）9度罕遇

图 11.9　不同烈度下埋置式隔震贮液结构壁板厚度与应力散点图

与地上式混凝土矩形贮液结构相同，埋置式隔震矩形贮液结构的储液状态也不断影响着结构的可靠性能，在内部液体深度为随机变量的基础上对埋置式隔震混凝土矩形贮液结构进行可靠度计算，得到其变化规律如图 11.10 所示。

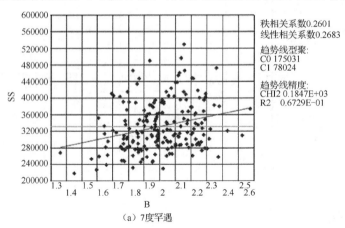

（a）7度罕遇

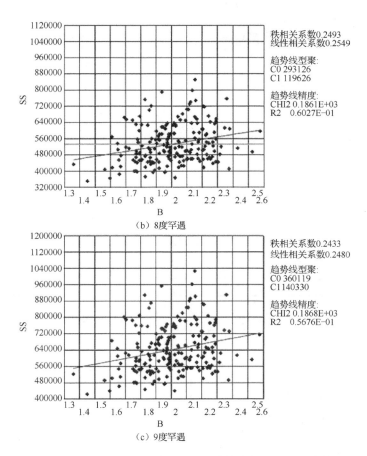

图 11.10　不同烈度下埋置式隔震贮液结构液体深度与应力散点图

由图 11.9 和图 11.10 可以看出，相比贮液结构内部液体深度的浮动，壁板厚度的变化对贮液结构主应力的影响程度更加剧烈，更能引起贮液结构可靠度的变化。这表明埋置式隔震矩形贮液结构的主应力同样对壁板厚度的变化更为敏感；也表明增加贮液结构壁板的厚度，对提高贮液结构的可靠度有显著的作用。具体敏感度如图 11.11 所示，其中 A 表示贮液结构壁板厚度的随机变化对结构主应力的影响，B 表示液体深度的随机变化对结构主应力的影响。

将所有计算得到的主应力这一输出变量进行统计分析，可以获得其在 7 度罕遇、8 度罕遇和 9 度罕遇地震作用时的累积分布函数 $F(x)$，从而可以计算出输出变量大于某一规定限值的概率，即失效概率。本节同样以混凝土抗拉强度标准值作为限值，分别计算出了五种不同强度等级的混凝土贮液结构主应力，并得到其相应的失效概率，具体应力累积分布函数曲线及失效概率如图 11.12 和表 11.2所示。

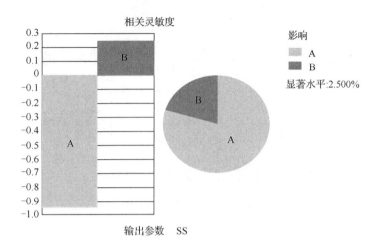

图 11.11　埋置式隔震矩形贮液结构应力饼状图

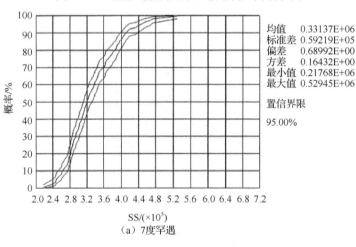

（a）7度罕遇

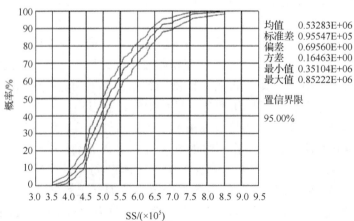

（b）8度罕遇

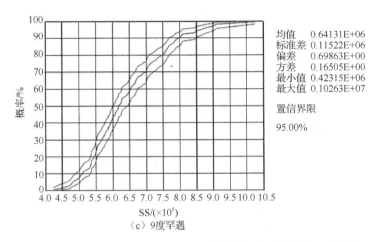

均值　0.64131E+06
标准差　0.11522E+06
偏差　0.69863E+00
方差　0.16505E+00
最小值0.42315E+06
最大值0.10263E+07

置信界限
95.00%

（c）9度罕遇

图 11.12　不同烈度下埋置式隔震贮液结构应力累积分布函数曲线

表 11.2　不同强度等级埋置式隔震混凝土贮液结构失效概率

参数	7 度罕遇				
混凝土标号	C30	C35	C40	C45	C50
可靠指标/(N/mm²)	2.01	2.20	2.39	2.51	2.64
失效概率	0	0	0	0	0
参数	8 度罕遇				
混凝土标号	C30	C35	C40	C45	C50
可靠指标/(N/mm²)	2.01	2.20	2.39	2.51	2.64
失效概率	0	0	0	0	0
参数	9 度罕遇				
混凝土标号	C30	C35	C40	C45	C50
可靠指标/(N/mm²)	2.01	2.20	2.39	2.51	2.64
失效概率	0	0	0	0	0

由以上分析可知，埋置式隔震混凝土矩形贮液结构具有相当高的可靠度，在整个随机因素变化范围内结构都能够满足正常使用的功能，没有出现失效破坏的情况。在整个可靠度分析过程中，埋置式隔震贮液结构的主应力在壁板厚度和内部液体深度随机变化的影响下也同样时刻发生着波动，不同地震烈度作用时主应力的平均值与概率分布也不尽相同，为了能够直观地了解贮液结构主应力在整个分析过程中的变化规律，绘制应力平均值变化曲线与应力直方图如图 11.13 和图 11.14 所示。

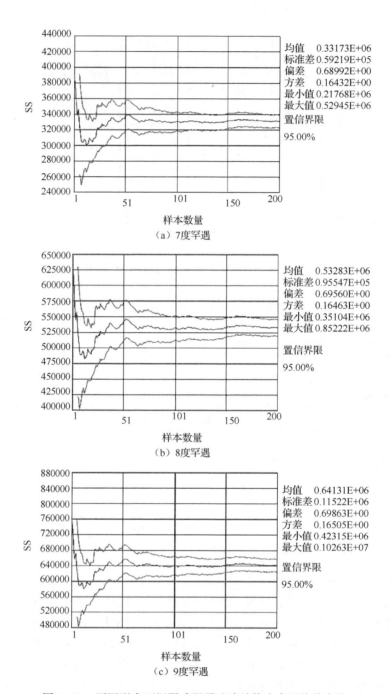

（a）7度罕遇

（b）8度罕遇

（c）9度罕遇

图 11.13 不同烈度下埋置式隔震贮液结构应力平均值变化

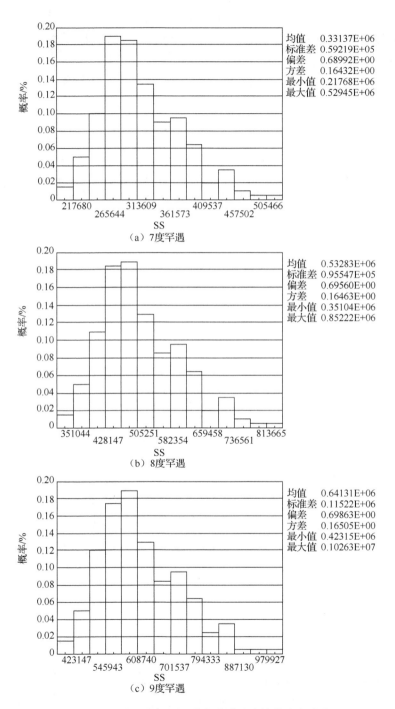

图 11.14 不同烈度下埋置式隔震贮液结构应力分布

从图 11.13 和图 11.14 可以直观地看出，在地震荷载作用下贮液结构的主应力分布随着地震烈度的增加而变化，结构的整体主应力在不断增大，不同应力的分布比例也有所区别，并且在初始阶段应力变化幅度较大，但随着取样数的增加，应力逐渐趋于稳定，取样总数越大，计算出的失效概率越精确。

参 考 文 献

[1] 刘海鑫. 建筑钢结构适用性能的可靠性分析与蒙特卡罗实现[D]. 重庆: 重庆大学, 2003.

[2] 孙臻, 刘伟庆, 王曙光, 等. 基于整体可靠度的隔震结构参数优化分析[J]. 振动与冲击, 2013, 32(12): 6-10.

[3] 中华人民共和国住房和城乡建设部. GB 50010—2010: 混凝土结构设计规范[S]. 北京: 中国建筑工业出版社, 2011.